R

31915

DES

INTÉRÊTS MATÉRIELS

EN FRANCE.

PARIS. — IMPRIMERIE DE BOURGOGNE ET MARTINET,
rue Jacob. 30.

DES
INTÉRÊTS MATÉRIELS
EN FRANCE.

TRAVAUX PUBLICS.

ROUTES. CANAUX. CHEMINS DE FER.

PAR

MICHEL CHEVALIER.

AVEC UNE CARTE DES TRAVAUX PUBLICS DE LA FRANCE.

DEUXIÈME ÉDITION.

PARIS,

CHARLES GOSSELIN ET W. COQUEBERT,

9, RUE SAINT-GERMAIN-DES-PRÉS.

M DCCC XXXVIII.

AVIS DE L'ÉDITEUR.

D'après les considérations exposées par l'auteur dans les *Observations préliminaires* qui commencent ce volume, cet ouvrage sur les INTÉRÊTS MATÉRIELS se composera de trois divisions qui traiteront : l'une des Travaux publics, la seconde des Banques et autres Institutions de crédit, la troisième de l'Education professionnelle. A cause de l'intérêt qui s'attache aujourd'hui aux questions de Travaux publics, l'auteur a pensé que la première division de son livre, la seule qui fût terminée, pouvait être publiée séparément. Elle fait l'objet de ce volume.

OBSERVATIONS PRÉLIMINAIRES.

OBSERVATIONS PRÉLIMINAIRES.

DES INTÉRÊTS MATÉRIELS EN GÉNÉRAL, ET DES TRAVAUX PUBLICS EN PARTICULIER.

CHAPITRE PREMIER.

CONSIDÉRATIONS POLITIQUES.

État politique actuel de la France. — Question posée entre la bourgeoisie et la démocratie. — Étroite liaison des intérêts matériels et de la liberté pour les classes laborieuses. — Importance des intérêts matériels sous le rapport de la politique générale. — De leur insuffisance du même point de vue. — Une dynastie nouvelle suppose une nouvelle œuvre sociale. — Nécessité, pour la royauté de Juillet, de porter la plus grande attention aux questions d'intérêt matériel. — Il dépend d'elle de réhabiliter le principe monarchique. — Situation critique. — Attitude des classes ouvrières, et positions conquises par elles.

Les discussions des partis, de 1830 à 1837, n'ont porté que sur des questions vieillies et désormais hors de saison. C'était une dernière répétition des luttes de quinze ans, dont la révolution de juillet devait pourtant entraîner la clôture irrévocable. Aussi, malgré l'importance qu'y attachent encore quelques prétendus novateurs, gens, à mon avis, fort arriérés, voltigeurs d'un autre ancien régime, ce n'est plus que du verbiage sans portée et sans but. L'arène au milieu de laquelle ils se battent les flancs est déserte, elle ne se repeuplera pas. Le calme dont jouit maintenant la France ne laisse pas de doute sur la résolution bien arrêtée des esprits à cet égard.

Nulle part cependant, et en France moins que partout ailleurs, le calme ne peut être de l'inaction. Le travail est la loi commune des individus et des sociétés; à chaque jour suffit sa tâche, mais chaque jour doit avoir la sienne : tâche douloureuse et souvent ingrate aux époques d'agitation; tâche douce et féconde lorsque la tranquillité a succédé à l'orage. La voix, la grande, l'impérieuse voix qui crie aux nations : Marche! marche! nous interdit de rester mollement accroupis sur le bord de la route; mais cette fois l'œuvre qui est devant nous consiste, non à verser des torrents de sang, non à ébranler le monde, mais à pacifier les sociétés et à faire le bien sur la plus large échelle au profit de tous.

La tâche nouvelle qui nous échoit va exiger le concours de tout ce qui, en France, est doué d'intelligence et de cœur, et, disons-le aussi, d'énergie et de décision, car en l'absence de ces qualités rien ne se réalise. Il s'agit de vider le débat entre la bourgeoisie et la démocratie. Si quelque chose pouvait accroître la considération qui entoure le nom de M. Guizot, c'est que cet esprit éminent, sentant que telle était aujourd'hui l'affaire la plus essentielle et la plus urgente du pays, a solennellement posé cette question dans une joûte parlementaire qui restera mémorable.

La bourgeoisie est définitivement libre; depuis 1830 les fauteurs de la féodalité sont renversés pour ne plus se relever. L'affranchissement de la démocratie est écrit en gros caractères dans l'article Ier de la Charte; mais les dispositions organiques qui doivent de fait le consacrer et le parfaire sans qu'il soit offensif pour les classes bourgeoises, sont encore à trouver.

Et d'abord quel peut être le sens du mot de liberté appliqué aux classes laborieuses? La liberté, telle que de sincères amis de ces classes ont voulu la leur donner, est une liberté trop calquée sur le modèle bourgeois; ce n'est ni celle que les prolétaires souhaitent, ni celle qui leur convient. En 1789, lorsque la bourgeoisie se mit en campagne contre la noblesse, il ne lui manquait, pour être libre, c'est-à-dire pour avoir le plein usage de ses facultés, que d'être admise dans la carrière politique. L'émancipation consistait pour elle à retirer les fonctions publiques des mains des classes privilégiées qui en avaient le monopole : elle poursuivit ce but, elle l'atteignit, et elle mit ainsi ses intérêts et ceux de tous à l'abri du bon plaisir des courtisans et des caprices des maîtresses royales. Pour la démocratie, la liberté se présente sous un autre aspect: la plus dure servitude pour elle, ce n'est pas la privation de certaines franchises politiques; le joug qu'elle porte, celui dont elle est le plus impatiente de se délivrer, c'est celui de la misère. L'homme qui a faim n'est pas libre, car évidemment il n'a pas la disposition de ses facultés, soit physiques, soit intellectuelles, soit morales.

L'aspect matériel de la liberté devait très peu occuper le tiers-état en 1789, parce que, grâce à son travail, la bourgeoisie avait, pendant les sept siècles qui s'étaient écoulés depuis la création des communes, péniblement amassé à la sueur de son front ce qui donne l'aisance, ce qui assure le boire, le manger et le gîte. La réforme, telle que l'entreprit la bourgeoisie, était celle que pouvaient concevoir des gens qui n'avaient ni faim, ni soif, ni froid. Celle qui reste à accomplir au profit de la démocratie doit être conçue de ce point de vue : que la démocratie a froid, soif et faim; qu'elle mérite de changer de condition, qu'elle en a la volonté, et, disons-le franchement, la puissance.

En un mot, le progrès des intérêts matériels est devenu au plus haut degré une affaire politique. C'est de la politique telle qu'il est aujourd'hui indispensable d'en faire, de celle à laquelle doivent se vouer tous ceux dont les sentiments d'humanité les plus purs font vibrer la poitrine, tous ceux qui aiment leur patrie et qui tiennent à lui épargner d'affreuses tempêtes.

Je ne prétends pas que la politique doive et puisse en France se restreindre aux intérêts matériels; dans un pays où il y a tant d'intelligence et de cœur, tant d'imagination et de fierté, le matérialisme ne parviendra jamais à régner sans partage. Mais le créateur et le soutien des intérêts matériels, le travail, moralise l'homme, et c'est en vérité le seul agent de moralisation auquel il soit, dans le moment présent, possible de recourir avec chance de succès. La prospérité matérielle importe, on ne saurait trop le proclamer, à l'exercice des libertés publiques. Que sont des droits électoraux ou municipaux pour des hommes enchaînés à la misère? Les Anglais ont raison d'appeler l'aisance une indépendance.

La plus haute ambition de la nation française, le suprême bonheur pour elle, c'est de jouer un grand rôle dans le monde, c'est d'intervenir dans toutes les grandes questions que soulèvent les affaires du genre humain, et d'exercer, au prix de son sang, la noble faculté d'initiative que la Providence lui a confiée; il est donc impossible de confiner la politique française dans des discussions ou des entreprises d'intérieur. Mais désormais il n'y aura de grands peuples et de peuples puissants que les peuples riches. Si l'Angleterre a fini par nous vaincre dans la bataille de géants que nous lui avons livrée, ce n'est pas qu'elle fût plus brave ou plus habile que nous, c'est qu'elle avait plus de trésors, et qu'elle put, à force de subsides, attirer au dernier jour les gros bataillons de son côté. Pour reparaître avec éclat sur la scène du monde, pour recommencer avec succès nos merveilleuses propagandes des croisades et de la révolution française, lorsque l'occasion en sera venue, si elle revient, et lorsque les peuples s'écrieront encore une fois : *Dieu le veut!* si ces scènes de sublime enthousiasme doivent se répéter encore, il faut avant tout enrichir notre patrie. Nous qui sommes habitués à donner des exemples au monde, nous, pour qui c'est un besoin, ne devrons-nous pas nous sentir heureux et fiers lorsque nous pourrons montrer à tous, amis et ennemis, une population de trente-cinq millions jouissant à la fois des biens de la liberté et de l'ordre, doucement alliés

aux joies de l'aisance et cimentés par elle? Ne serait-ce
pas la première fois que ce spectacle, à la fois imposant et consolateur, aurait été offert à la civilisation?

Je ne sais si, dans un accès d'optimisme, je me fais
illusion, mais il me semble que nous aurons le bonheur de résoudre pratiquement le problème qui est
posé aujourd'hui partout, de concilier les intérêts et
les droits de la bourgeoisie avec ceux des classes populaires. Il y a bien çà et là des entraves et de fâcheux pré-
sages; nos combinaisons représentatives sont hérissées
d'imperfections; notre régime administratif est criblé
de lacunes; nous semblons quelquefois cernés et tra-
qués entre des impossibilités; il règne souvent dans
l'atmosphère un certain fumet de Directoire qui inspire
un profond dégoût aux hommes à volonté généreuse;
par moments nous sommes assourdis par une idéo-
logie chicanière renouvelée du Bas-Empire, et nous
paraissons menacés d'un amollissement et d'un apla-
tissement universels; plus d'une fois il arrive que l'on
jette autour de soi des regards pour chercher des
hommes à résolution calme mais forte, ayant puissance de réprimer le mal et de dégager le bien, sans
apercevoir nulle part le *virum quem*. Cependant les
germes d'avenir l'emportent sur ceux de la dissolution
et de l'anarchie. Ce que, dans son franc langage de
soldat, un illustre maréchal appelait le *gâchis*, se remet
graduellement en ordre. L'ensemble des faits annonce
que nous assisterons à une régénération nationale,
par l'installation de nouveaux rapports entre la bourgeoisie et la démocratie.

L'inauguration d'une dynastie nouvelle est un symp-
tôme évident de rénovation sociale; car, lorsqu'un

peuple n'est pas à la veille de périr, un avénement de dynastie est le signal et la condition de grandes entreprises d'une nature nouvelle; l'histoire d'aucun peuple ne justifie aussi bien que la nôtre cette opinion. Le passé et le présent de nos princes suffiraient à leur tracer la ligne de leurs devoirs, lors même que leur sagesse et leur patriotisme ne les leur révèleraient pas. Ils se souviennent que la monarchie dont la Providence et la volonté nationale ont remis les destins en leurs mains, date de quatorze siècles, et que le sang royal qui coule dans leurs veines était déjà royal il y a plus de huit cents ans; mais ils savent aussi qu'ils ont parmi leurs ancêtres *le seul roi dont le peuple ait gardé la mémoire*, et c'est celui dont ils s'enorgueillissent le plus; ils auront à cœur de mettre à exécution son paternel programme de la *poule au pot*. Ils se rappelleront toujours que c'est la bourgeoisie qui, après 1830, secondant par sa ferme attitude la haute prévoyance du Roi, a préservé le trône alors mal affermi; mais ils n'oublieront jamais que ce trône avait été dressé par le bras populaire.

La royauté de Juillet a une position unique au monde; elle n'est ni la royauté d'une coterie de privilégiés, ni celle d'une démocratie jalouse et hautaine; elle n'est même pas celle de la bourgeoisie seulement, quoique ce soit dans les rangs des classes bourgeoises qu'elle ait trouvé ses interprètes les plus éloquents et ses amis les plus dévoués. Instituée au profit de tous, elle étend sa protection féconde sur tous les intérêts.

Ce qui la distingue par dessus tout, c'est qu'elle est appelée à une tâche glorieuse, celle d'élever au dessus de toute atteinte le principe monarchique au profit de

la civilisation tout entière. Depuis 1830, la royauté
a eu à soutenir un duel à mort contre l'esprit de bouleversement. Elle a prouvé aux partis qu'elle était
plus forte qu'eux. Par le noble usage qu'elle a fait de
sa victoire, elle a fait voir qu'elle était plus que juste,
qu'elle était magnanime; elle a aujourd'hui à démontrer, ainsi que l'aime notre siècle calculateur et positif,
c'est-à-dire par le fait, qu'elle conserve intacte, en
face des besoins nouveaux qui agitent les populations,
la même supériorité qu'elle possède quand il faut
vaincre des ennemis ou pardonner à des vaincus. Sous
ce rapport, il n'y a pas d'exagération à dire qu'elle
tient entre ses mains le sort du principe même de
la monarchie. Les adversaires sérieux du régime
monarchique promettent pour un prochain avenir,
aux masses populaires, des satisfactions devenues
chères à toutes les classes, et auxquelles aujourd'hui
tous les hommes pensent avec raison, dans une certaine limite, avoir acquis des droits sacrés. Traçant
le plus séduisant tableau de la prospérité de la démocratie américaine, ils affirment que si, en France, les
ouvriers et les paysans ne sont pas aussi magnifiquement partagés, c'est à la monarchie qu'il faut s'en
prendre. La monarchie, personnifiée dans la dynastie
de Juillet, est mise en demeure de montrer que, mieux
que qui que ce soit, elle a puissance de guider les
populations vers la terre promise. Il ne dépend que
d'elle et de ceux qui lui sont dévoués, qu'elle sorte
avec éclat de cette épreuve décisive. L'instant critique est arrivé, instant solennel où l'on peut appliquer
à la France cette parole, que quarante siècles la con-
templent, non quarante siècles du passé, mais qua-

rante siècles d'avenir, de qui les destinées politiques seront fixées par le résultat des expériences que va tenter l'Europe, sous les auspices et à la suite de la France.

Il y a donc à rechercher par quels moyens on peut rapidement et sûrement développer les intérêts matériels, et comment on peut garantir à notre démocratie une part convenable du fruit de ces améliorations.

Le second point, tout difficile qu'il est, me paraît le moins embarrassant, et je ne m'en occuperai pas ici. Notre démocratie compte de chauds amis qui sauront faire valoir ses droits et lui assurer son lot; elle a maintenant le vent en poupe, elle connaît parfaitement ce à quoi elle peut prétendre. Probablement même, à cause de la facilité des imaginations françaises à s'exalter, elle aura besoin qu'on lui recommande la patience, qu'on lui prescrive la réserve; car elle n'ignore pas qu'elle peut dire au prince, comme jadis le comte de Périgord à Hugues Capet: « Qui vous a fait roi? »; à la bourgeoisie, qu'elle est maîtresse des deux plus puissantes institutions de notre société moderne, l'armée et le clergé (1), et qu'ainsi c'est elle qui régente l'État au dedans et le protège au dehors; elle sait qu'elle est en droit de demander à l'Europe : Qui donc a tenu tous les rois et leurs

---

(1) Il est de notoriété publique que le clergé se recrute presque uniquement aujourd'hui parmi les artisans et les laboureurs.

Quant à l'armée, il ne figure dans ses rangs, comme soldats et sous-officiers, que des hommes sortis des classes pauvres; le métier des armes a peu d'attraits pour la bourgeoisie. Les baïonnettes prolétaires commencent à être passablement intelligentes : on a de bonnes raisons pour le croire, au ministère de la guerre. Ce qui est moins connu, c'est que la majorité des officiers sort au-

soldats en échec pendant la révolution, et qui les a réduits dix fois à implorer la paix?

jourd'hui du corps des sous-officiers. Voici, à cet égard, quelques renseignements extraits d'un discours du général Lamy (*Moniteur* du 5 avril 1835): depuis 1830, jusqu'au 1er avril 1835, il y a eu 3,356 sous-officiers promus au grade de sous-lieutenants et employés titulairement en cette qualité, savoir :

		dans la cavalerie		dans l'infanterie
en 1830	378	—	629	—
1831	174	—	1,023	—
1832	144	—	587	—
1833	63	—	238	—
1834	229	—	63	—
1er trimestre 1835	10	—	18	—

Dans le même temps, 659 élèves de Saint-Cyr ont été nommés sous-lieutenants.

C'est-à-dire que dans le nombre des nominations il y a eu 509 sous-officiers ou fils de prolétaires, contre 100 élèves de Saint-Cyr ou fils de bourgeois.

CHAPITRE II.

—

L'Angleterre leur doit sa supériorité industrielle. — Des services que rendent les institutions de crédit. — Imperfection de notre système d'éducation. — État arriéré de la France sous le rapport des banques, de l'apprentissage et de l'enseignement industriel. — Avantages respectifs de l'éducation classique et de l'éducation professionnelle. — Dangers auxquels s'exposerait la bourgeoisie si elle ne se hâtait de constituer pour elle-même l'enseignement industriel. — Tout est prêt en France pour un vaste développement des voies de communication.

Parmi les créations les plus propres à faciliter, à hâter et à consolider le progrès matériel, on en distingue trois espèces qui occupent le premier rang. Ce sont:

1° Les voies de communication par eau et par terre, qui rapprochent les choses et les hommes;

2° Les institutions de crédit, au moyen desquelles les capitaux, s'ils ne se multiplient pas, multiplient au moins leur action et leur puissance;

3° L'éducation spéciale, c'est-à-dire l'apprentissage pour l'ouvrier, et l'enseignement industriel pour la bourgeoisie.

Par ces trois ordres d'amélioration, on mettra en
branle les hommes, les capitaux et les matières premières et produits. Les résultats de ce triple mouvement ne sont pas douteux. C'est parce qu'il est mieux
organisé en Angleterre que partout ailleurs, que l'Angleterre est la reine de l'industrie. Quiconque recherche
pourquoi nos industriels fabriquent plus chèrement
que les Anglais ; quiconque parcourt les enquêtes
établies par le Parlement anglais lui-même sur la condition de notre industrie et de notre agriculture, est
frappé des trois faits suivants : qu'en France les communications sont moins faciles et plus irrégulières ;
que l'intérêt des capitaux y est plus élevé, et que si
nos ouvriers reçoivent un salaire moindre que ceux
de l'autre côté de la Manche, la main-d'œuvre est
cependant plus chère chez nous, parce que nos ouvriers sont moins habiles, produisent moins, et
gaspillent une plus grande quantité de matières.
Sans ajouter foi aux fanfaronnades débitées devant
les commissaires du parlement par des ouvriers anglais qui avaient travaillé en France, on ne peut
s'empêcher de reconnaître qu'en ce qui concerne
les ouvriers, le personnel de notre industrie est fort
inférieur à celui de la Grande-Bretagne ; il ne l'est
pas moins en ce qui concerne les fabricants et commerçants ; car, pour la science des affaires et pour le
coup d'œil industriel, les nôtres sont bien au-dessous
de la hauteur de leurs rivaux d'outre-Manche. Sous le
rapport de l'agriculture, qui est le premier des arts,
nous sommes, relativement à nos voisins insulai-
res, encore moins avancés peut-être qu'à l'égard des
manufactures et du commerce.

Puisque ce sont là les côtés faibles de la France, à l'endroit des intérêts matériels, c'est par là qu'il convient de la renforcer. Il est urgent qu'on la stimule par le triple procédé des voies de communication, du crédit et de l'éducation industrielle.

L'utilité des voies de communication est universellement sentie aujourd'hui; il serait superflu de s'arrêter à la démontrer. Celle des institutions de crédit et de l'éducation industrielle n'est pas appréciée au même degré, et cependant elle est tout aussi grande. Pour que l'industrie soit prospère, il ne suffit pas d'avoir des chemins ou des canaux qui transportent les matières premières ou les produits; il faut des capitaux aux producteurs pour se procurer les unes, il en faut au consommateur pour acquérir les autres. Il n'y a pas d'industrie florissante et stable sans institutions de crédit, au moyen desquelles la masse des capitaux possédée par le pays satisfasse régulièrement, sans alternatives de trop plein et de disette, au besoin des transactions. Puis, avec les voies de transport et avec les banques, caisses hypothécaires ou autres institutions de crédit, il faut des hommes dont l'intelligence soit familiarisée avec la puissance de ces instruments, dont la main ferme et sûre sache les faire jouer.

Sous le rapport des institutions de crédit, il faut avouer que notre situation est peu satisfaisante; de là un des plus forts obstacles à notre amélioration matérielle; c'est à raison de l'absence de ces institutions qu'une foule de projets utiles restent sur le papier. Qu'il s'agisse, par exemple, d'un canal ou d'un chemin de fer destinés à changer la face d'une province;

le pays possède le capital suffisant pour l'exécuter,
puisqu'il réunit les bras requis pour le construire,
ainsi que les aliments et les denrées nécessaires
aux travailleurs. Si l'ouvrage ne s'accomplit pas, le
journalier ne trouve pas à utiliser sa force et à gagner son pain, et d'un autre côté, le cultivateur, le
manufacturier et le marchand manquent de débouchés pour leurs produits. Le plus souvent néanmoins
le projet, au lieu d'aboutir à la réalité, reste à l'état
de rêve. C'est que, chez nous, entre l'ouvrier qui a
besoin de consommer et le producteur ou le vendeur
des objets de consommation, il n'y a d'autres intermédiaires qu'un ingénieur, homme de talent, mais pauvre,
et avec lui les bourgeois des villes que le canal ou le
chemin de fer intéresse, gens qui ont de l'aisance mais
rien de plus, et qui sont dépourvus de tout moyen de
se procurer, autrement qu'à des conditions léonines,
l'argent comptant qui doit servir à opérer l'échange
entre le travail de l'ouvrier et les denrées que l'agri-
culteur a dans son grenier, le marchand dans son ma-
gasin. Chez nous donc les plus fécondes conceptions
doivent très fréquemment avorter. En d'autres pays,
au contraire, en Angleterre et aux États-Unis, par
exemple, à côté de l'ingénieur et du bourgeois, vous
avez une ou plusieurs banques en qui tous, bourgeois, ouvriers et paysans ont confiance, et souvent
beaucoup plus qu'elles ne le méritent. La banque garantit au cultivateur et au marchand le paiement de
leurs denrées et à l'ouvrier son salaire par le procédé
suivant : elle remet aux bourgeois actionnaires, contre
leur engagement personnel, et quelquefois moyennant
le dépôt même des actions du chemin de fer ou du

canal, du papier-monnaie que l'ouvrier accepte en paiement de son travail, et que le cultivateur et le marchand admettent non moins volontiers en retour de leurs provisions. Toute idée raisonnable a ainsi le moyen de passer rapidement de la théorie à la pratique; bien plus, comme il est difficile aux hommes d'user seulement et de ne pas abuser, mainte conception folle profite de ces facilités pour faire son entrée dans le monde des affaires.

L'imperfection de notre système d'éducation exerce, soit sur la prospérité nationale et l'ordre public, soit sur le bonheur privé, une influence plus fâcheuse encore. Il y a là une lacune que nous ne pouvons sans péril laisser subsister. De jour en jour, il y a lieu de s'alarmer plus vivement d'un étrange contraste qu'offre notre France. Jamais et nulle part il n'y eut plus de choses à faire dans l'industrie et dans l'administration; il n'y a qu'une voix sur l'extrême pénurie d'hommes capables d'accomplir ces choses, et en même temps à côté de cette œuvre si multiple pour laquelle les sujets manquent, il y a encombrement d'hommes sans carrière et de jeunes gens sans avenir. Vis-à-vis d'un nombre infini de cases vides dans l'échiquier social, il y a cohue de personnes déclassées; cause flagrante de perturbations sans cesse renaissantes, source inépuisable de malheurs publics et de souffrances privées !

Les institutions de crédit commencent à se propager en France depuis 1830: jusque là nous n'avions que quatre banques, celle de Paris, qualifiée improprement jusqu'à ces derniers temps de Banque de France; celles de Rouen, de Nantes et de Bordeaux ;

de nouvelles se sont élevées à Lyon, à Marseille, à Lille, au Havre, et la Banque de France, comprenant enfin la belle mission à laquelle elle est appelée, a créé des comptoirs à Saint-Étienne, à Reims, à Saint-Quentin et à Montpellier. Ne nous faisons cependant pas illusion, il faudra beaucoup de temps avant que nous jouissions en France d'un système de crédit aussi étendu que celui des États-Unis ou de l'Angleterre. Nous ne pouvons passer de notre situation présente, vraiment barbare sous ce rapport, à un régime perfectionné qu'au moyen d'une révolution dans l'ensemble de nos idées et de nos habitudes industrielles, et jusqu'à un certain point dans nos mœurs nationales. Nous ne devons pas songer à copier le système britannique ou américain; chez nous, les banques devront différer du modèle adopté par la race anglaise dans les deux hémisphères, et revêtir une forme harmonique avec notre caractère, nos tendances et nos coutumes; elles devront, selon toute apparence, s'appuyer beaucoup plus sur le gouvernement et combiner plus intimement leur action avec la sienne; elle devront aussi faire une plus large part à l'agriculture.

De même, la question de l'apprentissage et de l'enseignement industriel est entièrement neuve et fort délicate. Il ne peut s'agir sérieusement, en France, de bannir les études classiques. Nous ne pouvons renier notre filiation; un peuple qui compte quatorze siècles d'existence ne peut rompre avec le passé sans sacrifier son avenir. Les traditions de l'antiquité dont nous sommes les héritiers font la moitié de notre puissance en Europe. Les peuples européens du Midi dérivent, par leur langue, par leurs lois, par leurs coutumes, par leurs mœurs et par leur religion catholique et romaine, de la civilisation latine associée à celle de la Grèce; nous cesserions d'être les coryphées de l'Europe du Midi, nous serions déchus de notre rang, si nous cessions d'offrir le reflet des beaux jours de la civilisation grecque et romaine. Ceci bien convenu, n'est-il pas vrai cependant que nous élevons aujourd'hui les fils des bourgeois comme s'ils étaient tous destinés à devenir membres, les uns de l'Académie Française, les autres de l'Académie des Inscriptions, et quelques uns de l'Académie des Sciences. Ce serait parfait avec des fils de grands seigneurs, appelés à jouir de cent mille francs de rente. Quoi de mieux, en effet, pour l'homme d'un splendide loisir que de se vouer au protectorat de tout ce qui élève l'intelligence, et de se rendre dignes de cette haute mission par ses études et par son mérite personnel? Mais nos fils de bourgeois ne sont destinés ni à peupler les salles des illustres compagnies de l'Institut, ni à savourer les douceurs ou à remplir les devoirs de l'opulence : tous ou presque tous, ils auront à travailler pour vivre, pour amasser une fortune, ou pour conserver ou accroître ce que leur auront légué leurs pères. Leur avenir, c'est d'aller respirer l'air d'un comptoir ou d'une fabrique. Il faudra qu'ils vendent et achètent, qu'ils manufacturent ou fassent manufacturer, qu'ils labourent ou fassent labourer. Il y a convenance, il y a nécessité à les préparer à ce rôle par l'éducation, sans préjudice des lettres, bien entendu ; car, lors même que la politique le tolérerait, il y aurait sacrilége à négliger la culture de l'esprit et de l'imagination chez un peuple que la nature a, sous ce rapport, doté avec tant de largesse.

L'intérêt le plus immédiat de la bourgeoisie lui fait une loi de constituer pour elle-même l'enseignement industriel, en même temps que l'on organisera l'apprentissage sur de meilleures bases pour les classes ouvrières, y compris les paysans; car l'agriculture est et doit rester en France le premier des arts. C'est pour la bourgeoisie une question de conservation; il y va de son existence; il s'agit pour elle d'être ou de n'être pas, *to be or not to be.* Dans notre siècle de révolutions, la bourgeoisie encourrait la déchéance, si elle ne s'assurait les moyens de diriger les masses populaires dans la vie réelle et pratique. Pour que les bourgeois conservent leur prééminence, il est indispensable qu'ils soient et demeurent de plus en plus les chefs des travaux de la classe la plus nombreuse. Pour qu'une classe maintienne sa supériorité politique et sociale, il faut qu'elle reste supérieure, c'est-à-dire qu'il faut qu'elle sache et puisse présider, et qu'elle préside de fait aux mouvements de la société, à ses actes, à ses œuvres. L'aristocratie a été anéantie chez nous uniquement parce qu'elle était devenue impropre à diriger le pays vers l'avenir qu'il se sentait, et que le pays pouvait marcher sans elle; avis écrit en lettres de sang et de feu, qui ne doit être perdu pour personne.

Le progrès matériel ne pourra s'opérer avec promptitude et sécurité qu'autant que l'on fera jouer simultanément et avec une égale activité les trois ressorts des communications, des institutions de crédit et de l'éducation spéciale; car, encore un coup, l'industrie agricole, manufacturière ou commerciale a besoin de capitaux et d'hommes au moins autant que de moyens de transport. Malheureusement, en ce qui concerne, soit les institutions de crédit, soit l'apprentissage et l'enseignement industriel, il n'a été jusqu'ici, et il ne sera possible, de quelque temps encore, de procéder qu'avec lenteur ; les innovations qu'il s'agit d'introduire sous ce rapport touchent aux plus grands intérêts ; elles doivent leur être éminemment propices, mais si elles étaient précipitées, elles leur deviendraient fatales. C'est une terre inconnue, sur laquelle nous serions impardonnables, après les élans aventureux que nous avons payés si cher, de nous lancer autrement qu'avec circonspection et mesure.

Tout est mûr, au contraire, et les choses et les hommes, pour un vaste développement des voies de communications ; partout l'esprit public les patronise ; de toutes parts l'élan est donné ; les conseils généraux des départements et les conseils municipaux luttent de zèle avec le gouvernement et avec la chambre des députés pour les améliorer et les multiplier. De tous côtés des fonds sont votés avec ardeur, je dirais presque avec enthousiasme. Nous possédons dans les cadres des Ponts-et-Chaussées et des Mines et dans ceux de l'armée un grand nombre d'ingénieurs habiles. Une loi récente, celle des fonds des travaux publics extraordinaires, dont le pays conservera une profonde reconnaissance à M. Duchâtel, fournira d'amples ressources aux routes, aux canaux et aux chemins de fer ; les fonds des communes et ceux des caisses d'épargne qui affluent au Trésor, accroissent encore la masse des capitaux disponibles pour cet usage, et d'ailleurs, s'il fallait emprunter, la France a bon crédit.

Ainsi, encore une fois, tout est prêt pour que le perfectionnement de la viabilité du territoire par eau et par terre prenne un rapide essor. Il ne nous manque plus qu'un plan d'ensemble qui soit de nature à être réalisé dans un délai médiocre, dans dix à douze ans, par exemple, sans qu'il faille pour cela nous écarter de la réserve financière que commande encore la situation équivoque de l'Europe. Divers projets ont été soumis à l'opinion publique; l'administration elle-même a ouvert la lice, et y est noblement descendue avec un système longuement médité. Il y a, je le sais, grande présomption à moi, jeune et sans expérience, à me présenter dans la carrière où des hommes distingués ont déjà inscrit leurs noms; mais il m'a semblé que, dans une circonstance aussi grave, le devoir de quiconque aime son pays était, s'il croyait avoir un mot à dire, de l'énoncer hardiment.

CHAPITRE III.

D'UN PLAN GÉNÉRAL DE TRAVAUX PUBLICS.

—

Sommes requises pour l'achèvement de nos travaux publics. — Le plan récemment présenté par l'administration exigerait trop d'argent et trop de temps. — L'objet qu'on se propose dans cet écrit est la recherche d'un plan qui nécessiterait une somme beaucoup moindre et un intervalle de temps beaucoup moins long. — Termes pris pour point de départ : un milliard environ à dépenser par l'État, et dix années à peu près pour la durée des travaux.

En soumettant aux bons citoyens et aux hommes éclairés de tous les partis quelques aperçus relatifs à notre système de communications, je crois devoir expliquer en quelques mots le but que je me suis proposé et le programme que je me suis tracé, afin qu'ils jugent en parfaite connaissance de cause le plan sur lequel j'ose appeler leur attention.

Pour compléter nos travaux publics, des sommes immenses sont nécessaires. Nous avons à achever nos routes royales, à terminer le réseau de la navigation artificielle, à améliorer nos fleuves et rivières, à perfectionner nos ports, à entreprendre de dispendieux chemins de fer. En acceptant le plan d'ensemble tout récemment proposé par l'administration, et en adoptant, selon qu'elle le désirait, le mode à peu près exclusif de l'exécution par l'État, il nous faudrait, ainsi que nous le montrerons plus tard, ne demander aux contribuables ou à l'emprunt rien moins que deux milliards huit cents millions, non compris le budget ordinaire des ponts-et-chaussées , qui a augmenté de moitié depuis dix ans, dont le chiffre actuel est de quarante-cinq millions par an, et qui, tous les jours, doit croître plus rapidement encore que par le passé, et indépendamment des sommes à payer par les départements, les villes et les compagnies pour des travaux à leur charge, sommes qu'il est difficile d'évaluer à moins de huit cents millions ou d'un milliard.

Il résulte de là qu'en allouant une somme de cent millions par an au budget extraordinaire des travaux publics à exécuter par l'État, il s'écoulerait environ trente ans avant que le pays pût recueillir le fruit de ses sacrifices.

Un plan dont la réalisation exige un délai de trente ans est de nos jours inadmissible. Le public est impatient, il est pressé de jouir; la génération présente ne demande pas mieux que de travailler pour les races futures, mais elle tiendrait à profiter aussi elle-même de ce qu'elle fait pour ses enfants. D'ailleurs, la situation de l'Europe et du monde interdit des projets d'aussi longue haleine. Qui aujourd'hui voudrait répondre de la paix et de la stabilité du gouvernement pour trente ans ? et si la guerre éclatait, si le volcan révolutionnaire recommençait ses grondements plus

terribles que ceux du canon, si pour toute autre cause
nous étions contraints de nous arrêter à moitié chemin
dans la poursuite de notre œuvre, nous nous trouve-
rions grevés sans résultat, et sans compensation, d'un
passif écrasant.

Le plan proposé par le ministère ne peut donc obtenir la sanction des chambres. Sous le rapport géographique, ce plan est à coup sûr extrêmement recommandable; cependant la géographie peut-elle prétendre
à gouverner le monde? les géographes et les ingénieurs
sont des gens excellents à consulter, mais non pas des
oracles dont les paroles soient, en matière d'administration publique, de souverains décrets.

Il est donc indispensable de réduire à des propositions moins colossales le système soumis aux chambres,
par l'ajournement de plusieurs travaux auxquels l'administration n'a certainement donné place dans ses projets
qu'afin d'offrir un plan d'ensemble qui s'adaptât à tous
les traits principaux de la configuration topographique
du pays. Il convient de n'entreprendre d'ici à un certain nombre d'années, que ce qui est distinctement
réclamé par les grands intérêts agricoles, manufacturiers et commerciaux de la France, ou par les exigences
de notre situation politique en Europe. Il faut, soit en
différant quelques ouvrages, soit en appelant les localités et l'esprit d'association privée à concourir avec
l'État, dans une juste proportion, à la vaste entreprise
des voies de communication par eau et par terre, ra-
mener les sommes à verser par l'État au niveau des allocations qu'autorise une politique sage et prévoyante,
et la durée des travaux à une dizaine d'années.

C'est ce terme d'environ dix ans que j'ai cru pouvoir

adopter. Quant à la dépense, des hommes très compétents croient que de plusieurs années il ne sera ni possible ni convenable de porter le budget extraordinaire
des travaux publics au-delà de cent millions, le budget
ordinaire qui représente les frais d'entretien et de
conservation restant fixé à quarante-cinq ou cinquante.
Il serait même difficile à l'État de dépenser immédiatement, dès 1838 ou 1840, cent millions par an en
travaux extraordinaires; le personnel de ses ingénieurs n'y suffirait pas ; l'administration des travaux
publics n'est pas montée sur un pied qui lui permette d'atteindre ce chiffre; ses rouages, tels qu'ils
sont aujourd'hui, ne joueraient pas assez vite pour dé-
pecer en un an une aussi grosse masse de capitaux.
Mais, moyennant des réformes assez faciles à concevoir, et sur lesquelles nous aurons lieu de revenir, la
somme de cent millions, comme déboursé annuel
moyen d'un intervalle d'environ dix ans, semble une
base d'opérations proportionnée à la richesse publique et aux forces d'élaboration de la machine administrative.

Sans doute en une dizaine d'années, avec une
dizaine de fois 100 millions à la charge du Trésor et
avec le contingent des localités et des compagnies,
notre système des travaux publics ne serait point absolument achevé; il resterait beaucoup à faire, et, par
exemple, il s'en faudrait de beaucoup que nous eus-
sions ouvert les onze cents lieues de chemin de fer dont
doivent se composer les grandes lignes; mais les plus
importants ouvrages seraient faits; il existerait un
réseau de communications par eau et par terre couvrant tout le territoire sans solution de continuité.

Ce réseau ne serait pas à beaucoup près aussi parfait que celui qu'il est possible de concevoir lorsqu'on examine les faits des hauteurs de la théorie, et qu'il est permis aux optimistes d'espérer fermement pour une époque plus ou moins éloignée ; cependant il serait incomparablement supérieur à ce qui est aujourd'hui. Ne courons pas après la perfection absolue, quand il y a autour de nous tant d'imperfections flagrantes et désolantes ; n'aspirons de prime-saut qu'à la demi-perfection, et estimons-nous heureux si nous pouvons l'atteindre. Si, par exemple, il était possible, en nous évertuant dix ou douze ans, d'arriver à ce résultat qu'il fût facile aux voyageurs de toutes les classes et de toutes les fortunes, de se transporter en soixante heures du Havre à Marseille, en quarante-huit de Lille à Bayonne, il me semble que nous devrions nous en contenter provisoirement, borner là notre ambition présente, et oublier pour un moment, sauf à nous en ressouvenir plus tard, qu'avec des chemins de fer jetés de la frontière du nord à celle du midi et de l'est à l'ouest, la France pourrait être traversée, de part en part, en vingt-quatre heures. Certes, parcourir le pays d'un bout à l'autre en un seul jour, serait mieux que d'y en consacrer deux ; mais ce serait déjà bien que d'avoir réduit à deux jours un voyage auquel nos pères, il y a cinquante ans, en mettaient quinze, qui actuellement en prend cinq ou six à la bourgeoisie allant en diligence, et vingt-cinq à la démocratie qui chemine à pied. Le mieux est souvent l'ennemi du bien. Le bien que nous proposons n'exclurait pas le mieux ; il le préparerait ; il redoublerait nos forces, nos ressources et notre ardeur pour y parvenir.

Remarquons enfin qu'aucun des travaux qui feraient partie de ce premier plan à accomplir dans un délai de dix à douze ans, ne serait par lui-même provisoire; le tout serait définitif et jouerait à poste fixe un rôle important dans le plan général et parfait que le pays aura réalisé dans trente ans ou dans un demi-siècle.

PREMIÈRE PARTIE.

—

DES ROUTES ROYALES ET DÉPARTEMENTALES, DES CHEMINS VICINAUX ET COMMUNAUX.

DES

ROUTES ROYALES ET DÉPARTEMENTALES,

DES

CHEMINS VICINAUX ET COMMUNAUX.

Nécessité d'achever, avant tout, les routes de terre. — Progrès des routes royales depuis le commencement du siècle. — Extension des routes départementales.—Activité déployée pour les communications vicinales.—L'achèvement
des routes royales exige environ deux cents millions, celui des routes départementales cent cinquante millions, celui des chemins vicinaux et communaux une somme plus considérable encore.

———

DES ROUTES ROYALES ET AUTRES.

De toutes les voies de communication les routes sont
celles dont le perfectionnement est le plus urgent, car
ce sont les plus fréquentées. Cette amélioration, peu
brillante et peu propre à frapper l'imagination et à la

captiver, n'en serait pas moins la plus féconde et la plus réellement populaire de toutes les entreprises relatives aux moyens de transport ; car, parmi les 35 millions d'habitants que contient la France, il n'y en aurait pas un seul qui ne fût appelé à en recueillir les fruits.

Lorsque Napoléon prit en main les rênes du pouvoir, après le 18 brumaire, il trouva toutes nos routes délabrées, nos canaux suspendus, nos rivières telles que les avait faites la nature. En 1811, les canaux et les rivières étaient encore à peu près dans le même état ; mais le territoire de la France actuelle comptait 3000 lieues environ de routes impériales et 2000 lieues au plus de routes départementales. Nos désastres de 1814 et 1815 vinrent arrêter le cours de toute amélioration. De 1819 à 1830 beaucoup d'efforts furent faits, et donnèrent d'assez beaux résultats ; en 1829 il existait en France à l'état d'entretien 4205 lieues de routes royales. Depuis 1830 les travaux de communication ont pris un essor incroyable. En ce moment, y compris 360 lieues de routes stratégiques, nous possédons 7000 lieues de routes royales à l'état d'entretien.

Le tableau suivant montre la progression qu'ont suivie les routes royales depuis 1811 jusqu'à présent :

ÉPOQUES.	ROUTES A L'ÉTAT D'ENTRETIEN.	ROUTES A RÉPARER.	LACUNES ET ROUTES NOUVELLES A OUVRIR.	TOTAL DES ROUTES CLASSÉES.
1811	3000	"	"	"
1823	3573	3587	1224	8384
1829	4205	3167	1260	8631
1835	6129	1559	947	8635
1836	6179	1463	985	8628
1838	7000	"	"	"

Nos routes départementales ne sont pas restées en arrière. Les conseils-généraux des départements ont rivalisé d'activité avec l'administration supérieure et les Chambres. Au 1ᵉʳ janvier 1835, nos routes départementales étaient partagées ainsi :

Routes à l'état d'entretien.	5,500 lieues.
— à réparer. . . .	1,200
lacunes.	2,800
	9,500

Les routes départementales dépassent aujourd'hui 10,000 lieues, sur lesquelles on en compte près de 7000 à l'état d'entretien.

Enfin, la loi du 21 mai 1836, sur les chemins vicinaux, porte ses fruits. Cette loi institue une nouvelle classe de voies de transport, intermédiaire entre les routes départementales et les chemins communaux proprement dits ; ce sont les chemins vicinaux de grande communication, qui s'exécutent par le concours des départements et des communes, mais qui sont placés sous la direction immédiate de l'autorité départementale. A peine la loi était-elle votée, que déjà le ministre de l'Intérieur pressait les préfets et les conseils-généraux de l'appliquer, et publiait une instruction qui mérite d'être citée comme un modèle. Les localités ont répondu avec empressement à l'appel du ministre. Dans quatre-vingt-deux départements les conseils-généraux arrêtèrent, la même année, le classement des lignes vicinales les plus urgentes, et votèrent des fonds. Le contingent des communes a été fixé; un personnel a été organisé; les travaux ont été mis en train.

Les routes vicinales classées en 1836 formaient une étendue de 8949 lieues. Les sommes votées s'élevèrent la même année à 19,678,000 fr. (1), et le mouvement ne s'est pas ralenti en 1837.

Ainsi le système entier des routes de France, déduction faite des chemins communaux, embrasse environ 29,000 lieues, savoir :

> Routes royales, y compris les
> routes stratégiques . . . 9,000 lieues.
> — départementales . . 10,000
> Chemins vicinaux, environ . 10,000
> Total 29,000

C'est cinq à six fois plus que nous n'avions de routes praticables sous l'Empire. Pour jouir plus tôt de ce bel ensemble, le pays n'épargne ni les soins ni les sacrifices. Les départements, pour exécuter leurs routes, votent des centimes additionnels et des emprunts d'un million, 1,500,000 fr., 2,500,000 fr. Les Chambres ont pourvu l'an dernier à l'achèvement des routes royales. Les moindres localités témoignent une bonne volonté non moins éclairée, non moins libérale. On n'en est plus à discuter; de tous côtés on est à l'ouvrage. Dans dix ans toutes nos routes et tous nos chemins doivent être (2) portés à un degré de perfectionnement, moin-

---

(1) Contribution des communes intéressées. . . . . . . 11,017,000 fr.
 — des départements. 8,094,000
Souscription des particuliers et des associations. 567,000
(2) Voyez la Note 1 à la fin du volume.

dre peut-être que celui des routes anglaises ou belges, mais au moins égal à celui qu'offrent aujourd'hui quelques unes seulement de celles des autres peuples.

D'après le rapport adressé au Roi, en 1837, par M. le ministre des travaux publics, la somme nécessaire pour porter à l'état d'entretien les lacunes des routes royales et les portions à réparer, avait été évaluée par les ingénieurs à 131 millions 766 mille francs. Les Chambres votèrent immédiatement une première allocation de 84 millions, dont 7 pour l'exercice 1837. Pour amener à l'état d'entretien les routes classées au 1er janvier 1836, car c'étaient les seules dont il fût question dans le rapport ministériel, il resterait donc à dépenser, en sommes votées ou à voter, 124 millions 766 mille francs. Il y aurait aussi à subvenir à l'ouverture des routes nouvelles; il en a été classé du 1er janvier au 1er septembre 1837, pour un million 774 mille francs. Ensuite la plupart des routes qui sont dites à l'état d'entretien sont encore très médiocrement praticables pendant plusieurs mois d'hiver; et pendant la majeure partie de l'année elles n'offrent aux piétons que des berges boueuses; il conviendrait de les rendre complétement viables en toute saison; et de ménager sur un de leurs bords un trottoir à l'instar du système anglais (1). Une allocation

(1) Lorsque Mirabeau mit le pied en Angleterre, il se mit à genoux à la vue des trottoirs qui y sont pratiqués partout, et rendit grâces au ciel de ce qu'il existait un pays où l'on avait songé au pauvre piéton. Si Mirabeau revenait sur la terre, il reconnaîtrait que l'administration parisienne est animée aujourd'hui de sentiments tout aussi populaires que ceux qu'il admirait de l'autre côté du détroit. Les efforts éclairés de M. de Chabrol furent, sous le rapport des trottoirs comme sous beaucoup d'autres, suivis d'excellents effets. M. de Rambuteau a singulièrement étendu et perfectionné ce qu'avait si bien commencé son pré-

3

spéciale assez considérable serait donc indispensable
pour celles de nos routes qui sont censées à l'état d'entretien définitif. Par ces motifs divers, et aussi parce
qu'il est d'usage que les devis soient en dessous des
sommes réellement requises, il est probable que pour
élever nos routes royales à une condition satisfaisante,
il faudra d'ici à une dizaine d'années, y dépenser extraordinairement 200 millions, même en tenant compte
des ressources que l'on pourrait se procurer en rétré-
cissant quelques unes de nos anciennes routes qui sont
d'une largeur démesurée, double de celle des routes
anglaises, et en vendant au profit spécial des routes
les terrains ainsi reconnus superflus.

Voilà pour les routes à la charge du Trésor.

D'après le rapport ministériel de 1837, les routes départementales alors classées réclamaient, pour arriver
à l'état d'entretien, une somme de 125 millions. A
cause des nouveaux classements, il ne convient pas de
s'attendre, pour un délai d'environ dix ans, à une
dépense de moins de 150 millions, indépendamment
des dépenses courantes d'entretien.

Les chemins vicinaux et communaux exigeront de
leur côté beaucoup d'argent. Leur budget annuel, y
compris les prestations en nature, peut monter à une
soixantaine de millions, et je ne pense pas que leur
mise en état proprement dite puisse être effectuée
pour moins de 400 millions, soit parce que les

_____

décesseur de la Restauration. Il n'y a rien en Angleterre qui, pour le goût, la
commodité et le comfort, puisse être comparé aux boulevards tels que M. de
Rambuteau les a disposés. L'exemple de Paris ayant force de loi pour toute la
France, cette amélioration est un présage assuré de l'établissement des trottoirs
dans les rues de nos grandes villes, et sur le bord de nos chaussées.

communications de cette espèce ont une étendue considérable, soit parce que l'économie la mieux entendue ne préside pas toujours à leur établissement et à leur aménagement. Quoique ce chiffre soit fort élevé, il n'y a pas lieu de s'en alarmer. La perception est constituée; le pli est pris; les contribuables paient volontiers les taxes spéciales qui leur sont imposées en journées et en argent. L'impôt vicinal, si lourd en apparence, est en réalité médiocrement onéreux dans une foule de cas, et peut devenir assez doux si l'on a soin de ne faire travailler les hommes et les charrettes que pendant la saison où l'agriculture laisse beaucoup de loisir à nos paysans. Il ne faut plus de grands efforts pour achever, sous ce rapport, la viabilité du territoire; la vigilance de l'administration centrale, secondée par le zèle des autorités locales, nous vaudra tout naturellement cet heureux résultat.

DEUXIÈME PARTIE.

—

TRAVAUX DE NAVIGATION.
CANAUX ET RIVIÈRES.

CHAPITRE PREMIER.

CONSTITUTION HYDROGRAPHIQUE DU TERRITOIRE. DES LIGNES NAVI-GABLES A ÉTABLIR POUR COMPLÉTER LE RÉSEAU DE LA NAVIGATION INTÉRIEURE.

—

I.

COUP-D'ŒIL D'ENSEMBLE.

Dispositions naturelles très favorables. — Avantages particuliers que la France, en raison de son climat, peut retirer d'un bon système de navigation inté-rieure. — Comparaison du climat de la France avec celui des États-Unis. — Principaux bassins hydrographiques que comprend le sol français. — Bas-sins du Rhône, du Rhin, de la Gironde, de la Loire, de la Seine, de l'Escaut et de la Meuse. — Considérations topographiques, économiques et politi-ques, d'après lesquelles il convient de tracer un plan de canalisation. — Trois ordres de travaux nécessaires pour perfectionner la navigation intérieure du pays. 1° Canaux à point de partage liant les bassins entre eux ; 2° travaux créant ou améliorant la navigation le long des fleuves, soit dans leur lit, soit sur leurs bords ; 3° lignes navigables pour desservir les principaux centres de production et de consommation, notamment les mines de houille et les districts de forges. — Nécessité de rattacher à Paris les di-verses portions du territoire.

Notre pays a été marqué par la nature pour jouir d'un admirable système de navigation. Il y a déjà bien des siècles que Strabon admirait l'heureuse disposi-

tion de nos fleuves les uns par rapport aux autres (1).
Relativement au Danube, qui est le plus important
des fleuves d'Europe, leur arrangement symétrique
est peut-être plus remarquable encore ; ils divergent
d'une faible distance de ses sources dans toutes les directions, ou, en d'autres termes, pris à partir de leur
embouchure ils convergent vers lui de toutes les mers.

(1) « Toute la Gaule, dit Strabon, est arrosée par des fleuves qui descendent
des Alpes, des Pyrénées et des Cévennes, et qui vont se jeter les uns dans
l'Océan, les autres dans la Méditerranée. Les lieux qu'ils traversent sont,
pour la plupart, des plaines et des collines qui donnent naissance à des ruisseaux assez forts pour porter bateau. Les lits de tous ces fleuves sont, les uns
à l'égard des autres, si heureusement disposés par la nature, qu'on peut aisément transporter les marchandises de l'Océan à la Méditerranée, et réciproquement : car la plus grande partie du transport se fait par eau, en descendant
ou en remontant les fleuves, et le peu de chemin qui reste à faire par terre est
d'autant plus commode qu'on n'a que des plaines à traverser. Le Rhône surtout
a un avantage marqué sur les autres fleuves pour le transport des marchandises, non seulement parce que ses eaux communiquent avec celles de plusieurs
autres fleuves, mais encore parce qu'il se jette dans la Méditerranée qui l'em-
porte sur l'Océan, comme nous l'avons déjà dit, et parce qu'il traverse d'ailleurs les plus riches contrées de la Gaule.

« Je l'ai déjà dit, et je le répète encore, ce qui mérite surtout d'être remarqué dans cette contrée, c'est la parfaite correspondance qui règne entre
ses divers cantons par les fleuves qui les arrosent et par les deux mers dans
lesquelles ces derniers se déchargent ; correspondance qui, si l'on y fait attention, constitue en grande partie l'excellence de ce pays, par la grande facilité
qu'elle donne aux habitants de communiquer les uns avec les autres, et de
se procurer réciproquement tous les secours et toutes les choses nécessaires à
la vie. Cet avantage devient surtout sensible en ce moment où, jouissant du
loisir de la paix, ils s'appliquent à cultiver la terre avec plus de soin et se civi-
lisent de plus en plus. Une si heureuse disposition de lieux, par cela même qu'elle
semble être l'ouvrage d'un être intelligent plutôt que l'effet du hasard, suffirait pour prouver la Providence ; car on peut remonter le Rhône bien haut
avec de grosses cargaisons qu'on transporte en divers endroits du pays, par le
moyen d'autres fleuves navigables qu'il reçoit et qui peuvent également porter
des bateaux pesamment chargés. Ces bateaux passent du Rhône sur la Saône,
et ensuite sur le Doubs, qui se décharge dans ce dernier fleuve. De là les mar-

Il n'y a pas de pays qui ait plus à attendre que la France de voies de communication où le transport serait facile et économique comme il l'est sur de bonnes lignes de navigation. L'étendue de la France est assez peu considérable comparativement à celles de certains empires plus modernes ou de républiques nées d'hier (1). Cependant les produits de son sol sont

chandises sont transportées par terre jusqu'à la Seine, qui les porte à l'Océan, à travers les pays des *Lexovii* et des *Caletes* (les habitants des rivages méridionaux et septentrionaux de l'embouchure de la Seine), éloignés de l'île de Bretagne de moins d'une journée.

» Cependant, comme le Rhône est difficile à remonter à cause de sa rapidité, il y a des marchandises que l'on préfère de porter par terre au moyen de chariots ; par exemple, celles qui sont destinées pour les *Arverni* (les habitants de l'Auvergne), et celles qui doivent être embarquées sur la Loire, quoique ces cantons avoisinent en partie le Rhône. Un autre motif de cette préférence est que la route est unie et n'a que huit cents stades environ. On charge ensuite ces marchandises sur la Loire, qui offre une navigation commode. Ce fleuve sort des Cévennes et va se jeter dans l'Océan.

» De Narbonne on remonte l'Aude à une petite distance. Mais le chemin qu'on a ensuite à faire par terre pour gagner la Garonne est plus long ; on l'évalue à sept ou huit cents stades. Ce dernier fleuve se décharge également dans l'Océan. »

(1) La superficie des États-Unis est tout juste décuple de celle de la France. Dans cet immense pays cependant la terre donne des fruits beaucoup moins variés que les nôtres. On n'y trouve point d'abricots ; à proprement parler, la poire et la prune n'y existent pas. Ce sont là sans doute des objets qui nulle part ne créent un commerce considérable ; mais voici qui est plus important : quoique la vigne sauvage y soit admirable comme arbre, le raisin, et à plus forte raison le vin qu'elle produit, sont de qualité détestable, tout comme celui des plants importés d'Europe. La canne à sucre est cultivée dans une petite partie de la Louisiane, mais elle y gèle régulièrement tous les hivers ; elle réussirait mieux en Corse et probablement aussi bien dans les départements de l'Hérault, du Gard et des Bouches-du-Rhône. Le coton, qui fait la richesse des États du Sud de l'Union, et qu'ils fournissent à l'Europe pour une valeur de 300 millions, est également détruit par la gelée tous les ans, ce qui n'aurait lieu ni en Corse ni à Alger.

extraordinairement variés et doivent de plus en plus donner lieu à des échanges, à un commerce intérieur presque illimité, du moment que la canalisation du pays aura été achevée d'un bout à l'autre, de nos départements du Nord à ceux du Midi, de la Méditerranée à la mer du Nord et à l'Océan. Notre glorieuse acquisition d'Alger et la Corse que nous avons encore à conquérir sur la barbarie, ou plutôt sur notre propre insouciance, ajouteront, si tel est notre bon plaisir, à la diversité de nos denrées, et activeront le courant commercial qui doit traverser la France du nord au midi, et du midi au nord.

Il n'existe pas au monde un climat mieux approprié que le nôtre à la navigation intérieure. Dans nos régions tempérées, il est assez rare que les rivières et même les canaux soient gelés. Lorsqu'ils le sont, c'est pour peu de jours, ou au moins pour très peu de semaines. Les canaux les plus célèbres de l'univers par les revenus qu'ils rendent et par le commerce qui les sillonne, sont dans des pays exposés à de rigoureux hivers, où toute navigation est suspendue pendant quatre ou cinq mois de l'année. Le grand canal Erié, qui relie le fleuve Hudson au lac Erié, dans l'État de New-York, et où les péages, avec un tarif modéré, rapportent huit millions, c'est-à-dire le double de tous les droits de navigation perçus chez nous par le Trésor, le canal Erié est gelé en décembre et n'est rouvert sur toute son étendue qu'à la fin d'avril. Chez nous il serait possible de tenir les canaux ouverts onze mois par an, en moyenne, sans discontinuer(1). Quels services donc ne

_____

(1) Sur le canal du Midi, il y a peu d'années encore, la navigation était

sommes-nous pas fondés à attendre de nos canaux lorsque nous les aurons achevés et lorsque nous aurons appris à les administrer, à les utiliser? Nos lignes de navigation artificielle ont été conçues et poussées au point où elles sont aujourd'hui avec beaucoup plus de discernement que les canaux d'Angleterre ou d'Amérique. Elles sont sur de meilleures dimensions, plus larges surtout, circonstance qui diminue les frais de traction dans une proportion assez forte.

Les résultats de nos travaux de canalisation seront, je le répète, prodigieux si nous nous déterminons à les vite finir, à les parfaire sur toute leur étendue, sans laisser d'interruption nulle part; car une écluse en mauvais état ou d'un abord difficile, un bief qui manque d'eau, la traversée de niveau d'une rivière torrentielle, envasée ou encombrée de sables, suffisent à détruire la moitié des avantages d'une communication qui a coûté des millions par cinquante et par centaines. En fait de canaux, au moins autant que dans la poésie, il n'y a pas de degrés du médiocre au pire. Je ne demande ici ni luxe de construction, ni ponts monumentaux, ni petits palais pour loger les éclusiers. Je sollicite seulement d'amples réservoirs, des écluses faciles à approcher et à manœuvrer, et surtout un lit uniformément profond. C'est là tout le mérite matériel des canaux de l'Angleterre et des États-Unis : ils y joignent des mérites administratifs que les nôtres sont fort éloignés de posséder, mais qu'il sera fort aisé de leur donner : ils chôment

interrompue tous les ans pendant six semaines ou deux mois. Actuellement il n'y a plus qu'un chômage tous les deux ans, et on espère n'avoir plus bientôt que des chômages triennaux.

très rarement, excepté pendant la gelée; en cas d'accidents, d'une brèche, par exemple, ils sont réparés d'urgence avec une rapidité militaire; ils ont des éclusiers alertes, sur pied nuit et jour; les règlements y permettent la circulation nocturne; le halage des bateaux s'y opère toujours par des chevaux, jamais par des hommes. On y autorise, on y encourage par un droit de préséance ou plutôt de *prépassage*, une assez grande vitesse, et par là on y attire les voyageurs. Le canal Érié a transporté, en 1835, 116,000 voyageurs, soit 650 moyennement par jour de navigation.

La France, y compris les Pays-Bas et les provinces rhénanes, qui hydrographiquement en dépendent, se compose de sept bassins; ce sont :

1° Le bassin du Rhône, dont la pente générale est vers le sud, et qui, par la Saône et le Doubs, pénètre au cœur des montagnes de l'est, les Vosges et le Jura. Toute la portion de la France qui tient à la Méditerranée n'en est qu'un appendice.

2° Le bassin du Rhin, adossé à celui du Rhône, et dont la pente est vers le nord. Il a peu d'importance par la superficie de la portion du territoire français qu'il arrose; il en a une immense par l'étendue de son cours au-dehors de nos frontières, par la facilité que donnent ses affluents de droite de lier des rapports entre la France et de vastes contrées, et par la proximité du Danube. Le Rhin n'a qu'un grand affluent sur le sol français : c'est la Moselle.

3° Le bassin de la Garonne, incliné à l'ouest, et dans lequel on trouve disposés en éventail autour de l'embouchure de la Gironde plusieurs beaux cours d'eau qui arrosent de fertiles contrées, la Dordogne, la Garonne, le Tarn, le Lot. Le bassin de l'Adour n'en est qu'une annexe.

4° Le bassin de la Loire, incliné comme le précédent, mais qui en diffère en ce que, au lieu d'être borné à l'est par le massif des montagnes du Forez et de l'Auvergne, il les tourne et les prend à revers, ce qui lui vaut d'occuper presque toute la largeur de la France, depuis l'Océan jusqu'à l'Allemagne et de former presque à lui seul la France centrale. La Loire compte de grands affluents dont plusieurs sont navigables, et dont les autres sont susceptibles de le devenir. Les plus importants sont : à gauche la Vienne, le Cher, l'Allier; à droite la Mayenne avec ses deux branches de la Sarthe et du Loir. La vallée de la Charente et la Bretagne peuvent être considérées comme des dépendances de la Loire.

5° Le bassin de la Seine, qui penche vers le nord-ouest et qui se distingue par sa belle culture, par sa population industrieuse, par les nombreux moyens naturels de navigation répandus sur sa surface exempte de montagnes. Nul fleuve n'a, pour la même superficie de bassin, autant de beaux affluents que la Seine; dans le nombre on distingue l'Aube, la Marne, l'Yonne, l'Oise, et plusieurs tributaires de second rang, comme l'Aisne et l'Ourcq.

6° et 7° Les deux bassins de l'Escaut et de la Meuse, dont la direction générale est vers le nord-est, et qui embrassent des provinces fertiles, peuplées, riches par leurs manufactures et par les trésors souterrains qu'elles recèlent. Le bassin de la Somme et celui de l'Aa s'y rattachent naturellement.

Les bassins du Rhône, de la Garonne et de la Loire, comprennent à eux seuls près des deux tiers de la population de la France.

Le plus vaste de tous est celui de la Loire; il occupe à peu près le quart du territoire, et sa population est environ le cinquième de celle de la France.

Le bassin de l'Escaut est le moins étendu; mais relativement il est le plus peuplé. Sa population moyenne est de 2,373 individus par lieue carrée, c'est-à-dire qu'elle est dans le rapport de 5 à 2 avec la population moyenne de la France. Ce bassin est d'ailleurs celui où la navigation a reçu le plus de perfectionnements.

La France compte 212 rivières que l'on considère comme navigables ou flottables. Sur ces rivières, 38 versent leurs eaux dans la Méditerranée, 101 dans l'Océan à l'ouest et au nord, 42 dans la Manche, et 31 sortent de France par les frontières du nord-est.

Sur ces 212 rivières, 121, dont le développement est de 1,919 lieues, sont comprises dans les sept bassins principaux, et 91 ayant ensemble 409 lieues, appartiennent aux bassins secondaires qui peuvent être rattachés aux autres comme des annexes.

Le développement total de la navigation naturelle des rivières est d'un peu plus de 2,000 lieues (1). La France a déjà ajouté à cette belle dotation de la nature 900 lieues de canaux qui, avec quelques améliorations de rivières, lui auront coûté 700 millions (2).

Les bassins du Rhône et de la Gironde, aboutissant l'un à la Méditerranée, l'autre à l'Océan, composent

(1) Voir la Note 2 à la fin du volume.
(2) Voir la Note 3 à la fin du volume.

la France du Midi. Ceux de la Seine, de l'Escaut, de la Meuse et du Rhin, tous tributaires de la Manche, constituent la France du Nord. Le bassin de la Loire, jeté entre le nord et le midi, de l'Océan à la chaîne du Jura qui est la ligne avancée des Alpes, forme à lui seul la France centrale.

On conçoit qu'il est essentiel de relier ces bassins entre eux, afin qu'ils échangent leurs produits qui sont très différents d'un bassin à l'autre, et afin qu'il s'établisse un équilibre entre les grands marchés commerciaux qui dominent chacun des bassins, comme Marseille et Lyon sur les bords du Rhône; Bordeaux et Toulouse sur ceux de la Garonne; Nantes et Angers dans la vallée de la Loire; le Havre, Rouen et Paris dans celle de la Seine; Strasbourg dans celle du Rhin; Lille, Gand, Anvers, Charleroi, Bruxelles et Liége dans les bassins de l'Escaut et de la Meuse. De là une première série de grands travaux de navigation.

Il est clair aussi que, pour satisfaire à deux conditions que les progrès du commerce rendent de plus en plus obligatoires, l'économie du temps et la régularité, l'on doit non seulement combler les intervalles qui séparent les deux têtes de navigation de deux bassins opposés, mais encore rendre parfaitement navigables les lignes des fleuves eux-mêmes jusques à leur embouchure. De là une nouvelle série de travaux.

On doit encore tenir compte d'un autre fait remarquable dans la constitution hydrographique de la France; c'est qu'elle est baignée par trois mers, et que par conséquent il y a lieu à y établir des lignes navigables qui dispensent le commerce des longs et dangereux circuits qu'impose la voie de mer.

Enfin, parmi les faits généraux de politique et d'industrie qui, conjointement avec la configuration hydrographique du sol, doivent servir de base à un système de navigation intérieure, deux nous paraissent primer tous les autres :

1° L'une des denrées les plus utiles, celle dont le bon marché influe le plus sur la production, celle aussi qui, par sa nature encombrante, est enchérie le plus par les frais de transport, la houille enfin, existe le plus souvent en France au pied des montagnes, loin des points où les fleuves sont régulièrement navigables, et à des distances considérables des foyers de consommation. Il y a lieu à un ensemble de travaux destinés à ouvrir des communications faciles, économiques et régulières (on ne saurait trop insister sur cette dernière qualité, car elle est la condition des deux premières), entre les mines de charbon et les rivières ou les ports d'où cet admirable combustible, mille fois précieux depuis que l'homme a appris à le convertir en force motrice, peut se répandre à l'intérieur, sur le littoral et jusque dans les régions étrangères.

Les principaux districts de forges doivent être à peu près assimilés aux mines de charbon ; car, sous les auspices du travail, le fer et le feu sont les deux agents nécessaires de toute richesse et de toute civilisation, tout comme au service de la guerre ils sont des instruments de destruction et de barbarie. Cette assimilation devrait être étendue aux très grands centres de manufactures. Remarquons que les voies de communication qui lieraient les bassins houillers aux grandes lignes de navigation, auraient, dans la plupart des cas, pour résultat, d'ouvrir en même temps un débouché et un moyen d'approvisionnement aux principaux points de consommation de la houille, c'est-à-dire aux villes manufacturières et à l'industrie du fer; car, en général, les grandes lignes baignent les villes manufacturières, ou passent au travers de quelque district de forges. Dans un pays tel que la France, un canal qui ne rencontrerait ni villes populeuses, ni mines de charbon, ni forges, ne serait qu'une prétendue grande ligne, quelle qu'en fût la longueur.

2° Il existe en France un centre de civilisation, de lumières, d'arts et de richesses, qui attire à lui, avec une force irrésistible, tout ce que les localités enfantent, hommes, idées et choses, et qui renvoie à son tour, avec une énergie infatigable, dans tous les sens, à tous les coins du territoire, les produits de sa dévorante activité. Les lignes de navigation doivent donc, autant que possible, converger vers Paris, ou tout au moins des articulations bien jointes doivent rattacher à Paris toutes les grandes artères de navigation naturelles ou artificielles.

Parmi ces considérations diverses, quelques unes ont été négligées jusqu'à ces derniers temps : ce sont celles relatives à la mise en valeur des gîtes houillers ou ferrifères, et celles qui ont trait aux avantages d'une navigation prompte et permanente au centre des grandes vallées, dans le lit des fleuves ou parallèlement à leur cours. L'usage de la houille était peu répandu ; le bois était plus abondant ; la machine à vapeur n'existait pas ou n'était connue que par ouï-dire : nous savions, par le récit des voyageurs, tout le parti qu'en avait tiré l'Angleterre; nous admirions les Anglais, mais nous ne les imitions pas; les hommes les plus compétents nous appelaient en vain à utiliser nos belles mines de combustible (1). Quant aux fleuves, il suffisait à la plupart des besoins des manufactures et du négoce, que les bateaux pussent y circuler pendant la moitié de l'année et de temps en temps aux crues d'orage. Les manufacturiers et marchands s'approvisionnaient une fois l'an de matières premières et de produits. L'on n'était pas rigoureux sur les échéances; l'on s'inquiétait peu des délais; le commerce ignorait l'habitude anglaise des règlements; il y a des provinces où il les ignore encore. La main-d'œuvre valait peu, le temps du commun des hommes se payait à vil prix, et les retards d'un bateau étaient peu onéreux. Enfin la navigation à vapeur, qui décuple l'utilité des rivières en fournissant le moyen de les faire servir, à la remonte comme à la descente, au transport des hommes comme à celui des denrées, est d'une invention toute moderne; car le premier voyage de Fulton, entre New-York et Albany, est de 1807. Au contraire, il y a très longtemps que l'on a senti la nécessité d'unir les bassins entre eux ou les mers l'une à l'autre par des canaux à point de partage; de même dès l'origine, la pensée de

____

(1) Dès 1803, M. Lefèvre, inspecteur-général des Mines, dans son *Aperçu général des mines de houille exploitées en France*, faisait ressortir à chaque page l'absence des communications qui rendaient universel l'emploi de ce combustible. En février 1815, M. L. Cordier, aujourd'hui inspecteur-général des mines, appelait, dans un *Rapport sur les mines de houille de France*, l'attention du gouvernement sur l'imperfection, à cet égard, de notre système de communication intérieure.

centralisation, qui a toujours dominé notre politique intérieure, avait fait éclore des projets qui reliaient, par des voies de navigation, les points extrêmes du territoire avec Paris. Ces deux idées ont constamment guidé les princes et les hommes d'État qui, au travers des entreprises militaires dans lesquelles la France s'est toujours trouvée engagée; à cause de sa situation géographique et du génie de ses habitants, ont eu quelques instants à donner aux intérêts matériels du pays. Dès François Ier, on projetait d'ouvrir les canaux de Briare, du Midi, du Centre, de Bourgogne; et ce prince, ami passionné des arts utiles aussi bien que des beaux-arts, toutes les fois qu'ils se montraient à lui empreints d'un caractère d'audace ou de grandeur, donna pour leur exécution des ordres auxquels les malheurs des temps et l'impuissance de la science d'alors ne permirent pas de donner suite.

II.

PREMIÈRE SÉRIE DE TRAVAUX. LIAISON DES BASSINS ENTRE EUX.

—

Travaux actuellement accomplis. — Lacunes dans les communications du Rhône. — Il n'est pas lié avec le Rhin inférieur; ii ne l'est pas avec le bas Escaut et la Meuse.—Canaux de Gray à Saint-Dizier, de l'Aisne à la Marne, par Reims, et de l'Aisne à l'Oise pour combler ces lacunes. — Liaison indispensable entre le Rhône et la Gironde, par le centre de leurs bassins. — Liaisons actuelles de la Seine avec la Loire, l'Escaut et la Somme. — Liaisons à établir entre la Seine et le Rhin, selon le projet de M. Brisson, et entre la Seine et la basse Loire.—Liaisons actuelles de la Loire.—Liaisons à créer entre la Garonne et les autres fleuves; lignes de Bordeaux à Paris, à Lyon et à Strasbourg. — Tableau des principales artères qui s'étendraient alors d'une extrémité à l'autre de la France.

Le premier canal à point de partage qui ait été sérieusement entrepris et le premier qu'on ait achevé, celui de Briare, dont la France est redevable à la sollicitude de Henri IV et de Sully, fut fait pour mettre en communication la Seine et la Loire, Paris avec les provinces du centre. Plus tard le génie de Louis XIV et de Colbert prit sous sa protection les plans hardis de Riquet pour le canal du Midi, qui devait rattacher l'Océan à la Méditerranée, et la Garonne à la lisière du bassin du Rhône ; la puissante volonté du Grand-Roi et l'esprit de ressources de son ministre triomphèrent de tous les obstacles, et quatorze ans après que le premier coup de pioche avait été donné, la navigation fut en activité sur toute la ligne. Le canal du Midi fut suivi du canal d'Orléans ou de la Loire à la Seine. En 1775 fut commencé le canal de Bourgogne, c'est-à-dire du Rhône à la Seine. En 1784 ce fut le tour de celui du Centre, ou du Rhône à la Loire, et de celui du Nivernais ou de la Loire à la Seine par l'Yonne. L'Empire, en même temps qu'il pressait la fin des entreprises que lui avait léguées l'ancienne monarchie, dota la France du canal de Saint-Quentin ou de l'Escaut à la Seine par l'Oise. Il décréta celui de l'Escaut au Rhin dans les provinces conquises, et le commença entre le Rhin et la Meuse ; il entama aussi le canal du Rhône au Rhin par le Doubs (1), ainsi que le canal de Nantes à Brest, dont Napoléon appréciait surtout l'importance stratégique, et qui, au moyen des additions que la Restauration lui a données, établit une communication de l'Océan à la Manche, et évite au commerce le détour dangereux du promontoire du Finistère.

Les canaux que nous venons d'énumérer, tous à point de partage, tous jetés d'un bassin à un autre, sont à peu près tous complets aujourd'hui ; cependant il s'en faut de beaucoup que nous ayons toutes les

(1) La partie de ce canal comprise entre Dôle et la Saône avait été commencée en 1784, aux frais des États de Bourgogne et de Franche-Comté, et terminée en 1790.

plus indispensables communications de bassin à bassin.

Le bassin du Rhône a ses communications bien assurées dans plusieurs directions. A son extrémité septentrionale, il est lié à la Loire moyenne par le canal du Centre, au Rhin par le canal qui porte le nom des deux fleuves, à la Seine par celui de Bourgogne. En outre, les chemins de fer qui avoisinent Saint-Étienne rattachent le Rhône à la haute Loire. Cependant il n'a pas de communication suffisante avec le Rhin inférieur, car la navigation permanente sur le Rhin ne va pas aussi haut que Strasbourg; elle s'arrête à Manheim. Avec le bas Escaut et avec la Meuse il n'a de rapport possible que moyennant un long détour, c'est-à-dire en passant par Paris. Ce sont là deux fâcheuses lacunes, mais il serait possible de les combler l'une et l'autre par un seul travail de médiocre étendue. En construisant un canal de Gray à Saint-Dizier, ou entre la Saône et la Marne, ou, en d'autres termes, entre la Saône et le canal de Paris à Strasbourg, le Rhône se trouverait uni par une voie directe avec la Meuse et avec la Moselle, qui, l'une et l'autre, sont coupées par le canal de Paris à Strasbourg, avec le Rhin inférieur par la Moselle, et avec le bas Escaut par la Meuse, la Sambre canalisée, et le canal de Charleroi à Bruxelles et à Anvers. Il y aurait alors une voie navigable en ligne droite de la Méditerranée à la mer du Nord, de Marseille aux ports principaux de la Belgique et de la Hollande. Le commerce des provinces rhénanes et des Pays-Bas, c'est-à-dire de la portion la plus riche de l'Europe continentale, convergerait alors forcément vers Marseille.

Un autre canal, d'un faible développement et bien étudié aujourd'hui, ajouterait beaucoup à l'utilité de celui de la Saône à la Marne; je veux parler du canal de la Marne à l'Aisne par Reims. Il raccourcirait aux provenances du Rhône le chemin des départements qui sont compris entre la basse Seine et la Meuse, parce que l'Aisne aboutit d'un côté à la Meuse par le canal des Ardennes, de l'autre à l'Oise et par elle à la Seine, à la Somme, à l'Escaut supérieur, à la Scarpe et aux canaux du Nord. Il fournirait à Reims une voie de navigation à laquelle cette ville a droit. Ce canal n'aurait que quinze lieues de parcours; il serait cependant d'une construction dispendieuse.

Un troisième canal, moins long encore, venant à la suite de celui de la Marne à l'Aisne, abrègerait notablement le trajet de Marseille à la mer du Nord et à Amiens, Arras, Lille et Dunkerque. Pour continuer vers le nord, au-delà du point où le canal de la Marne à l'Aisne doit se jeter dans cette dernière rivière, il faut décrire un crochet en suivant l'Aisne jusqu'à l'Oise, pour remonter ensuite l'Oise jusqu'au canal de Saint-Quentin. Un canal tracé entre l'Aisne et l'Oise par le vallon de la Lette, couperait droit de l'Aisne au canal de Saint-Quentin. Il n'aurait que neuf lieues et demie.

Le Rhône est privé aussi de toute connexion avec la Garonne, dont le large bassin s'étend tout près de lui, sur une grande longueur, à moins qu'on ne considère le canal du Midi, avec son prolongement du canal de Beaucaire, comme tracé du Rhône à la Garonne; mais le canal du Midi, en le supposant même prolongé jusqu'à Bordeaux, ne dessert qu'une médiocre partie du bassin de la Gironde. Il faudra en

venir à quelque ligne de navigation qui remonte le
Tarn, l'Aveyron ou le Lot, et qui, au pied des montagnes, devra peut-être céder la place à un chemin
de fer qu'on ferait descendre vers le Rhône sur le
versant oriental des Cévennes, par le vallon de l'Ardèche, ou plus haut vis-à-vis de l'Isère.

Cette intercalation d'un chemin de fer entre deux lignes navigables pour traverser une chaîne de montagnes, a été employée fréquemment en Amérique pour
franchir les monts Alléghanys. Les exemples les plus remarquables de ce mode de communication existent en
Pensylvanie; tel est le chemin de fer du Portage qui fait
partie de la grande ligne de Philadelphie à Pittsburg ou à
l'Ohio; tel est aussi le chemin de fer de Pottsville à Sunbury, qui complète la ligne de Philadelphie au centre de
la vallée de la Susquéhannah. Il n'est pas impossible
cependant de jeter un canal continu au travers des
montagnes, lorsque celles-ci n'ont pas une hauteur
démesurée, et c'est le cas avec la chaîne qui borde le
Rhône sur sa droite; car les canaux peuvent, presque
aussi bien que les chemins de fer, s'accommoder de plans
inclinés qui rachètent de grandes différences de niveau.
Le duc de Bridgewater et Brindley l'ont prouvé en
Angleterre; M. D. B. Douglass l'a démontré plus irré-
cusablement encore en Amérique sur le canal Morris,
entre la Délaware et la baie de New-York.

Le bassin de la Seine est assez bien pourvu. Trois
canaux, ceux d'Orléans, de Briare et du Nivernais,
tous convergeant vers Paris, le mettent en rapport avec
la Loire: par l'Oise, le canal de Saint-Quentin l'unit
à l'Escaut et le canal de la Somme au bassin de ce
nom. Le canal de la Sambre à l'Oise, et celui des

Ardennes lui servent de liens avec la Meuse. Jusques en 1837, rien n'avait été fait pour lui ouvrir une communication directe avec le Rhin; mais cette lacune est en train de disparaître depuis le vote de l'an dernier en faveur du canal de Paris à Vitry, et elle sera sans doute entièrement comblée cette année, autant qu'il dépend des Chambres, par le vote du canal de Vitry à Strasbourg. Ainsi aura été réalisé, au grand avantage de Paris et du Havre, de Metz, de Nancy et de Strasbourg, des départements de l'Est et du Nord, et de notre commerce de transit en général, un des plus beaux projets conçus par un illustre ingénieur qu'une mort prématurée a enlevé à la science et aux arts utiles, M. Brisson (1). Le bassin de la Seine revendique aussi une jonction avec la basse Loire, qui le mette en rapport avec les départements du Nord-Ouest et de l'Ouest proprement dit.

En raison de sa position centrale et de son étendue, le bassin de la Loire est évidemment celui de tous qui doit présenter le plus de voies de communication ; car c'est à travers sa surface que la France du Midi et celle du Nord doivent se lier l'une à l'autre. On y trouve, en effet, 1° à droite, divers canaux que j'ai

---

(1) Le canal de Paris à Strasbourg traversera cinq vallées, celles de la Seine, de la Meuse, de la Sarre, de la Moselle et du Rhin, avec deux points de partage seulement, l'un entre le bassin de la Seine et ceux de la Meuse et de la Moselle, l'autre entre le bassin du Rhin et ceux de la Moselle et de la Sarre. Il unira Paris avec Bar-le-Duc, Nancy, Metz et Strasbourg. Sa longueur sera de cent trente lieues, c'est-à-dire égale à celle du canal de Bretagne, y compris ceux du Blavet et d'Ille-et-Rance. Il y a déjà 16 ans qu'il figurait dans un rapport au Roi, qui est demeuré célèbre, où M. Becquey exposait un système général de navigation.

déjà indiqués; le canal du Centre qui se dirige vers la Saône, le canal du Nivernais qui atteint l'Yonne, ceux de Briare et d'Orléans qui débouchent dans la Seine, puis le canal de Bretagne qui, avec ses ramifications du Blavet et d'Ille-et-Rance, gagne la mer de Bretagne en trois points : Brest, Lorient, Saint-Malo; 2° à gauche, le canal du Berry qui ne se dirige vers aucun nouveau bassin, car parti de la Loire, il revient à la Loire, mais qui offre au commerce l'avantage de couper en travers un grand coude du fleuve, avantage précieux qu'on a malheureusement beaucoup amoindri en n'achevant ce canal que sur de petites dimensions, après l'avoir commencé sur une belle échelle. Le bassin de la Loire réclame encore une communication avec la basse Seine, que nous avons déjà mentionnée, et surtout une ou plusieurs lignes qui le rattachent au bassin de la Gironde.

Ce dernier bassin est le plus maltraité de tous. A part le canal du Midi qui n'est qu'un lien indirect avec le Rhône, cette riche vallée de la Gironde est entièrement isolée des deux bassins du Rhône et de la Loire qui la bordent et l'enserrent. Il est impossible par conséquent de venir par eau de Bordeaux à Paris ou même de Bordeaux à Nantes, autrement qu'en prenant la voie de mer, ou d'aller de Bordeaux à Lyon autrement que par le roulage. Là gît une des principales causes de la décadence de Bordeaux. Il est indispensable, il est urgent que l'on s'occupe d'un canal qui joigne la capitale au port qui fut autrefois le premier de France, et qui pourrait, sinon le redevenir, au moins renaître à une splendeur supérieure à celle dont il brilla jadis. Le canal de Paris à Bordeaux exercerait sur la condition de Bordeaux une influence non moins décisive que le prolongement du canal du Midi au-dessous de Toulouse.

Quant à la communication de Bordeaux avec Lyon, elle aurait lieu par la ligne dirigée suivant le Tarn, ou l'Aveyron, ou le Lot, vers le Rhône, ligne dont nous avons déjà parlé et qui serait peut-être mi-partie chemin de fer. Il conviendrait aussi d'ouvrir entre ces deux grandes cités une autre ligne moins méridionale qui serait également profitable à l'Est, à l'Ouest et au Centre, et qui devrait probablement s'établir par un canal creusé entre la moyenne Loire ou plutôt le canal du Berry d'un côté, la Dordogne ou l'Isle de l'autre, par l'intermédiaire de la Vienne.

Dans notre système de grands canaux à point de partage, il y a donc cinq lacunes principales, non compris le canal de la Seine au Rhin, ou de Paris à Strasbourg; ce sont celles: 1° de la Saône à la Marne, de la Marne à l'Aisne et de l'Aisne à l'Oise; 2° de Paris vers les départements du Nord-Ouest, ou de la basse Seine à la basse Loire; 3° de la Garonne à la Loire, complétant avec la ligne précédente la communication de Paris à Bordeaux; 4° de Bordeaux vers Lyon par le canal du Berry et la Dordogne ou l'Isle; 5° de la Garonne vers le centre de la vallée du Rhône, en remplaçant, s'il était nécessaire, le canal, au cœur des montagnes, par un chemin de fer avec plans inclinés, gravissant la pente des Cévennes.

Nous aurions alors six grandes artères allant d'un bout à l'autre du territoire:

La première, de Brest, Saint-Malo et Lorient à Bâle et à Strasbourg d'un côté, à Lyon et à Marseille de l'autre, par Rennes, Nantes, Orléans, Nevers, Châlons, Bésançon et Mulhouse;

La seconde, de Bordeaux, Toulouse et Bayonne jusqu'à Lyon d'un côté, et Strasbourg de l'autre, par le centre de la France;

La troisième, de Strasbourg à Bordeaux ou même à la Méditerranée par l'Ouest de la France, se composerait d'abord de deux grands canaux dont l'un, celui de Paris à Strasbourg, est encore à construire, et dont l'autre, celui de Paris à Bordeaux, est encore à proposer, puis au-delà de Bordeaux, du cours de la Garonne d'abord, et ensuite du canal latéral s'étendant par le canal du Midi jusqu'à Cette;

La quatrième, de Bordeaux vers le milieu de la vallée du Rhône et de là vers Marseille et vers Lyon et Strasbourg;

La cinquième, de Marseille à Paris par Lyon, Châlons et la vallée de l'Yonne, se divisant à Paris en cinq branches dirigées :

1° Sur le Havre par la Seine;

2° Sur Anvers par l'Oise, le canal Saint-Quentin et l'Escaut :

3° Sur la Somme, Amiens et la mer;

4° Sur l'Aa et Dunkerque, Arras, Lille et la Lys;

5° Sur Charleroi, Bruxelles et encore Anvers par l'Oise, le canal de l'Oise à la Sambre, la Sambre et le canal belge de Charleroi à Bruxelles;

6° Sur Namur, Liége, Maëstricht et la Hollande, par l'Aisne, le canal des Ardennes et la Meuse;

La sixième, de Marseille à la Marne par le Rhône et la Saône, se diviserait, une fois arrivée à la Marne, en trois branches qui iraient directement, c'est-à-dire sans subir le détour de Paris :

1° En Belgique et en Hollande par la Meuse ;

2° A nos départements d'entre Seine et Meuse et en Belgique par l'Escaut, moyennant les canaux jetés entre la Marne et l'Aisne par Reims et entre l'Aisne et l'Oise ;

3° Aux provinces allemandes du Rhin par la Moselle ;

Je ne parle pas des deux ramifications qui atteindraient, l'une Paris, l'autre Strasbourg, et qui ne seraient autres que les deux moitiés du canal de Strasbourg à Paris.

Toutes ces lignes, avec leurs variantes, se coupant deux à deux, soit à Paris, soit sur la Loire, soit sur la Saône, sur la Marne ou ailleurs, formeraient d'autres communications en grand nombre. Ainsi, par exemple, il y aurait alors une ligne très importante pour notre transit, qui se dirigerait du Havre sur Strasbourg. Ainsi encore on conçoit qu'à cause des canaux du littoral de la Méditerranée , les lignes que nous avons attribuées à Marseille profiteraient à tous les ports français depuis l'embouchure du Rhône jusqu'à la Nouvelle (Aude), et que toutes les lignes que nous avons énumérées comme desservant Bordeaux, profiteraient pareillement à tous les ports du golfe de Gascogne. Ainsi enfin la ligne de Bordeaux à Strasbourg , par le centre de la France, c'est-à-dire par le Limousin et le Berry, ouvrirait à Bordeaux et au Sud-Ouest une communication fort directe sur Paris par le canal du Berry, le canal latéral à la Loire, et le canal de Briare.

III.

DEUXIÈME SÉRIE DE TRAVAUX. TRAVAUX A EXÉCUTER DANS LES DIVERS BASSINS, SOIT LATÉRALEMENT AUX RIVIÈRES, SOIT DANS LEUR LIT.

—

Mauvais état de nos rivières. — Dans la situation présente des choses, le commerce ne se sert pas de nos grandes lignes. — Observations sur la Loire et sur la Seine; ponts suspendus sur la Saone; ponts antiques sur le Rhône et la Seine. — Lacunes d'un autre genre; étang de Thau; traversée en mer de Botte à Marseille. — Efforts en faveur des rivières dans l'ancien régime. — Lois des rivières et des ports de 1837, qualifiées de lois de la démétrerie des ports et des rivières. — Ligne de Brest ou Saint-Malo à Bâle et à Strasbourg prise pour exemple de l'avantage que nous aurions à compléter nos grandes lignes par l'amélioration des rivières, effectuée soit latéralement, soit dans leur lit.

Cependant, même avec tous ces beaux canaux à point de partage, nos grandes lignes de navigation resteraient incomplètes. La troisième ligne, celle de Bordeaux à Strasbourg, en la supposant achevée, et elle n'est pas commencée encore, serait seule constamment et régulièrement praticable, parce qu'elle serait artificielle sur presque toute son étendue. Mais les autres

offriraient encore pendant la majeure partie de l'année
des lacunes qui rebuteraient le commerce. Nos lignes
navigables ne justifieront les dépenses énormes qu'elles
ont exigées, elles ne changeront les conditions d'existence de notre industrie, que lorsque les marchandises
de quelque prix s'y mouvront imperturbablement à
raison de vingt lieues par jour, les voyageurs à raison de
cinquante ou soixante lieues au moins, et les matières
encombrantes, de dix lieues. Alors, et seulement alors,
elles créeront des relations nouvelles, et feront aban-
donner le roulage ou la voie de mer. Tant que les
marchandises emploieront plus d'un mois pour passer
du Havre à Marseille; tant qu'il ne sera pas possible,
moyennant quelques frais de plus, de réduire le trajet
à quinze jours, toutes celles qui ont de la valeur iront
par terre, et continueront à défoncer nos routes au
grand détriment du Trésor; les autres seront confiées
à des caboteurs, presque tous fort peu habiles, fort
peu pressés d'arriver, qui sont souvent plus de trois
mois à se rendre de Marseille au Havre. Trois mois c'est
fort long sans doute; c'est cependant beaucoup plus
court que la voie de navigation intérieure telle qu'elle
est aujourd'hui, et cela coûte beaucoup moins.

C'est que, pour la navigation du territoire, il reste
beaucoup à faire encore après les canaux à point de
partage jetés de bassin à bassin. Ces superbes travaux
que l'on pourvoit d'eau à grands frais pour tout le
cours d'une année, débouchent dans des rivières qui
en manquent fréquemment et qui sont hérissées
d'embarras. Le canal du Rhône au Rhin se rattache
à la Saône à Saint-Symphorien, au-dessus de Châlons;

or la Saône, même jusqu'à Lyon, est souvent fort basse, et présente aux bateliers de nombreux obstacles, et la loi du perfectionnement de la Saône n'a été votée qu'en 1837. Le canal de Bourgogne aboutit d'un côté à cette même Saône, et de l'autre à l'Yonne, qui est presque torrentielle, c'est-à-dire quelquefois à peu près à sec. La Loire, qui est la grande artère fluviale du pays, reçoit je ne sais combien de canaux, ceux du Nivernais, du Centre, de Briare, d'Orléans, de Bretagne, du Berry; et la Loire, pendant la moitié de l'année, est éparpillée en petits ruisseaux qui coulent à travers des bancs et des îles de sable. Le canal du Midi, qu'on a décoré du nom pompeux de canal des Deux-Mers, n'est qu'un canal de Toulouse à la Méditerranée, puisque rien n'est plus irrégulier que la navigation de la Garonne à Toulouse. Aussi tous ces canaux de rivière à rivière, creusés à force d'argent, ne servent guère jusqu'à présent qu'à attester la science des ingénieurs qui les ont tracés, et encore plus les ressources du pays qui a payé sans se plaindre les centaines de millions qu'ils ont coûtés. L'amélioration de nos rivières est absolument nécessaire comme complément des grands travaux de canalisation déjà accomplis. Elle l'est par l'importance des localités distribuées sur leurs rives, et qu'il s'agit de bien relier entre elles ; car s'il n'est pas précisément exact de dire, avec certain prédicateur campagnard, que la bonté divine a fait couler les fleuves à portée des grandes villes, il est parfaitement vrai que toutes les grandes villes, tous les centres de fabrication, ainsi que les terres les plus fertiles sont sur les bords des fleuves et des grandes rivières. On a peine à croire que la basse Seine, par exemple, qui baigne des villes comme le Havre, Rouen et Paris, qui traverse la plus riche province de France, ait été abandonnée dans l'état de nature où elle se trouvait du temps des Gaulois, c'est-à-dire avec tous ses bancs de sable et ses détours sans fin. Bien plus, il y a été créé artificiellement des difficultés nouvelles, telles que le *Passage de la Morue* (1), à Marly, et le barrage du pont Notre-Dame, qui intercepte la communication à la remonte entre le bas et le haut de la rivière, telles encore que les ponts redoutés des mariniers, de Vernon et de Pont-de-l'Arche. La Seine débite une quantité d'eau considérable même pendant l'étiage. Rien ne serait plus aisé que de la rendre parfaitement praticable en toute saison pour des bateaux d'un fort tirant d'eau. Elle devrait être un modèle de navigabilité. Elle traverse les plus fertiles régions d'une glorieuse monarchie de quatorze siècles; elle coule depuis Hugues Capet, sous les fenêtres de nos rois; elle baigne la plus magnifique capitale qu'il y ait au monde, et elle lui est indispensable pour ses approvisionnements; cependant tous ces priviléges ne lui ont pas porté bonheur, et elle est encore à attendre ce qu'elle aurait assurément si elle appartenait à l'un des plus jeunes États de l'Union américaine, si elle desservait le négoce de métropoles de quatre à cinq mille âmes, telles que

(1) Il y a là un pertuis extrêmement difficile à franchir à la remonte; il provient de ce qu'il avait fallu barrer la rivière pour créer une chute d'eau qui mit en mouvement la célèbre machine de Marly. Une allocation, votée en 1837, va permettre de faire disparaître cet obstacle.

5

Harrisburg (1), Indianapolis (2) ou Columbus (3).

De même on a religieusement respecté tous les écueils, tous les rochers et tous les hauts-fonds dont il a plu à la Providence de semer le Rhône, qui est pour le Midi ce que la Seine est pour le Nord, sans parler des ponts antiques à arches étroites ou des frêles ponts de bois que les hommes y ont jetés à Saint-Esprit et à Avignon, et contre lesquels les barques sont exposées à se briser. Au reste, sur toutes nos rivières, les ponts, ceux-là même qui sont de la plus fraîche date, semblent quelquefois avoir été construits dans le but de gêner la navigation. Ainsi, quelques uns des ponts suspendus de la Saône ont leur tablier posé à un niveau tellement bas qu'ils empêchent le passage des bateaux à vapeur pendant les hautes eaux, tout comme les bancs de sable pendant les eaux basses (4).

Il n'est pas plus aisé de justifier la négligence qui a fait délaisser plusieurs cours d'eau de moindre étendue, qui se recommandaient par les richesses minérales éparses dans les pays qu'ils arrosent. Nous

(1) Capitale de la Pensylvanie.
(2) Capitale de l'État d'Indiana.
(3) Capitale de l'État d'Ohio.
(4) « Entre Lyon et Châlons, on a autorisé la construction de différents ponts en fil de fer, dont l'utilité pour les contrées situées sur les deux rives est incontestable; mais le tablier de quelques uns de ces ponts, de celui de Belleville, par exemple, ne se trouve pas placé à une hauteur convenable. Il en résulte qu'assez souvent la circulation des bateaux à vapeur est arrêtée. On conçoit que c'est un grand inconvénient pour le mouvement, la régularité et l'économie des transports. Si l'on faisait le compte de tous les dommages qu'occasionnent ces temps d'arrêt, on en serait assurément fort étonné. En autorisant la construction de ces ponts ou en les élevant à une hauteur insuffisante, on a commis une faute, et cette faute peut et doit être réparée. »

(FILLET-WILL. *De la dépense et du produit des canaux et des chemins de fer*, tom. 1, pag. 280.)

possédons sur les bords du Lot un magnifique bassin carbonifère et ferrifère, et ce n'est qu'en 1835 que le Lot a été favorisé d'une allocation. Depuis lors, il est vrai, la loi des rivières de 1837 a pourvu à l'amélioration complète, et prompte s'il plait à Dieu, de cette rivière. Le sol que l'Allier traverse n'est pas doté de moins de richesses, et l'Allier n'est connu au Trésor que par les droits de navigation dont sont frappés les bateaux qui ont pu, à la faveur d'une crue subite, s'aventurer à travers les rochers dont son lit est garni. Si nous voulions citer les rivières et fleuves qui sont en mauvais ordre, dont la navigation est plus difficile et plus incertaine qu'elle ne l'était, selon Strabon, dans les temps antiques, nous devrions nommer à très peu près tous les cours d'eau qui arrosent la France.

Dans un petit nombre de cas, nos lignes navigables présentent des lacunes d'un autre genre, qui imposent aux bateaux des traversées en mer ou dans des lacs. Ainsi le canal du Midi débouche dans la lagune appelée l'étang de Thau, qu'il faut parcourir dans toute sa longueur (15,000 mètres) pour se rendre au port de Cette, extrémité réelle du canal. Ce n'est, au reste, qu'un assez faible inconvénient, les tempêtes et les mauvais temps étant fort rares sur l'étang. On est cependant obligé par là de donner aux embarcations du canal une construction plus solide et partant plus coûteuse; il est indispensable qu'elles soient pontées. Tout bateau qui descend le Rhône pour se rendre à Marseille est astreint à un voyage en mer entre Marseille et Bouc. Un canal peu étendu (de douze lieues) rendrait complète la navigation intérieure jusques au port même de Marseille.

Rendons à chacun ce qui lui appartient ; acceptons les leçons qui nous sont adressées, si elles sont sages, de quelque part qu'elles viennent, fût-ce de l'ancien régime. L'ancien régime, en effet, nous a laissé, à l'égard des fleuves et rivières, de bons exemples à sui-vre ou au moins de bonnes intentions à imiter. Dès François Ier, on fit beaucoup de tentatives pour l'amé-lioration des lignes naturelles de navigation. Il y eut un autre prince sous le règne duquel on y consacra plus d'efforts : c'est celui à qui l'histoire a décerné le nom de Grand Roi. On dit qu'en Russie il n'y a pas un pro-jet empreint de grandeur et de majesté qui n'ait pris naissance dans la puissante cervelle de Pierre-le-Grand; on pourrait chez nous en dire à peu près autant de Louis XIV. Dans son règne séculaire, ce prince sut, sinon achever, du moins commencer avec vigueur une suite d'entreprises dont la masse effraie quand on songe qu'il n'y a là qu'une vie d'homme. On ne conçoit pas d'où il put tirer les trésors et les intelli-gences supérieures qu'exigèrent toutes ses conceptions. En vérité, s'il eût vécu dans l'antiquité, il aurait eu le droit de se croire comme Alexandre un demi-dieu, fils de Jupiter. En même temps qu'il construisait et qu'il peuplait par sa volonté ce Versailles qui seul a eu le privilége d'inspirer de la modestie à Napoléon, il trouvait des millions encore et d'habiles officiers pour construire une marine, équiper d'innombrables ar-mées, creuser des ports, élever des arsenaux, soutenir des guerres sans fin, et fonder des colonies dans toutes les parties du monde. Il en trouvait pour hérisser ses frontières d'une triple ligne de fortifications à la Vauban, qui sont encore les boulevards de la France. Il en trouvait pour les monuments des arts, pour les fêtes qui changeaient autour de lui les palais en autant d'Olympes, et pour de magnifiques fondations telles que l'Hôtel des Invalides. Il en trouvait pour établir des manufactures et pour accorder au commerce une protection vraiment royale. Il en eut aussi pour la navigation du territoire. On sait la part qu'il prit au canal du Midi; et la plupart des seuls ouvrages qui aient jamais été faits sur un grand nombre de nos rivières, ouvrages qui, faute de soins, ont dépéri, et qui d'ailleurs n'étaient qu'à la hauteur des procédés connus autrefois, sont aussi au nombre des créations léguées à la France par le grand monarque.

L'administration commence à se montrer pénétrée de la nécessité du perfectionnement des fleuves et des rivières. Elle a témoigné par des actes récents, et notamment par une loi de la session dernière, qu'elle arrivait à en reconnaître toute l'importance. Ainsi, l'on a déjà amélioré ou l'on achève d'améliorer un certain nombre des affluents des fleuves, tels que l'Oise dans le bassin de la Seine, l'Ille dans celui de la Gironde, la Moselle, la Sèvre. Une loi plus nouvelle encore, celle de 1837, a alloué des sommes considérables à la Saône, à la Marne, à la Charente, à la Dordogne, au Lot, au Tarn, à la Meuse et à quelques autres rivières. Mais les artères de la navigation, les fleuves qui donnent leurs noms aux bassins, ont été jusqu'ici presque absolument négligés. Depuis 1835 on leur a affecté des sommes vraiment insignifiantes. La loi de 1837, à laquelle on a donné le nom de

loi des rivières, a le défaut de ne faire mention ni de la
Loire, ni du Rhône, ni du Rhin, ni de la Garonne, ni
même de la basse Seine, sauf pour un chemin de halage. C'est le pendant d'une autre loi, intitulée : *Loi
des Ports*, qui passe sous silence Bordeaux et Marseille, Nantes et le Havre, pour faire mention de Cannes, de Honfleur et de Saint-Gilles (1).

La Loire seule a été dotée d'une ligne latérale ; mais
celle-ci s'arrête à Briare, tandis qu'elle devrait être
prolongée jusqu'à l'embouchure de la Vienne au-delà
de Tours, ou peut-être jusqu'à celle de la Mayenne,
près d'Angers. L'administration, si zélée sous d'autres
rapports, a donc besoin qu'on lui fasse à ce sujet
sentir encore l'aiguillon. On comprend, d'un certain
point de vue, que les fleuves et les plus forts de leurs
affluents aient été réservés pour la fin ; ce sont les travaux les plus difficiles, et nos ingénieurs, malgré tout
leur savoir, n'osaient pas les aborder ; c'est à peine si
aujourd'hui même ils ont des idées bien arrêtées sur
les meilleurs moyens d'améliorer de grands cours d'eau
dans leur lit. Mais l'intérêt du pays voulait qu'on atta-
quât les fleuves avant les rivières secondaires, et que la

---

(1) On a avec raison qualifié ces deux actes législatifs de *lois de la démocratie
des rivières et des ports*. En pareille matière, négliger l'aristocratie pour répandre toutes les faveurs sur la démocratie, c'est fort mal entendre les intérêts
de la démocratie elle-même ; car les petites rivières et les petits ports n'auront
d'activité que lorsque l'élan leur viendra des grands fleuves et des grandes métropoles commerciales ; c'est surtout mal entendre ceux du pays et du Trésor.
Il y a au moins trente départements à qui profiterait l'amélioration de la Loire ;
il y en a quinze ou vingt à qui il importe que le commerce de Marseille ait
la jouissance d'un dock, il y en a autant à qui l'on rendrait service si l'on permettait au Havre de s'étendre hors de l'enceinte où on le tient renfermé.

science fit un effort pour se mettre promptement à la hauteur des besoins de l'industrie.

Pour nous faire une idée de l'intérêt que nous avons à prendre, à cet égard, un parti vigoureux, et des sommes qu'il faudrait dépenser encore pour recueillir le fruit des énormes capitaux déjà engagés dans l'entreprise de la navigation du territoire, examinons, par exemple, la ligne de Brest et Saint-Malo à Bâle et Strasbourg, et mettons les portions qui réclament de nouveaux travaux en regard de celles qui sont complétement terminées ou qui vont l'être :

	PARTIES achevées en lieues de 4,000 m.	PARTIES à améliorer en lieues de 4,000 m.
Canal de Nantes à Brest avec les canaux du Blavet et d'Ille-et-Rance..	129 3|4	»
De Nantes à l'embouchure de la Vienne par la Loire (1).	35	»
De l'embouchure de la Vienne à Briare par la Loire (2).	»	60
De Briare à Digoin, canal latéral.	49 1|2	»
De Digoin à Châlons, canal du Centre. . .	29 1|4	»
De Châlons à Saint-Symphorien par la Saône.	»	16
De Saint-Symphorien à Strasbourg, canal du Rhône au Rhin, avec embranchement sur Bâle.	87 1|4	»
Total.	330 3|4	76

Ainsi, sur un trajet de quatre cent six lieues, nous en avons exécuté près de trois cents, moyennant

(1) Cette partie de la Loire exige encore des améliorations, mais une somme médiocre y suffirait.

(2) Cette partie de la Loire devrait être remplacée par un canal latéral.

une dépense de 130 millions en travaux, sans compter les intérêts, les primes et les indemnités que nous
avons à servir. La nature nous donne trente-cinq
lieues qui n'exigeront que peu de perfectionnements. Il n'y a plus à travailler que sur soixante-
seize lieues, qu'on améliorerait pour 40 millions. Lors
même qu'il en faudrait 60, il ne serait pas permis
d'hésiter un instant.

Je choisis à dessein cet exemple, parce que, de
tous nos fleuves, la Loire est celui dont le perfectionnement, soit dans son lit, soit plutôt à l'aide
d'un canal latéral, sur la majeure partie de son cours,
porterait les plus beaux fruits. Le bassin de la Loire,
avons-nous dit, contient le cinquième de la population
de la France. M. Huerne de Pommeuse, dans son *Traité
des canaux navigables*, a nettement fait ressortir l'importance de la Loire, et l'avantage qu'il y aurait à
établir le long de sa vallée une ligne de navigation régulière et permanente.

« La Loire, a-t-il dit, dont le cours est d'environ
» 270 lieues depuis sa source, traverse onze dépar
» tements, et reçoit plus de quarante rivières, parmi
» lesquelles on peut en remarquer neuf grandes na
» vigables, qui accroissent successivement ses eaux
» et la beauté de son cours, après avoir elles-mêmes
» traversé vingt-six départements. Ainsi sa propre na
» vigation et celle des principales rivières affluentes
» parcourent et peuvent enrichir trente-sept départe
» ments.

» Les onze départements traversés par la Loire
» sont : la Haute-Loire, la Loire, Saône-et-Loire,
» l'Allier, la Nièvre, le Cher, le Loiret, Loir-et-Cher,

» Indre-et-Loire, la Mayenne et la Loire-Inférieure.

» Les neuf grandes rivières qu'elle reçoit sont:

» L'Allier qui traverse.	4 départ.
» Le Cher.	4
» L'Indre.	2
» La Vienne qui en traverse. . .	4
» et reçoit la Creuse qui en traverse.	3
» La Sèvre qui traverse.	2
» Le Loir.	3
» La Sarthe.	2
» La Mayenne.	2
	26

» Nombre total des départements traversés
» par la Loire ou par ses principaux affluents. . 37 »

Un calcul analogue au précédent pourrait être appliqué à la ligne de Marseille, à la mer du Nord ou à toute autre grande ligne, et l'on arriverait dans tous les cas à la même conclusion : c'est qu'il n'y a pas pour le pays un placement plus raisonnable, qui promette d'être plus productif, et qui pourrait l'être plus promptement que l'achèvement des artères de navigation d'un bout à l'autre, au moyen de l'amélioration des fleuves et rivières, soit dans leur lit, soit par des travaux exécutés sur leurs bords. Pardessus tout la Loire, le Rhône, la Garonne et la Seine, c'est-à-dire nos fleuves, réclament impérieusement l'attention du gouvernement et les subsides des Chambres. Je ne prétends pas indiquer ici les cas où il faudra recourir à des canaux latéraux, et ceux où l'on devra se borner à des travaux en lit de rivière. Je me borne à signaler comme indispensable la création, par un moyen quelconque, d'une navigation permanente sur tous les points où les grandes lignes se confondent avec des fleuves et des rivières à régime incertain. Il n'y a qu'une voix à cet égard parmi tous ceux qui veulent que la France devienne riche, et qui connaissent les ressorts de la prospérité publique (1).

(1) Cette pensée a récemment été développée dans un ouvrage remarquable de M. Piilet-Will.

IV.

TROISIÈME SÉRIE DE TRAVAUX. COMMUNICATIONS NÉCESSAIRES AUX MINES DE CHARBON, A L'INDUSTRIE DU FER ET AUX GRANDS CENTRES DE FABRICATION ET DE CONSOMMATION.

—

Cinq lignes à établir pour cet objet : 1° amélioration de l'Allier; 2° perfectionnements en Loire au-dessus de Roanne; 3° chemin de fer de l'Ariège; 4° canal pour distribuer dans l'Ouest les charbons de Comentry, déjà proposé plus haut pour un autre objet ; 5° canal de Gray à St-Dizier, déjà proposé pareillement. — État actuel de l'industrie du fer au charbon de bois; observations particulières sur l'importance des forges voisines de la Saône et de la Marne. — Autres motifs en faveur du canal de Gray à St-Dizier.

Parallèlement à ces deux séries d'entreprises de navigation, 1° l'achèvement du système des grands canaux à point de partage, et 2° l'amélioration des fleuves et rivières, soit dans leur lit, soit par des canaux latéraux, il convient, avons-nous dit, d'en poursuivre une troisième, celle des communications nécessaires, les unes pour conduire vers les grandes lignes, et par conséquent vers les foyers les plus importants de consommation, les houilles de nos gîtes carbonifères; les autres pour desservir nos grands centres métallurgiques. Mais ici il ne s'agit plus que de dépenses limitées. Grâce à nos fleuves et rivières, à nos canaux de l'ancien régime, de l'Empire et de la Restauration, et aux lois de fraîche date qui ont pourvu, soit au perfectionnement du Tarn et du Lot, et assuré ainsi le débouché des mines de Carmeaux et de l'Aveyron, soit à la construction du chemin de fer d'Alais à Beaucaire, presque tous nos bassins houillers sont ou vont être rattachés aux grandes lignes et rapprochés des consommateurs. De même, le service général de nos principaux districts de forges serait à peu près organisé, comme je l'expliquerai tout à l'heure, par le fait seul des lignes actuellement achevées ou en cours de construction. Sous ce double rapport des houilles et des fers, il n'y a plus d'urgence que pour cinq travaux, dont trois tout au plus, ceux qui figurent les premiers dans la liste suivante, sont en dehors des lignes que nous avons déjà indiquées, et peuvent être considérés comme ayant pour destination spéciale, je ne dis pas exclusive, l'extension et le perfectionnement de ces deux industries primordiales et, par elles, de toutes les autres.

Ces cinq travaux seraient :

1° L'amélioration de l'Allier en vue de faciliter l'écoulement des produits du bassin houiller de Brassac;

2° Quelques perfectionnements en Loire au-dessus de Roanne, qui permettraient en toute saison de transporter au loin, par eau, les houilles de Saint-Étienne;

3° Un chemin de fer qui, partant du point où l'Ariége cesserait d'être navigable, en remonterait la vallée jusqu'à Tarascon;

4° Un canal destiné à distribuer les charbons de Comentry dans les départements de l'Ouest situés entre Loire et Garonne, qui sont à peu près complétement dépourvus de combustible minéral. Cet ouvrage se confondrait avec celui qui a déjà été signalé plus haut, comme nécessaire pour compléter la liaison de Bordeaux et du Sud-Ouest avec Strasbourg, avec Lyon et avec l'Est, et qui en même temps unirait Bordeaux à Paris par le centre de la France. Il partirait de l'extrémité du canal du Berry à Montluçon, et aboutirait par la Vienne au canal de Paris, à Bordeaux par l'Ouest.

5° Un canal, dirigé de Gray, sur la Saône, à Saint-Dizier, sur la Marne. Ce canal a déjà été mentionné comme un chaînon qui restait à établir dans une ligne de premier ordre, entre la Méditerranée et la mer du Nord, entre le Rhône d'un côté, le bas Escaut, la Meuse et le Rhin inférieur de l'autre; entre Marseille et Anvers, Rotterdam, Coblentz et Cologne. Il exercerait, comme on va le voir, la plus salutaire influence sur l'avenir des forges au charbon de bois.

Parmi toutes les fabrications, nulle plus que celle du fer ne donne lieu à une forte masse de transports, nulle ne doit attendre de plus grands services d'un bon système de communications. La fabrication du fer à la houille étant nécessairement placée presque toujours sur les mines de charbon, sera desservie, dans ses intérêts généraux, par les lignes construites dans l'intérêt de ces mines. Mais la fabrication du fer avec le charbon de bois comme principal ou comme unique combustible, exige de son côté quelques travaux.

Tout le monde aujourd'hui sent que le fer forme, avec le charbon, le pain quotidien de l'industrie. On

ättribue avec raison une très grande partie des progrès des manufactures anglaises au bas prix du fer,
non moins qu'à celui du charbon, dans la Grande-Bretagne; il est admis que la civilisation matérielle d'un
peuple peut jusqu'à un certain point se mesurer par la
quantité de fer qu'il consomme. La fabrication du fer
au charbon de bois n'est et ne sera jamais à négliger
en France, car, malgré les sinistres prédictions de
quelques anglomanes; il s'en faut qu'elle soit destinée
à périr. Un bel avenir lui est réservé, au contraire,
si elle continue, pour se perfectionner, les efforts
auxquels elle s'est enfin décidée après de longues
années d'une apathie funeste (1).

(1) En 1835, il y avait en France 515 hauts-fourneaux qui se répartissaient
ainsi entre les deux méthodes au charbon de bois et à la houille :

	ACTIFS.	INACTIFS.	TOTAL.
Hauts-fourneaux au charbon de bois seul.	410	71	481
Hauts fourneaux au coke seul, ou au coke mêlé de charbon de bois.. . . .	28	6	34
Totaux.	438	77	515

La production de fonte s'élevait :
Pour les hauts-fourneaux au charbon de bois à   246,485 tonneaux.
Pour les hauts-fourneaux au coke pur ou mélangé.   48,315
Total.   294,800

c'est-à-dire que les cinq sixièmes de la fonte produite en France provenaient,
en 1835, des hauts-fourneaux au charbon de bois. Ils occupaient 5,918 ouvriers, les autres n'en occupaient que 652. Il importe de remarquer que sur les
28 hauts-fourneaux au coke, 20 seulement se passaient d'un mélange de charbon de bois.

L'industrie du fer au charbon de bois, comme principal ou comme unique combustible, est, en France, presque tout agglomérée dans un petit nombre de groupes, parmi lesquels six méritent d'être signalés entre tous : l'un, au nord-est, celui des Ardennes, forme une lisière tout le long de la frontière belge, prussienne et bavaroise; le deuxième, à l'est, vers la partie supérieure du cours de la Saône et sur les bords du Doubs, couvre une partie des départements de la Haute-Saône et du Doubs et le sud-est de la Côte-d'Or; le troisième, fort puissant, occupe le nord de la Haute-Marne, le sud-est de la Meuse et le nord-ouest de la Côte-d'Or; le quatrième s'étend dans la Nièvre et le Cher; le cinquième, dans la Dordogne; le sixième, où l'on pratique la méthode *catalane*, dans l'Ariège et les portions attenantes des départements voisins.

Le service général (je fais ici abstraction des communications de deuxième ou de troisième classe, qui intéresseraient quelques localités particulières ou quelques forges isolément) du groupe du nord est assuré par un bon nombre de fleuves et de canaux. Le groupe de la Haute-Saône, du Doubs et du sud-est de la Côte-d'Or a à sa disposition les canaux du Rhône au Rhin et de Bourgogne, et la Saône, dont l'amélioration jusqu'à Gray a été votée l'an dernier. Cependant la majeure partie des forges de la Haute-Saône étant situées au-dessus de Gray, tireraient grand profit, pour leur approvisionnement et plus encore pour leurs débouchés, d'une nouvelle communication dirigée de Gray vers le nord. La Loire, le canal latéral du Nivernais, celui du Berry et le canal du Centre offrent ou vont offrir au quatrième groupe de belles voies de communication avec toutes les parties de la France. L'Isle et la Dordogne canalisées et la future liaison du bassin de la Garonne avec la Loire moyenne, donnent ou donneront au groupe de la Dordogne toutes les facilités générales qu'il a le droit de réclamer.

Le troisième et le sixième groupe ont besoin seuls de quelques nouvelles lignes qui, sous d'autres rapports, exerceraient une heureuse influence sur le progrès de l'industrie nationale et sur l'extension de notre commerce.

Parlons d'abord du troisième, c'est-à-dire de celui qui se compose du nord de la Haute-Marne, du sud-est de la Meuse et du nord-ouest de la Côte-d'Or, et au sujet duquel j'ai reproduit l'idée déjà motivée plus haut, du canal de Gray à Saint-Dizier, qui le traverserait dans sa plus grande longueur sur le sol de la Haute-Marne.

Ce groupe est de beaucoup plus important que les autres. La Haute-Marne est celui des quatre-vingt-six départements qui possède le plus grand nombre de hauts-fourneaux. En 1835, le nord seul de ce département en avait soixante-deux en activité; le sud de la Meuse en comptait vingt-six, le nord-ouest de la Côte-d'Or vingt. Ainsi, sur quatre cent quatre-vingts hauts-fourneaux qui travaillaient au bois dans la France entière, ce groupe en comptait cent huit, resserrés dans un étroit espace dont l'étendue n'est qu'une fois et demie celle d'un département; il offrait en outre cent quinze feux d'affinerie et quatre-vingt-trois fours à *puddler*, c'est-à-dire où l'on affinait à la houille par la méthode anglaise.

On y fabriquait 73,500 tonneaux (de 1000 kil.) de fonte, c'est-à-dire le quart de la production de toute la France. Cette fabrication exigeait la mise en œuvre de 400,000 tonneaux de matières premières, savoir :

Minerai.	198,000
Charbon.	128,000
Castine ou fondant. .	75,000
Total. . .	401,000 tonneaux.

Voilà des chiffres imposants et qui le seraient davantage si l'on ajoutait aux forges et aux fonderies de la Haute-Marne, de la Meuse et du nord-ouest de la Côte-d'Or, celles de la Haute-Saône qui, ainsi que je l'ai déjà indiqué, seraient fort intéressées à l'établissement d'un canal de Gray à Saint-Dizier, car elles sont presque toutes situées dans la partie supérieure de la vallée de la Saône, et celles peu importantes de la portion des Vosges contiguë à la Meuse. Le nombre des hauts-fourneaux serait ainsi porté à cent cinquante-un, celui des feux d'affinerie à cent soixante-douze, celui des fours à *puddler* à quatre-vingt-sept, le poids de la fonte fabriquée à 103,000 tonneaux, et les poids respectifs des minerais, du charbon de bois et de la castine consommés à 296,000, 171,000 et 100,000; ce qui donne pour la masse totale des matières premières une quantité de 567,000 tonneaux.

Pour l'affinage, ce troisième groupe de forges emploie de plus en plus la méthode dite *champenoise*, pour laquelle la houille est nécessaire, et il faut faire venir ce combustible des houillères de Saône-et-Loire (Blanzy et Epinac) et de celles de la Loire (Saint-Etienne et Rive-de-Gier). On en a ainsi employé, en 1835, 36,000 tonneaux, qui ont coûté 1,938,000 francs, ce qui porte le prix moyen du tonneau à 54 fr., chiffre exorbitant qu'il faut attribuer à ce qu'à partir de Gray, la houille est conduite aux forges de la Haute-Marne par le roulage.

Il me paraît résulter de cet exposé que la masse des transports auxquels donne lieu l'industrie du fer dans ce district de forges situé entre la Saône et la Marne, suffirait seule à justifier la création d'un moyen de communication plus économique qu'une route ordinaire et qui le traverserait d'une extrémité à l'autre dans la direction la plus rapprochée de l'ensemble des usines, c'est-à-dire de Gray à Saint-Dizier. Le salut de l'industrie du fer, si intéressante partout, et si importante dans cette partie de la France, en fait absolument une loi. Car, comment veut-on que nos forges arrivent jamais à soutenir la concurrence anglaise, si elles continuent à payer 50 et 60 fr. le combustible minéral qui en coûte 10 ou 12 aux maîtres de forges de la Grande-Bretagne?

Que sera-ce donc si, indépendamment de ces considérations spéciales à l'industrie des fers, l'on fait entrer en ligne de compte l'immense quantité de marchandises qui vont à Gray s'embarquer sur la Saône pour descendre vers le Midi, ou qui du Midi remontent jusqu'à Gray pour se distribuer ensuite dans le Nord, le Nord-Est et le Nord-Ouest? que sera-ce si l'on a égard à l'accroissement de circulation qui aura lieu dans cette double direction dès que le canal de Paris à Strasbourg sera ouvert, et si l'on considère qu'un canal entre Gray et Saint-Dizier, en y joignant les ouvrages beaucoup moindres qui rattacheraient la

Marne à l'Aisne par Reims, et l'Aisne à l'Oise par le vallon de la Lette, mettrait dès lors en relation, par la voie la plus courte et la plus directe, les vallées de la Saône et du Rhône avec les vallées de la Moselle et du Rhin inférieur, de la Somme, de l'Escaut et de la Meuse; Lyon, la première de nos villes manufacturières, et Marseille, le plus vaste entrepôt du commerce du Levant, avec Cologne, avec Rotterdam, avec Anvers; le midi de la France avec la Belgique, la Hollande et les Provinces rhénanes (1)? que sera-ce si l'on réfléchit qu'il s'agit de réduire pres-

(1) Voici comment s'est exprimé M. le ministre du Commerce sur la grande ligne du Midi au Nord, dont le canal de Gray à St-Dizier serait la clef, dans l'exposé des motifs du projet de loi sur la navigation intérieure, présenté le 15 février 1838.

« Par les vallées du Rhône et de la Saône, où il existe aujourd'hui une navigation, on remontera depuis la Méditerranée jusqu'à Gray; de Gray on passera dans la vallée de la Marne au moyen d'un canal à point de partage, dont le projet est maintenant à l'étude; de la Marne on rejoindra l'Aisne à Berry-au-Bac par le canal qui traversera Reims; de Berry-au-Bac on gagnera le canal de Saint-Quentin, en suivant le canal de la Lette; enfin par le canal de Saint-Quentin on arrivera dans la vallée de l'Escaut.

» Cette grande ligne, traversant le royaume presque sans sinuosités, sur plus de 300 lieues de longueur, existe déjà, créée par la nature ou par l'art, sur environ 250 lieues. Elle passe près de nos plus riches houillères (Valenciennes et Saint-Étienne); au travers de nos principaux vignobles (la Bourgogne et la Champagne); au milieu de nos départements les plus riches en minerais et en usines à fer (la Haute-Marne, la Haute-Saône et la Côte-d'Or); dans quelques unes de nos principales villes manufacturières (Lyon, Reims, Saint-Quentin, Lille, et dans le voisinage de plusieurs autres (Abbeville, Amiens, Roubaix, Sedan); elle rencontrera et croisera dans son chemin nos plus importants canaux; à Beaucaire, le canal du Midi; à Châlons-sur-Saône, le canal du Centre; ailleurs le canal de Bourgogne, le canal du Rhône au Rhin, le canal projeté du Havre à Strasbourg, le canal des Ardennes, le canal de la Sambre, le canal de la Somme. Cette importante voie navigable sera donc l'une des plus utiles, et paraît destinée à devenir l'une des plus fréquentées et des plus florissantes du royaume. »

que à néant par des moyens tout pacifiques et pourtant d'une admirable puissance, par le droit du commerce qui vaut maintenant le droit canon, les stipulations les plus douloureuses des traités de 1815, celles à l'aide desquelles les ennemis de la France s'étaient flattés d'élever entre nous et les populations de la Belgique et des Provinces rhénanes une barrière insurmontable(1)?

Passons maintenant au sixième groupe des forges françaises.

La fabrication du fer forgé par la méthode catalane est en grande partie concentrée dans le département de l'Ariége, sur les bords de la rivière de ce nom ou des ruisseaux qui s'y déchargent. Sur 102 forges catalanes qui existaient en France en 1835, 50 étaient dans l'Ariége et 17 dans le département contigu de l'Aude. Un chemin de fer qui descendrait de Tarascon jusqu'au point où l'Ariége est ou peut à peu de frais devenir navigable, ne servirait pas seulement à conduire aux forges leurs approvisionnements en minerai et en charbon ou à transporter leurs produits aux marchés; il recevrait aussi une grande quantité de plâtre nécessaire au bas pays et qu'on trouve en abondance sur les bords du haut Ariége, des pierres de taille dont Toulouse est complétement dépourvu,

(1) Quelques personnes ont pensé qu'il serait impossible d'alimenter le canal de Gray à Saint-Dizier. Dans cette opinion, M. H. Fournel a présenté, il y a déjà dix ans, un projet de chemin de fer entre ces deux mêmes villes. Il paraît en effet qu'il serait difficile de ramasser au point de partage du canal une quantité d'eau suffisante pour subvenir aux besoins de la circulation d'un nombre considérable de bateaux, mais il n'est pas démontré que ce soit impraticable.

ainsi que des marbres, et en retour il rapporterait au cœur des Pyrénées les blés et autres provisions que les montagnards ont be... .irer de la plaine. Il contribuerait aussi à faciliter . commerce de la France avec l'Espagne; car la route :tuelle de Toulouse à Barcelonne suit déjà la vallée de l'Ariége, non seulement jusqu'à Tarascon, mais jusqu'à Ax et même au-delà jusqu'au col de Puymaurin.

CONCLUSION RELATIVE AUX GRANDES ET AUX PETITES LIGNES.

—

Nécessité d'achever avant tout les grandes lignes.

Résumons ce qui précède.

Les lois de navigation intérieure doivent avoir pour objet :

1° De généraliser le système des canaux à point de partage de bassin à bassin, ou de mer à mer, et celui des communications entre le centre, Paris, et la circonférence du royaume;

2° D'appliquer à nos fleuves et à nos grandes rivières, depuis le point où y débouchent les canaux à point de partage jusqu'à la mer, les écus de notre budget et le savoir de nos ingénieurs;

3° De rattacher les dépôts houillers, les centres de la fabrication du fer et quelques autres grands foyers d'industrie, aux lignes principales.

Le sens de ce programme, c'est que l'État doit avant tout achever et perfectionner les grandes lignes d'un bout de la France à l'autre, avant de s'occuper des petites; cette règle générale ne doit souffrir d'exception que dans deux cas : 1° lorsqu'il s'agit de rattacher au réseau, soit les mines de houille et les districts de forges d'où doit se répandre de toutes parts l'aliment le plus indispensable à l'industrie, soit quelques centres de consommation ou de production au-dessus du niveau commun pour le présent, ou promettant positivement d'y être pour un prochain avenir; 2° lorsqu'il serait question de corriger dans des lignes de premier ordre le défaut d'excentricité, en leur ajoutant un appendice qui les unisse à Paris.

En France, les grandes lignes exigeant habituellement au point de partage d'immenses constructions, des souterrains, des réservoirs, de longues files d'écluses, ne peuvent être entreprises que par l'État ou par de puissantes compagnies dont chez nous les exemples sont bien rares. Il convient d'ailleurs que les grandes lignes de navigation soient sous la dépendance du gouvernement. Les petites lignes sont de nature à être abordées par les compagnies avec leurs ressources ordinaires, accrues ou non d'une subvention, et elles peuvent demeurer soumises au bon plaisir des associations particulières, sans inconvénient grave, sauf peut-être celles qui desservent des mines de houille. Les grandes lignes offrent, pour les points intermédiaires ou médiocrement éloignés les uns des autres, et par les tronçons successifs dont elles sont composées, tous les avantages des petites lignes et en rapportent aux particuliers et à l'État tous les profits; pour les points extrêmes, et prises dans leur unité, elles créent des relations toutes nouvelles et fort étendues; dans le plus grand nombre

de cas, les petites lignes ne donnent naissance à
aucun rapport nouveau : elles se bornent à simplifier
et à améliorer des rapports antérieurs ; en tout état
de choses, il est ordinaire qu'elles aboutissent par
une de leurs extrémités à une impasse, et tant que
les grandes lignes où elles débouchent ne sont pas
achevées, elles ont une impasse à leurs deux bouts.
Cette dernière raison suffirait seule pour faire remettre l'entreprise des petites lignes après l'achèvement des grandes. Les grandes lignes nous don-
neraient un vaste commerce de transit. Les grandes
lignes enfin ont une influence politique dont les petites lignes sont entièrement dépourvues : elles asso-
cient les provinces; elles consolident tous les intérêts.
Jusqu'à ce que nous les ayons autrement que sur le
papier, nous ne retirerons aucun profit matériel de
notre admirable situation entre trois mers avec deux
vastes péninsules à droite et à gauche du côté du
Midi, et les îles Britanniques en arrière du côté du
Nord. Exploiter cette position privilégiée, c'était le
rêve d'Henri IV et de Sully. Au dire de ce dernier,
rien n'était plus simple que d'attirer *tout d'un coup*,
sans de grands frais, jusqu'au centre de la France le
commerce de l'Europe entière. Ce que Sully jugeait si
aisément et si promptement praticable, il serait temps
enfin de l'accomplir; il serait temps d'en jouir, car
nous nous sommes imposé à cet effet des dépenses
énormes. Or, pour cela, il faut travailler sans relâche
aux grandes lignes. Je ne prétends pas qu'il faille pro-
noncer un arrêt inexorable contre les petites lignes; il
me semble seulement, qu'à part très peu d'exceptions, il convient de les ajourner, je le répète, jus-

qu'à ce que les grandes lignes soient près de leur fin.

Les grandes lignes d'ailleurs sont les seules sur lesquelles la majorité des députés puisse tomber d'accord, parce que seules elles auraient le don de coaliser une masse imposante d'intérêts. C'est une considération qui n'est pas à dédaigner par le temps d'omnipotence parlementaire où nous vivons. Avec des propositions de petites lignes, l'administration provoquerait une explosion générale du patriotisme de clocher, qui est fort légitime assurément lorsqu'il sait contenir ses prétentions dans une certaine limite, mais qui aujourd'hui n'a malheureusement pas besoin d'être stimulé pour se montrer exigeant et incommode. Nous verrions surgir alors par myriades des pétitions et réclamations toutes, au fait, aussi bien fondées les unes que les autres; ce serait la confusion des langues, un déluge de discours suivi "un déluge de boules noires, et pas un seul coup de pioche au bout de tout ce fracas, de tout cet émoi; pas une journée de travail pour le pauvre peuple après ces immenses labeurs parlementaires : *Verba et voces prætereàque nihil* (1).

(1) Il faut rendre à la Chambre des Députés cette justice qu'elle a elle-même vu l'écueil, et qu'elle l'a nettement signalé dans son Adresse au Roi, en affectant de n'y protester de son zèle qu'en faveur des grandes lignes.

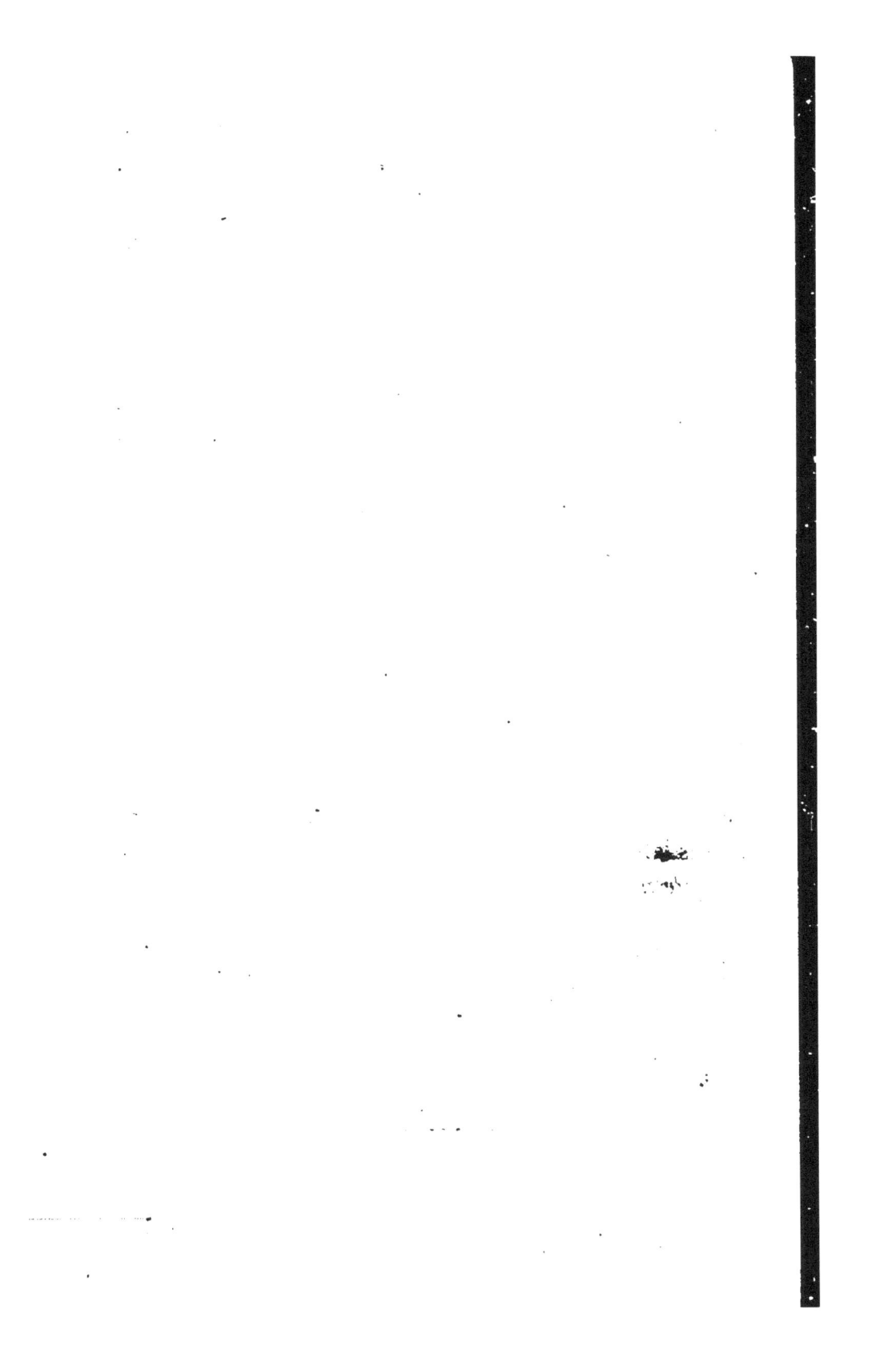

CHAPITRE II.

I.

LIGNES NAVIGABLES ÉTABLIES DANS LA FRANCE DE L'EST ET DANS LA FRANCE DE L'OUEST.

Partage de la France en deux grandes divisions, Est et Ouest. — Travaux de navigation exécutés dans la France de l'Est. — La France de l'Ouest a été déshéritée. — La Normandie comparée à la Flandre. — Abandon où ont été laissées les Provinces au midi de la Loire. — Le bassin de la Garonne est demeuré isolé du reste de la France. — Absence de grandes lignes dans l'Ouest. — Fâcheuse condition des ports qui parsèment le littoral de l'Ouest. — Comparaison de nos ports, qui ne sont pas rattachés à l'intérieur, avec les ports d'Angleterre et des États-Unis. — L'Ouest n'a même pas obtenu la compensation des routes royales; état des routes entre la France et l'Espagne; projets de routes au travers des Pyrénées, accueillis par Napoléon, et négligés depuis 1814. — L'Ouest doit réclamer, avec unanimité, une réparation, et on peut la lui accorder tout en dotant l'Est de travaux importants. — Amélioration du Rhône; jonction de la Saône à la Marne, de la Marne à l'Aisne et de l'Aisne à l'Oise; jonction du Rhin au Danube; perfectionnement de l'Allier et de la Loire supérieure; canal de Provence et autres canaux d'irrigations; docks de Marseille et du Havre; assainissement du port de Marseille; ports secondaires de la Méditerranée; révision des tarifs des canaux de 1821 et 1822 et des canaux de Briare et de Loing.

On peut concevoir la France partagée en deux parties égales par une ligne qui, partant du Havre, remonterait la Seine jusqu'à Paris et se dirigerait ensuite à peu près du nord au midi sur Perpignan (1). Il y aurait alors quarante et un départements dans la France de l'Est qui s'étendrait de la Méditerranée aux frontières de la Belgique et de la Prusse rhénane, et quarante-trois départements dans la France de l'Ouest qui, s'appuyant d'un côté sur les Pyrénées, viendrait aboutir de l'autre à la Manche.

Les départements de la France de l'Est seraient : l'Ain, l'Aisne, les Basses-Alpes, les Hautes-Alpes, l'Ardèche, les Ardennes, l'Aube, les Bouches-du-Rhône, la Côte-d'Or, le Doubs, la Drôme, le Gard, l'Hérault, l'Isère, le Jura, la Loire, la Haute-Loire, la Lozère, la Marne, la Haute-Marne, la Meurthe, la Meuse, la Moselle, la Nièvre, le Nord, l'Oise, le Pas-de-Calais, le Puy-de-Dôme, le Bas-Rhin, le Haut-Rhin, le Rhône, la Haute-Saône, Saône-et-Loire, Seine-et-Marne, Seine-et-Oise, la Seine-Inférieure, la Somme, le Var, Vaucluse, les Vosges et l'Yonne.

· Ceux de la France de l'Ouest seraient : l'Allier, l'Ariége, l'Aude, l'Aveyron, le Calvados, le Cantal, la Charente, la Charente-Inférieure, le Cher, la Corrèze, les Côtes-du-Nord, la Creuse, la Dordogne, l'Eure, Eure-et-Loir, le Finistère, la Haute-Garonne, le Gers, la Gironde, Ille-et-Vilaine, Indre, Indre-et-Loire, les Landes, Loir-et-Cher, la Loire-Inférieure, le Loiret, le Lot, Lot-et-Garonne, Maine-et-Loire, la Manche, la Mayenne, le Morbihan, l'Orne, les Basses-Pyrénées, les Hautes-Pyrénées, les Pyrénées-Orientales, la Sarthe, les Deux-Sèvres, le Tarn, Tarn-et-Garonne, la Vendée, la Vienne et la Haute-Vienne.

(1) Voir la Note 4 à la fin du volume.

En jetant les yeux sur une carte de la navigation intérieure, il n'est personne qui ne soit frappé de l'énorme différence qui existe, sous le rapport des canaux, entre la France de l'Est et la France de l'Ouest. A l'Est, en descendant du nord vers le sud, on trouve une série de longues lignes de navigation; et d'abord celle de Paris à la mer par Amiens et la Somme; puis celle de Paris vers Valenciennes, Mons et toute la vallée de l'Escaut avec le réseau d'embranchements qui couvre les départements du Nord et du Pas-de-Calais, et les belles ramifications dirigées à partir de l'Oise, l'une sur Charleroi et la vallée de la Sambre, l'autre sur Namur, Liége et la vallée de la Meuse par l'Aisne et le canal des Ardennes; en réalité cette seconde ligne est un canal à trois têtes entre Paris et les diverses provinces de la Belgique. Ensuite de Paris à la Méditerranée, par Lyon, on a aussi l'embarras du choix entre quatre lignes : 1º L'une allant de la Seine à la Saône, par l'Yonne et le canal de Bourgogne; 2º l'autre de la Seine à la Saône encore par le canal de Loing, le canal de Briare, le canal latéral à la Loire de Briare à Digoin, et celui du Charolais ou du Centre; 3º la troisième qui diffère de la seconde en ce que l'Yonne et le canal du Nivernais y sont substitués aux canaux de Briare et de Loing; 4º la dernière enfin se confond avec la seconde au nord de Digoin, mais au midi de cette ville elle suit le bord de la Loire jusqu'à Roanne et là aboutit aux chemins de fer de Saint-Étienne qui s'étendent jusqu'à Lyon. Sur les bords de la Méditerranée, on trouve dans l'Est les canaux qui terminent la vallée du Rhône. Du même côté, la France possède encore le canal du Rhône au Rhin qui rattache Lyon à Strasbourg, à Mulhouse et à Bâle. Pendant la session dernière, les Chambres ont accordé une somme considérable en faveur de la haute Seine et de la Saône, et voté la canalisation de la Marne de Paris à Vitry, c'est-à-dire plus du tiers du grand canal de Paris à Strasbourg. Je passe sous silence de moindres ouvrages entrepris par le gouvernement ou par les compagnies, avec ou sans concours, tels que le canal des Salines, celui de Givors, et les chemins de fer tels que ceux d'Epinac et d'Alais à Beaucaire.

La part de l'Est est donc magnifique; il offre un grand nombre de lignes navigables, toutes creusées dans de belles proportions, s'étendant d'une extrémité du pays à l'autre, reliant étroitement les provinces entre elles, versant au Midi les produits du Nord et au Nord les denrées du Midi; reliant la frontière à l'intérieur, et les départements agricoles et manufacturiers aux ports; toutes enfin convergeant vers Paris, qui est à la fois le centre le plus actif des capitaux et des affaires et le foyer le plus animé de la consommation. C'est à peine si dans l'Est, Reims et Troyes exceptées, on pourrait citer une seule ville importante qui n'ait à sa porte soit un canal, soit une rivière perfectionnée ou se perfectionnant aux dépens du Trésor.

Cet avantage inappréciable disparaît lorsque l'on passe de l'Est à l'Ouest. Entre les deux moitiés de la France le partage des travaux publics semble avoir été fait d'après le principe de ce seigneur féodal qui avait pris pour devise : « Tout d'un côté et rien de l'autre. » La Normandie est tout aussi fertile que la Flandre, et elle n'est pas moins manufacturière; elle n'a cependant aucun canal, tandis que la Flandre en est parsemée.

Au nord de la Loire et à l'ouest de la Seine, la Bretagne exceptée, aucune province n'a été dotée d'une belle ligne navigable, malgré les facilités qui auraient pu en résulter pour l'approvisionnement de Paris. Au midi de la Loire, la Vendée, le Poitou, le Limousin, la Marche, l'Auvergne n'ont pas été plus paternellement traités. Entre la Loire et la Garonne, il n'existe absolument aucune ligne de navigation digne d'être citée. Le vaste bassin de la Gironde est complétement isolé du reste de la France. Le canal du Midi demeure inachevé; il ne mérite pas encore le nom de canal des Deux-Mers, car il se termine à Toulouse, et de Toulouse à Bordeaux la navigation du fleuve est le plus souvent détestable. Et cependant le canal latéral à la Garonne, qui devait achever l'œuvre de Riquet et contribuer puissamment à relever Bordeaux de sa déchéance, n'a pu trouver grâce devant la Chambre pendant la session dernière.

En fait de canaux, on ne trouve dans l'Ouest que le canal de Bretagne et les canalisations d'une partie de l'Isle, de la Dordogne et de la Sèvre, avec les améliorations tout récemment votées en faveur du Lot, du Tarn et de l'Adour, et les travaux presque insignifiants de la Midouze et de la Baïse. Le canal du Midi est à cheval entre l'Est et l'Ouest, et ne doit être compté parmi les dépendances exclusives ni de l'un ni de l'autre. Prises une à une, les voies de navigation que l'Ouest a pu obtenir sont plus courtes que celles de l'Est. On y a consacré des sommes incomparablement moindres. Au lieu de former un de ces systèmes bien enchaînés qui rendent les départements solidaires les uns des autres, et qui multiplient indéfiniment le bien-être, en faisant profiter chacun de la prospérité

de tous, ce ne sont que des lignes isolées. En matière
de navigation, les grandes lignes jouent le même rôle
qui est rempli dans le corps humain par les artères;
or, l'Ouest n'en a pas une. Comme si ce n'était
pas assez, et pour mettre le comble au droit d'aînesse
dont l'Est a joui jusqu'ici, la plupart des canaux de
l'Ouest n'ont, surtout jusqu'à présent, qu'une importance commerciale fort secondaire. Le canal de Bretagne, qui est de beaucoup le plus considérable et le
plus dispendieux des ouvrages exécutés dans l'Ouest,
a été conçu sous une inspiration purement militaire;
il était destiné, dans la pensée de l'Empereur, à assurer
les approvisionnements de l'arsenal de Brest, beaucoup plus qu'à faire fleurir l'agriculture et les arts
industriels dans la Bretagne, jusqu'alors cependant la
plus négligée peut-être de toutes nos provinces.

L'Ouest compte plusieurs ports célèbres depuis des
siècles, et quelques autres qui sont appelés à s'élever
aux premiers rangs. A proximité de ses ports, l'Ouest a
de fertiles provinces et de grands centres de population qui déjà sont manufacturiers ou qui aspirent à
l'être, qui un jour expédieront vers les ports les produits de leurs labeurs, et en retireront ceux de l'agriculture ou des fabriques nationales, étrangères ou
coloniales. Rien n'a été fait pour relier les ports entre
eux, pour leur ouvrir le débouché de Paris, pour rendre faciles aux villes et aux campagnes de l'intérieur,
d'un côté l'abord de la capitale, de l'autre celui des trois
mers qui baignent si heureusement notre France. Privés de voies de transports économiques et rapides qui
les rattachent aux marchés du dedans, tous nos ports de
l'Ouest se trouvent, relativement aux provinces de l'in-

térieur, absolument dans le même état que s'ils étaient
bloqués ; car des rivières impraticables équivalent à
peu près à une croisière ennemie, ou même sont pires
encore, puisqu'une escadre anglaise, si vigilante fût-
elle, laisserait du moins passer quelques bâtiments fins
voiliers, tandis qu'un fleuve hérissé de hauts-fonds et
encombré par les sables, ne donne passage à personne.

Telle est pourtant la triste situation de Cherbourg
où nous avons englouti des trésors, sans compter ce
que nous y dépensons encore, et de Caen qui va nous
coûter plusieurs millions. Telle est celle de Nantes et
de Bordeaux, de La Rochelle, de Rochefort et de
Bayonne. Si, par exception à la décadence dont sont
frappés tous nos autres ports, si florissants sous l'ancien régime, Saint-Malo comme Bordeaux, Lorient
comme Nantes, nous voyons prospérer Marseille et le
Havre (qui d'ailleurs n'appartiennent pas à la France
de l'Ouest), c'est que le Havre a derrière lui Paris et à
sa droite nos canaux du Nord-Est; c'est que Marseille,
une fois les mauvaises passes du Rhône franchies à
grand renfort de chevaux, trouve, pour distribuer les
produits qu'il importe, le magnifique réseau de nos
lignes de l'Est.

Qu'il y a loin de nos ports, ainsi dénués de toutes
communications avec l'intérieur, aux ports anglais,
pour qui, grâce à des canaux sans nombre et à des
chemins de fer exécutés avec le plus grand luxe, tous
les coins de la Grande-Bretagne sont d'un accès aussi
facile que les parages de l'Océan qui s'étend devant
eux! Combien surtout notre vieille France, si forte,
si glorieuse et si entreprenante, est dépassée sous ce
rapport par la jeune Amérique! L'art, unissant ses

7

efforts à ceux de la nature, a ouvert au seul port de New-York un développement de voies de transport par eau qui est triple ou quadruple de ce que possèdent tous nos ports ensemble, depuis Dunkerque jusqu'à Toulon. Il y a une navigation régulière et permanente, excepté pendant la gelée, sur une ligne de plus de mille lieues de New-York à la Nouvelle-Orléans par l'Hudson, le canal Érié, le lac Érié, le canal d'Ohio, l'Ohio et le Mississipi. Il y en a une de sept cents lieues par l'Hudson, le canal Érié et la file des grands lacs, de New-York à Chicago. Il y en a une autre de cinq cents lieues, de New-York à Montréal, à Québec et au golfe du Saint-Laurent. Puis il y a la belle ligne ouverte au cabotage intérieur entre New-York et Washington, Baltimore, Philadelphie, Norfolk et Richmond; il y a celle de New-York à Boston, mi-partie chemin de fer, et je ne sais combien d'autres encore.

Et nous nous étonnons de ce que nos ports se voient chaque jour supplantés dans les affaires dont jadis ils avaient le monopole, tandis que Londres et Liverpool grandissent à vue d'œil, tandis que les progrès de New-York et de la Nouvelle-Orléans tiennent du prodige! Nous nous irritons de ce que notre commerce maritime est moindre qu'en 1789, pendant que les pavillons anglais et anglo-américain couvrent de plus en plus toutes les mers, comme si la faute en était à d'autres qu'à nous-mêmes!

Encore si l'on avait donné à l'Ouest, en remplacement des canaux qu'on lui refusait, l'insuffisante compensation des routes royales! Certes, nos routes ont été beaucoup améliorées depuis quelques années sur tous les points du territoire ; c'est une justice que les ennemis de l'administration lui rendent eux-mêmes ; cependant quelques routes qui seraient vitales pour plusieurs départements de l'Ouest sont restées jusqu'à présent dans un déplorable abandon. En voici un frappant exemple. En même temps que l'on a multiplié, et avec raison, je tiens à le reconnaître, les voies navigables destinées à lier la Belgique à la France, l'on a négligé entièrement l'achèvement de trois routes qui eussent étroitement resserré nos relations avec l'Espagne, au grand profit des deux'pays. Entre l'Espagne et la France, il n'y a aujourd'hui que deux routes, l'une par Bayonne, l'autre par Perpignan, toutes deux côtoyant le pied des montagnes. Entre les deux extrémités des Pyrénées, il n'a été ouvert au commerce aucun chemin praticable pour des voitures. Marchandises et voyageurs ne peuvent franchir la chaîne qu'à dos de mulet. Napoléon, au faîte de sa grandeur, fut frappé de cet obstacle à l'intime liaison des deux peuples. Il voulut, lui aussi, mais plus positivement que Louis XIV, qu'il n'y eût plus de Pyrénées. Il n'était pas possible de jeter un canal au travers ; les chemins de fer n'étaient pas encore inventés, et, même aujourd'hui, il y aurait de la hardiesse à affirmer qu'il sera possible un jour d'en conduire un par-dessus ces crêtes escarpées, quoiqu'il en existe en Amérique qui franchissent les monts Alléghanys. Un seul mode de communication, celui des routes, était applicable ; en conséquence, trois routes furent décidées, l'une par la vallée d'Aspe, c'est-à-dire par Pau et Oléron ; la seconde par la vallée de l'Ariége, c'est-à-dire par Toulouse, Pamiers, Foix, Tarascon et Ax ; la troisième,

et la plus remarquable, se fût dirigée de Toulouse vers
le centre de la chaîne par la vallée d'Aure, et fût entrée
en Espagne par la vallée de Gestain ; elle eût fourni le
moyen d'aller en trente heures de Toulouse à Sarragosse, ce qui est maintenant une expédition au long
cours ; Pau et Toulouse surtout fussent alors devenus
de grands entrepôts. Le tracé de ces trois routes fut
immédiatement indiqué sur le terrain, et j'ai suivi le
sentier ouvert sous l'Empire, qui marque la place de
chacune d'elles. La dépense, d'ailleurs, eût été médiocre, et bien au-dessous de ce qu'ont exigé les routes
du Simplon et du Mont-Cenis. Mais survinrent nos désastres de l'invasion, et depuis lors je ne sais quelle funeste influence a paralysé l'exécution des plans qu'a-
vaient prescrits à Napoléon le désir qui le travaillait
de se grandir en grandissant la France, et le sentiment
qu'il avait de la nécessité où est l'Espagne de se serrer
contre nous. Ces trois routes ont été ouvertes jusqu'au
pied des montagnes; mais elles s'arrêtent là (1).

Il y a eu donc immensément à entreprendre dans

(1) Un beau travail, sur les communications à établir entre la France et l'Espagne, fut présenté à Napoléon, en 1808, par M. Janole père. Ce plan consistait à ajouter trois routes au travers de la chaîne aux deux routes excentriques qui passent par Bayonne et Perpignan. Les cinq routes fussent venues
aboutir toutes à un canal allant de la Méditerranée à l'Océan, de Perpignan jusqu'à Bayonne, par Narbonne, Carcassonne, Toulouse, les vallées de
l'Arros et de l'Adour. Cette grande ligne navigable se fût composée du canal de
Narbonne à Perpignan, du canal du Midi, et du canal de Toulouse à Bayonne,
tel à peu près que M. Galabert l'a depuis proposé et popularisé dans le pays.

Les trois routes, par le cœur de la chaîne, que recommandait alors M. Janole, sont les mêmes dont nous parlons ici.

Napoléon, frappé de ce projet, ordonna des études. M. Morisset-Dubreau,
ingénieur des ponts-et-chaussées, fut chargé d'étudier la route centrale de
Toulouse à Sarragosse. Il fut reconnu par lui que cette route pouvait être

l'Ouest. La part de l'Est a été tellement ample, tellement disproportionnée à celle des départements de
l'Ouest, qu'il y a de quoi vivement exciter le mécontentement de ces derniers (1). Et cependant qu'ils se
gardent de la jalousie, cette peste de notre époque!
Dans la vie publique comme dans la vie privée, dans
l'État comme dans la famille, c'est le pire des sentiments.

Ainsi, ne faisons un crime à personne des faveurs
dont l'Est a été comblé. Bien plus, pressons de nos
vœux le vote des fonds nécessaires à l'achèvement
du canal de Paris à Strasbourg; car cet ouvrage assurera à la France de l'Est et à Paris un grand commerce intérieur et extérieur, et un transit considérable, et il sera un titre de gloire pour l'administration
qui l'aura fait réussir au scrutin. Joignons-nous à
l'Est pour réclamer que l'on se décide enfin à améliorer sérieusement le Rhône, de telle sorte qu'il offre
pendant toute l'année un beau tirant d'eau, et qu'ainsi
il puisse être constamment sillonné, à la remonte
comme à la descente, par de grands et rapides bateaux à vapeur chargés de voyageurs; et aussi afin

---

ouverte sur le sol français avec des pentes moins fortes que celles du Mont-Cenis
et du Simplon, et, sur le sol espagnol, dans des conditions plus favorables encore.
La dépense devait être, suivant lui, d'un million seulement sur le territoire
français. M. Janole estimait les travaux à effectuer en France et en Espagne,
à 3,158,000 francs. La route du Simplon a coûté 18 millions.

M. F. Borrel, jeune ingénieur d'une grande espérance, a récemment remis
sur le tapis les projets de M. Janole, en rendant hautement hommage à l'inven-
teur. Grace à ses efforts, les hommes éclairés de Toulouse en sont préoccupés
aujourd'hui. M. Janole, qui vit encore, verra peut-être avant de mourir son
rêve patriotique d'il y a trente ans commencer à passer à la réalité.

(1) Voir la Note 5 à la fin du volume.

qu'en même temps, pour les marchandises, la navigation de Paris, ou plutôt de la Manche à la Méditerranée, puisse être aussi parfaitement régulière au midi de
Lyon qu'au nord de cette ville. Demandons que l'on
établisse une jonction entre la Garonne et le Rhône,
une autre entre la Saône et la Marne, puis de la
Marne à l'Aisne, puis de l'Aisne à l'Oise, afin de compléter la plus belle et la plus courte de toutes les communications possibles entre la Mer du Nord et la
Méditerranée, afin d'ouvrir au commerce du Sud-
Est de la France les marchés de la Belgique, de la
Hollande et des provinces rhénanes, afin que Marseille
soit de plus en plus la reine de la Méditerranée, et que
la séparation prononcée entre la France et les pays où
fut le siége de la première monarchie des Francs, soit,
commercialement du moins, réduite à n'être plus
qu'une fiction, sans que pour cela nous ayons eu
besoin de tirer notre épée du fourreau où elle dort.
Donnons encore à l'Est un autre éclatant témoignage
de sympathie. L'Est, et la France presque entière avec
lui, auraient grand profit à attendre, non seulement
sous le rapport commercial, mais encore en matière
politique, d'une ligne navigable, peu difficile d'ailleurs à créer, qui lierait le Rhône et le Rhin au Danube, comme le révèrent jadis César et Charlemagne,
comme l'a voulu Napoléon. Travaillons avec ardeur
à saisir le public de cette grande pensée, et pressons
le gouvernement de lui prêter son concours par des
négociations avec les princes de l'Allemagne méridionale, et au besoin par une allocation au budget.
Insistons pour que l'on commence avec une énergique
activité les principaux tronçons du chemin de fer de

la Méditerranée à la Mer du Nord par l'Est, c'est-à-dire du Havre ou de Calais, à Marseille, avec embranchement sur Bruxelles. Soutenons les pétitions des houillères de Brassac et de Saint-Étienne en faveur du perfectionnement de l'Allier et de celui de la Loire au-dessus de Roanne. Appuyons le projet du canal de Provence et des autres canaux d'irrigation qui doivent rendre à la plus productive des cultures une partie des Bouches-du-Rhône et des départements limitrophes. Protestons contre les retards sans fin que subit l'entreprise des docks de Marseille et du Havre. Sollicitons pour que l'on assainisse le bassin de Marseille, et qu'on délivre ainsi le premier port du royaume des miasmes délétères qui y attirent incessamment la peste et le choléra. Plaidons avec chaleur la cause des ports de la Méditerranée que les sables encombrent; cette cause est aussi celle d'Alger. Ne nous bornons même pas à donner notre assentiment à de nouveaux travaux en faveur de l'Est. Provoquons s'il le faut une mesure qui lui serait précieuse, en ce qu'elle doublerait pour lui la valeur de plusieurs des canaux qu'il a déjà obtenus, et qu'on laisse grevés d'une fatale servitude; provoquons, dis-je, la réforme radicale des tarifs actuellement en vigueur sur les canaux exécutés en vertu des lois de 1821 et 1822, sur le canal du Midi et sur les deux canaux de Briare et de Loing qui réunis forment la tête de mainte et mainte grande ligne de l'Est. Mais en même temps, faisons valoir les droits de l'Ouest. Exhortons l'Ouest à les articuler avec modération, mais avec une inébranlable persévérance. Recommandons par-dessus tout aux départements de l'Ouest de se tenir étroitement unis pour réclamer ce qui leur est dû, ce à quoi le Trésor peut suffire; car le succès d'une requête aussi juste ne sera pas douteux, lorsque les populations des quarante-trois départements de l'Ouest la présenteront avec une imposante unanimité. Qu'ils s'entendent pour imposer silence à de mesquins intérêts de petite ville; qu'ils demandent avec une imperturbable insistance la canalisation générale de l'Ouest, et ils obtiendront infailliblement cette satisfaction à laquelle ils ont un droit sacré. Cinquante départements sont plus certains de réussir lorsqu'ils s'accordent à vouloir une dépense de trois cents millions, que ne peuvent l'être trois ou quatre ou même dix départements qui sollicitent une allocation de trente millions ou de quarante.

II.

—

Il faut dans l'Ouest une grande artère du nord au sud, sans solution de continuité. — Service des villes les plus peuplées et les plus industrieuses.— Nécessité d'une communication avec Paris. — Liaison avec les canaux et les rivières canalisées qui actuellement existent dans l'Ouest; canal de Bretagne, canalisation du Lot. — Embranchements dirigés vers les ports, vers les principales villes, vers les mines de houille et autres grands foyers de production. — Jonction avec les lignes de l'Est.— D'une certaine condition imposée par une saine économie publique.—Métropoles industrielles à créer dans l'intérieur; Toulouse, Angers et Limoges, pris pour exemple.

Il est urgent d'employer les loisirs de la paix et du calme intérieur à élever les quarante-trois départements de l'Ouest au niveau de ceux de l'Est, sans, encore un coup, négliger ceux-ci. Et à quel meilleur usage pourrait-on appliquer les ressources que la condition florissante de nos finances laisse disponibles? Quel plus sûr moyen d'enraciner la liberté en France, que d'en associer la cause à celle du progrès matériel que tous appellent de leurs vœux? Quoi de mieux à faire dans l'intérêt de l'ordre que d'effacer des inégalités choquantes contre lesquelles les populations seraient maintenant promptes à protester, et que d'anéantir des sujets de mécontentement qui pourraient devenir

formidables! Car nos griefs politiques d'avant 1830 et
nos inquiétudes profondes de 1831 et 1832, du 5 juin
et d'avril, de Lyon et de la Vendée, ont cessé d'exister;
et les imaginations françaises, libres désormais de ce
qui jusqu'ici les avait tenues absorbées, mais toujours
empressées à se préoccuper, semblent aujourd'hui
dans l'attente ou même en quête de quelques nouveaux transports. N'oublions pas qu'hier encore,
pour quelques pieds de plus ou de moins dans l'élévation du tablier d'un pont suspendu, l'une des premières villes du royaume, notre premier port de
l'Océan, s'est vu sur le point de recommencer le
scandale des émeutes.

Quoi de plus opportun et de plus sage enfin que de
prouver aux plus incrédules que la dynastie de juillet, qui a su clore l'abîme des révolutions que l'impé-
ritie de la Restauration était parvenue à rouvrir, a
puissance aussi de réparer toutes les erreurs et toutes
les injustices des gouvernements ses devanciers! C'est
par là, c'est en étendant ainsi ses bienfaits sur toutes
les classes et sur tous les coins du territoire, qu'elle
s'assurera à jamais son titre de nationale.

Mais s'il est aisé de démontrer que l'Ouest n'a point
obtenu ce qu'il était fondé à attendre, il ne l'est pas
autant d'indiquer les moyens de rendre à l'Ouest bonne
et prompte justice. Pour que l'Ouest pût faire valoir
ses droits avec cette unanimité qui est le gage du
succès, il faudrait qu'il fût d'accord sur le système
des canaux à exécuter chez lui. Pour que l'administration et les Chambres donnent pleinement à l'Ouest la
satisfaction qu'ils n'ont certainement point la pensée
de lui refuser, il faut que, du dédale des pétitions

présentées par les diverses localités en faveur d'une myriade de lignes navigables, l'on parvienne à extraire un système de travaux qui soit propre à satisfaire aux intérêts de l'Ouest tout entier, sans avoir une étendue démesurée et sans exiger de la part des départements intéressés une trop longue patience, de la part du Trésor des sacrifices trop grands. Or, c'est un problème d'une complication peu commune que de tracer, en s'imposant les deux clauses d'une dépense et d'un développement comparativement limités, un plan de navigation de nature à donner le branle aux progrès matériels dans cette belle moitié de la France, qui s'appuie sur les Pyrénées, de Bayonne à Perpignan, et se termine sur la Manche, des îles d'Ouessant au Havre; et pourtant il y aurait imprudence à voter de nouveaux travaux de navigation dans l'Ouest avant d'avoir résolu ce problème, au moins dans son expression générale.

Il existe dans l'Est, avons-nous dit, plusieurs grandes voies navigables qui le traversent du nord au midi et qui unissent la Méditerranée à la Manche et à la Mer du Nord. Provisoirement au moins, et même dans l'intérêt bien entendu de l'Ouest, il ne convient pas de songer à doter ces provinces occidentales, jusqu'ici déshéritées, de plus d'une artère qui les traverse de la Manche aux Pyrénées, sauf cependant à y souder des ramifications qui, d'espace en espace, la quitteraient pour se jeter tantôt à droite, tantôt à gauche. Mais quelle est donc cette artère qu'il serait si urgent d'ouvrir dans les départements de l'Ouest d'une extrémité à l'autre de la France? Quels sont les points privilégiés par où elle devrait passer? Par quels em-

branchements y·rattacher les principaux centres d'a-
griculture, d'industrie manufacturière et de commerce
intérieur ou extérieur?

Pour arriver à une solution, il est indispensable de
tenir compte à la fois des nombreuses explorations
plus ou moins complètes faites par nos savants ingénieurs, et que l'administration continue tous les jours
avec activité; des projets des compagnies, qui ont le
plus frappé l'attention publique; des plans en faveur
desquels se sont le plus chaudement prononcés et
l'instinct des populations, et la haute sagacité des habiles administrateurs et des hommes d'État qui, depuis
Sully, et même auparavant, dès François Ier, ont consacré leurs réflexions au moins à la canalisation du
territoire. Il ne suffirait pourtant pas de combiner tous
ces éléments, sans en négliger aucun. Pour déterminer
les traits les plus essentiels d'un système qui, une fois
étendu sur l'Ouest, eut la puissance de le métamor-
phoser, il faudrait en outre satisfaire à un assez grand
nombre de conditions d'administration et d'économie
publique.

Voici, par exemple, une série de conditions que
doit remplir le réseau des voies navigables à creuser
dans l'Ouest :

1° Traverser l'Ouest tout entier, du nord au sud,
par une grande ligne, en ne négligeant aucune des
provinces, en se tenant autant que possible au milieu
des districts agricoles les plus fertiles, sans pour cela
présenter aucun détour exagéré. Cette ligne-mère devrait être exempte des moindres solutions de continuité;
car une interruption ou une lacune, qui est funeste
dans toute espèce de voies de communication, est émi-

nemment désastreuse dans une ligne navigable. Supprimer dans un canal un pont-aqueduc, y combler ou y tarir un bief, équivaut presque à frapper d'interdit le canal tout entier, surtout lorsqu'il s'agit d'une grande artère d'où partent des ramifications nombreuses.

2° Passer à portée des villes les plus peuplées et les plus industrieuses, en choisissant, à égalité de population, celles qui sont actuellement en possession du plus grand commerce, et, à égalité d'industrie, celles qui opèrent sur les matières les plus lourdes, et par conséquent donnent lieu à la plus grande masse de transports.

3° S'étendre, par le développement naturel de l'artère primordiale ou par des embranchements à tous les ports importants du littoral de l'Océan, et se lier de même à la Méditerranée. Tant que nous n'aurons entre nos ports et l'intérieur du pays d'autre moyen de communication que le roulage, il nous sera impossible de soutenir la concurrence des Anglais sur les marchés étrangers, et nous ne pourrons tirer du dehors qu'à des prix exorbitants les denrées et les matières premières nécessaires à la consommation intérieure. Avec un péage modéré, le transport par canaux ne coûte que du cinquième au dixième des frais du roulage ordinaire. En Angleterre, les canaux ou rivières canalisées partent littéralement, par des ramifications en nombre infini, de la porte de chaque fabrique, du pied de chaque haut-fourneau, et continuent sans interruption jusques aux quais des ports.

4° Offrir une communication régulière et permanente avec Paris. La centralisation politique et administrative n'est parmi les premiers besoins du pays, que parce que Paris est à la fois le foyer de la pensée française et celui de nos intérêts matériels. Les divers degrés de supériorité intellectuelle et de prospérité positive dont jouissent les départements, sont, jusqu'à un certain point, en raison directe de la facilité de leurs rapports avec Paris. Lorsque les provinces de l'Ouest posséderont un réseau bien continu de navigation qui leur livrera à toutes un accès permanent et économique au marché de Paris ; lorsqu'elles pourront, en échange de leurs produits, retirer de Paris ceux des provinces du Nord ; lorsque, par les relations d'affaires qu'elles auront nouées avec Paris, il leur sera devenu aisé d'attirer à elles une partie des capitaux qui y affluent, nous ne tarderons pas à voir se répéter dans la France de l'Ouest les merveilleux résultats que le voisinage de Londres, rendu de plus en plus intime par de bonnes voies de communication, a valu à toute l'Angleterre, et que la proximité et les excellents abords de New-York, de Boston, de Baltimore et de Philadelphie, procurent chaque jour aux États du littoral de l'Atlantique dans la confédération américaine.

5° Se joindre aux canaux et rivières canalisées qui aujourd'hui existent dans l'Ouest. Ce serait doubler, et dans quelques cas décupler l'utilité de ces canaux et rivières canalisées. Lorsqu'au lieu de déboucher dans la Loire, qui est une impasse, les canaux de Bretagne aboutiront à un système de canalisation dont tous les éléments seront bien liés entre eux, dont toutes les parties seront constamment navigables, et qui ira du nord au midi, de l'extrémité septentrionale de la Normandie au cœur des Pyrénées et aux plages les plus méridionales du Bas-Languedoc, du Roussillon et de la Guienne, qui s'étendra de la Manche au fond du golfe de Gascogne et à la Méditerranée, et qui, des quatre points cardinaux, convergera vers Paris, alors les espérances qu'avait fait naître le vote de ces dispendieux canaux de Nantes à Brest, du Blavet et d'Ille-et-Rance, cesseront d'être des chimères; alors le gouvernement, pour y attirer les bateaux qui n'y viennent point, n'en sera pas réduit à l'onéreux et inefficace expédient de la suppression totale des droits de péage; alors il leur sera donné de ranimer le commerce nantais et celui de Saint-Malo. Lorsque le Lot, que l'on canalise, au lieu d'aboutir dans un fleuve irrégulier et capricieux, trouvera devant lui un réseau se ramifiant au loin, les admirables gîtes de fer et de charbon, au travers desquels il a creusé son lit dans le département de l'Aveyron, et qui peuvent soutenir victorieusement le parallèle avec tout ce que la Grande-Bretagne peut offrir de plus riche et de plus fructueusement exploité; alors, dis-je, ces mines inépuisables, à la mise en valeur desquelles des compagnies ont consacré sans résultat pour elles-mêmes des sommes considérables, épandront en abondance et avec profit pour tous, sur la surface entière de l'Ouest, ces deux produits qui, on ne saurait trop le répéter, sont le pain quotidien de l'industrie ; alors, et seulement alors, elles exerceront une vivifiante influence sur le commerce bordelais et sur l'industrie encore en embryon du Languedoc et de la Guienne.

6° En même temps que les embranchements dirigés à l'occident de l'artère principale iront rejoindre les ports, ceux qui seront tournés vers l'intérieur, tout en étant tracés dans les intérêts de l'agriculture, tout en desservant les villes les plus remarquables par leur population et leur industrie, devront rejoindre les lieux les plus notables de production de toute nature, et par-dessus tout les mines de houille et les points où est concentrée la fabrication du fer.

7° Ces mêmes embranchements devront être échelonnés, de manière à lier de distance en distance le système de navigation de l'Ouest à celui de l'Est. Par là, les travaux entrepris dans l'intérêt spécial de l'Ouest profiteront à la France tout entière; par là, ils procureront à l'Est, non seulement ce que rapporte le voisinage de populations aisées, mais aussi la jouissance de nouvelles communications intérieures situées à sa portée tout autant qu'à celle de l'Ouest, et de meilleurs débouchés vers la mer et vers les pays lointains.

8° Enfin, ces embranchements devraient, par leur direction et par la situation de leurs points d'attache à la ligne principale, satisfaire à une autre condition qu'imposent les règles d'une bonne économie publique. Dans l'intérêt de l'industrie française, il serait essentiel de provoquer d'espace en espace la formation de grands centres de capitaux, dont chacun vivifierait le pays dans un certain rayon autour de lui. Les ports remplissent en tout pays ce rôle important. En effet le négoce, qui a son principal siége dans les ports, crée les grandes fortunes, et agglomère les capitaux; or, pour les capitaux comme pour les hommes, l'union fait la puissance. Le négoce, qui use du crédit et qui en sent le prix, connaît aussi tout ce que l'on gagne à y faire participer son prochain, lorsque ce prochain n'est pas un concurrent. En activant les affaires dans

nos ports, on rendra donc un grand service à l'intérieur, on lui facilitera les moyens de se procurer ce
qui est le nerf de l'industrie tout aussi bien que de la
guerre, c'est-à-dire de l'argent; ce qui est l'instrument
du succès le plus infaillible pour faire surgir des fortunes
au profit de quelques uns, pour répandre l'aisance et
le bien-être au profit de tous, c'est-à-dire encore une
fois de l'argent. Néanmoins, de quelque utilité que
les ports puissent être à cet égard, il conviendrait de
créer aussi dans l'intérieur, à une certaine distance du
littoral, d'autres centres de richesses. De même que
dans la stratégie, derrière les forteresses des frontières,
on dispose une seconde et même une troisième ligne
de citadelles, il conviendrait, pour le progrès industriel, d'avoir en arrière de la ligne des ports une autre
ligne de centres de capitaux: ce serait particulièrement
nécessaire dans l'intérêt de l'agriculture.

La prospérité des ports eux-mêmes fait une loi de
cette disposition. Les villes qui formeraient cette seconde ligne ne seraient des centres de capitaux que
parce qu'elles seraient des centres de travail manufacturier. C'est précisément ce qu'il faut que les ports
aient sur leurs derrières. Un port n'est florissant que
lorsqu'il a près de lui des manufactures qui lui fournissent des produits à exporter, et qui le chargent
de leur faire venir de l'étranger des matières premières, comme le coton, les bois de teinture, les
cuirs; ou des denrées de consommation, comme le
sucre, le café, le riz. Les ports ne peuvent être eux-
mêmes manufacturiers, du moins à un haut degré;
la division du travail et la spécialité sont en toute
chose des garanties et des conditions de succès. Sans

Manchester il n'y aurait pas de Liverpool, tout comme
sans Liverpool pas de Manchester. Faites surgir à vingt
ou trente lieues de Bordeaux une autre cité composée
de cinquante belles filatures de coton, et de cinquante
vastes fabriques de draps, avec un bon canal entre
deux, et vous n'aurez pas long-temps à attendre pour
voir Bordeaux reprendre son ancienne splendeur.

Les travaux publics à créer dans la France occidentale devraient donc être disposés de telle sorte que les
points de croisement de l'artère principale avec les
embranchements coïncidassent avec les villes qui semblent le plus favorablement placées pour constituer
cette seconde rangée de métropoles, et à plus forte raison avec celles qui déjà sont des centres d'industrie,
ou qui commencent à le devenir.

Parmi toutes les villes de l'Ouest, il y en a quelques
unes qui sont plus ou moins nettement indiquées par
leur passé et par leurs tendances présentes, ou par
le chiffre de leur population, pour être ainsi érigées en
chefs-lieux industriels. Il y en a surtout trois qui se
recommandent entre toutes les autres. Ce sont:

1° Toulouse, qui à cet égard est hors ligne.

2° et 3° Deux villes qui partagent la distance de
Toulouse à la Manche en deux portions à peu près
égales, et dont la supériorité sur les villes de l'intérieur
qui les entourent dans un rayon de trente lieues est
incontestable : Limoges et Angers.

Il faudrait donc que les principaux points de croisement du système de navigation de l'Ouest se confondissent avec ces trois villes, ou n'en fussent que
peu éloignés.

Ces villes sont aussi fort bien situées pour jouer le

rôle de grands entrepôts intérieurs; elles l'ont déjà rempli et elles le remplissent. Elles y seraient beaucoup plus propres si elles avaient à leur porte les points d'intersection de l'artère principale de l'Ouest et des embranchements les plus importants.

III.

PROJET DE CANALISATION POUR LA FRANCE DE L'OUEST.

—

Résumé des conditions à remplir. — Artère principale de Paris à la Manche, au golfe de Gascogne et à la Méditerranée par le Loir et l'Orne du côté du nord, la Vienne, la Charente, la Garonne, l'Adour et le canal du Midi du côté du sud.—Embranchements : 1° de Chartres à Caen et à Cherbourg par l'Orne ; 2° Amélioration du Loir ; 3° Canal latéral à la Loire, de Briare au confluent de la Vienne ; 4° Canal qui remonterait le Clain et irait rejoindre la Sèvre ; 5° Canal continuant vers l'ouest le canal du Berry ; 6° Canal aboutissant à la Dordogne par l'Isle ; 7° Canal des Pyrénées ; 8° Chemin de fer le long de l'Ariége ; 9° Canal de Perpignan ; 10° Jonction du Rhône avec l'un des principaux affluents de la Garonne ; 11° Jonction de la Garonne avec l'Allier par le Lot ; 12° Jonction des départements montagneux du Centre avec la Méditerranée. — Chemins de fer et canaux à plans inclinés.
Examen de ce réseau de navigation. — § Ier. *Distribution du réseau entre les diverses Provinces.* Sur les quarante-trois départements de l'Ouest, il y en aurait quarante qui seraient traversés par la grande artère ou par les ramifications. Communication nouvelle de Paris avec la Méditerranée. Service rendu à l'agriculture.—§ II. *Service des villes les plus populeuses et les plus industrieuses.* Sur quarante-trois chefs-lieux il y en aurait vingt-neuf qui se trouveraient situés sur des lignes navigables.—§ III. *Service des Ports.*—§ IV. *Communication avec Paris.* — § V. *Jonction avec les canaux et rivières de l'Ouest.* — § VI. *Service de divers centres de production.* Mines de charbon, mines de Commentry, de Firmy, de Carmeaux ; charbons anglais et espagnols. — Service des forges. — § VII. *Disposition des points de jonction des embranchements avec la ligne principale ; création de métropoles industrielles.* Toulouse, Limoges, Angers. — § VIII. *Liaison entre le réseau de naviga-*

tion de l'Ouest et les lignes de l'Est; le nombre des jonctions serait de sept au moins. Avantages que les travaux de l'Ouest produiraient pour l'Est. — Canal de ceinture continu tout autour de la France. — L'Ouest tirerait un grand profit de la proximité des ports. — Bénéfice que l'Est aurait à attendre de la jonction du Rhin au Danube.

Nous avons cherché à déterminer les traits essentiels qui devraient caractériser un plan général de canalisation de la France de l'Ouest, pour qu'il remplît pleinement son objet, c'est-à-dire pour qu'il conduisît rapidement cette belle moitié de la France vers la prospérité matérielle dont la nature lui a fourni tant d'éléments. Avant de décrire le réseau de navigation qui nous paraît satisfaire à ces conditions, reproduisons en peu de mots ces conditions elles-mêmes :

1° Le réseau de l'Ouest, avons-nous dit, devrait se composer d'une grande artère tracée du nord au sud, de la Manche au fond du golfe de Gascogne et à la Méditerranée, et de diverses ramifications établies d'un côté vers l'Océan, de l'autre vers l'intérieur. L'artère serait sans solution de continuité ; elle devrait ne négliger aucune des provinces, et se tenir autant que possible au milieu des districts agricoles les plus fertiles, sans cependant présenter des détours exagérés.

2° Soit par sa grande artère, soit par les embranchements, le réseau devrait desservir toutes les villes les plus peuplées et les plus industrieuses.

3° Il faudrait qu'il s'étendît à tous les ports importants du littoral de l'Océan, et se liât de même à ceux de la Méditerranée.

4° Il devrait offrir une communication régulière et permanente avec Paris.

5° Il aurait à se rattacher aux canaux et aux rivières

canalisées ou naturellement navigables que possède l'Ouest.

6° Les embranchements devraient ouvrir un débouché à tous les centres notables de production, et particulièrement aux bassins houillers et aux pays de forges.

7° Les points où les principaux embranchements aboutiraient à l'artère principale, devraient autant que possible se confondre avec les villes intérieures de l'Ouest, qui sont actuellement des métropoles d'industrie et de capitaux, ou qui tendent le plus nettement à le devenir. Parmi ces villes nous avons cité Toulouse d'abord, Limoges et Angers ensuite.

8° Il serait nécessaire que ces embranchements fussent échelonnés de manière à opérer, de distance en distance, la jonction du réseau de l'Ouest avec les belles lignes navigables qui traversent la France de l'Est, de la Méditerranée à la Mer du Nord.

Cela posé, voici quel semble devoir être le tracé le plus avantageux pour l'artère ou ligne principale :

Partant de Paris, elle se dirigerait vers Arpajon et Dourdan, passerait à peu de distance de Chartres(1), descendrait la vallée du Loir jusqu'en un point situé à quelques lieues au-dessus de la Flèche; là elle se bi-

(1) La quantité des marchandises et denrées qui sont dirigées sur Paris par la voie de Chartres est considérable; elle avait donné l'idée d'un chemin de fer de Paris à la Loire par Chartres, qui avait produit une certaine sensation parmi les populations des départements intéressés. Ce chemin de fer serait très utilement remplacé par le canal dont il s'agit ici; car le prix du transport serait beaucoup moindre par le canal que par le chemin de fer. D'ailleurs, dans l'intérêt de l'Est comme dans celui de l'Ouest, le seul tracé auquel on puisse songer, quant à présent, pour un chemin de fer de Paris à la Loire, est celui qui conduit à Orléans.

furquerait pour aller d'un côté vers le nord, c'est-à-
dire vers la Manche, et de l'autre vers le sud, c'est-à-
dire vers le fond du golfe de Gascogne et vers la Méditerranée.

Au nord, elle irait aboutir dans la Manche à Caen
et à Cherbourg, soit en se dirigeant par La Flèche, Le
Mans, Alençon, Argentan et Bayeux, ou en d'autres
termes, par les vallées de la Sarthe, de l'Orne et de la
Douve; soit en continuant à suivre le Loir jusqu'à
Angers pour rejoindre ensuite l'Orne en remontant la
Mayenne qui est aujourd'hui imparfaitement navi-
gable. Dans cette seconde hypothèse, l'artère passerait
par Laval et Domfront, et se lierait avec l'Orne près de
Condé-sur-Noireau.

Du côté du sud, quittant le Loir à cinq ou six lieues
en amont de La Flèche (1), elle se tournerait vers la
Loire qu'elle atteindrait à deux lieues en dessus de
l'embouchure de la Vienne et remonterait la Vienne
jusqu'à Chabanais, à quelques lieues de Limoges;
de là elle irait rejoindre la Charente à Mansle en amont
d'Angoulème, la descendrait jusqu'à Monac au dessous de la même ville, déboucherait dans la Dordogne à Libourne, d'où elle gagnerait Bordeaux par une
coupure facile dans le bec d'Ambès (2).

---

(1) On pourrait quitter le Loir un peu plus haut et se diriger vers la Loire
par le vallon de la Braule. Dans ce cas l'artère desservirait Tours. Il conviendrait alors d'abréger le coude formé par la direction de la Vienne et par celle
de la Loire, au moyen d'un canal tracé de l'embouchure de l'Indre à Chi-
non ou à l'île Bouchard.

(2) La plupart des ingénieurs qui se sont occupés de la jonction de la Garonne avec la basse Loire par la Charente, et entre autres M. Deschamps, ont
pensé qu'il conviendrait de passer de la Charente à la Loire par le Clain et la

Au-delà de Bordeaux, la navigation continuerait d'abord dans le lit même de la Garonne, ensuite par un canal latéral à cette rivière jusqu'à l'embouchure de la Baïse; arrivé là, le canal se bifurquerait encore une fois pour aller chercher d'une part la Méditerranée en se liant à Toulouse au canal du Midi, de l'autre l'Océan à Bayonne. De l'embouchure de la Baïse à Bayonne on suivrait la Baïse, la Gelize, la Midouze et l'Adour; en ce moment trois de ces cours d'eau sont l'objet de divers travaux d'amélioration.

Les ramifications qui s'embrancheraient sur cette grande ligne se présenteraient dans l'ordre suivant, en descendant du nord au sud:

1o Un canal de Chartres à la rivière d'Orne pour raccourcir le chemin de Paris au commerce de Caen et de Cherbourg, et en général aux produits des départements de la Normandie occidentale. L'importance

---

basse Vienne. La substitution au Clain de la portion de la Vienne située en amont de Chatellerault me paraît aisée à motiver. C'est d'après des motifs topographiques seulement que la question avait été jugée; elle se présente sous un autre jour lorsque l'on prend en considération les règles de l'économie publique et les principes de l'équité. Sous le rapport de la bonne administration industrielle du pays, il est plus important de faire passer une grande artère à portée de Limoges qu'au travers de Poitiers, car Limoges est un entrepôt commercial et un centre de fabriques; tandis que Poitiers n'a ni fabriques ni commerce. Sous le rapport d'une équitable distribution des voies de communication, il n'y aurait que stricte justice à donner à la vallée de la Vienne le canal de Paris à Bordeaux, puisque la vallée du Clain paraît devoir obtenir la préférence pour le chemin de fer à ouvrir dans la même direction. Le tracé proposé ici a d'ailleurs l'avantage de réduire la dépense, car la canalisation de la Vienne et la liaison de la Vienne à la Charente sont nécessaires pour que les charbons de Commentry se répandent dans l'Ouest. Il est tout simple dès lors de tirer parti de ces deux ouvrages pour la ligne de Paris à Bordeaux, sans ajouter à tous les autres travaux que la France doit entreprendre, une jonction de la Charente au Clain qui serait très peu intéressante par elle-même.

militaire du port de Cherbourg suffirait seule pour justifier un ouvrage destiné à lier autant que possible Cherbourg avec Paris.

2° Le perfectionnement du Loir à partir du point où l'artère le quitterait pour se diriger vers le sud, jusques à Angers. Par là Angers, Nantes et toute la Bretagne seraient assurés d'une bonne communication sur Paris ainsi que sur le nord et l'est de la France, sans avoir à subir le détour des canaux de Briare ou d'Orléans et les tarifs élevés d'après lesquels les droits de navigation y sont perçus. Ce travail serait peu dispendieux à cause des facilités que le Loir présente déjà à la navigation.

3° L'achèvement du canal latéral à la Loire, de Briare au confluent de la Vienne. C'est une des plus belles liaisons qui puissent être établies entre l'Est et l'Ouest de la France. Par là serait réellement complétée la grande ligne de Brest, Rennes et Nantes à Lyon et Marseille, à Bâle, Mulhouse et Strasbourg.

4° Un canal qui remonterait le Clain et se dirigerait par la Sèvre vers l'Océan. Poitiers, Niort et La Rochelle se trouveraient ainsi rattachés à l'ensemble du système.

5° et 6° Un canal qui, partant de la ligne principale à Chabanais (Charente), se prolongerait jusqu'au canal du Berry à Montluçon; et un canal entre la Vienne et l'Isle, affluent de la Dordogne, par la Grande-Briance et la Haute-Vézère.

Il n'est personne qui, en examinant la carte de la navigation intérieure, n'ait remarqué que le canal du Berry était lancé en avant des lignes navigables de l'Est comme une tête de pont sur l'Ouest. A peu de distance de ce canal, et tout près de la Tarde qui l'ali-

mente, coule le Taurion, l'un des affluents de la
Vienne. D'un autre côté, l'Isle canalisée, l'une des
lignes isolées qui sont éparses çà et là dans l'Ouest,
l'Isle qui par la Dordogne conduit jusqu'à Bordeaux,
l'Isle passe à quelques lieues de la Vienne. Voilà donc
deux lignes, l'une, le canal du Berry, dans l'Est, l'autre, l'Isle canalisée, dans l'Ouest, toutes les deux
achevées ou sur le point de l'être, déjà voisines l'une
de l'autre et ne demandant qu'à se réunir. Au moyen
des deux canaux, 1° de Chabanais à Montluçon, 2° de
la Vienne à l'Isle, cette jonction serait opérée (1).

Le canal du Berry ayant deux issues sur la Loire,
l'une près de Tours, l'autre au-dessus du bec d'Allier,
ces deux canaux fourniraient alors à Bordeaux et à
Rochefort, à Angoulême et à Périgueux, à tout le
bassin de la Garonne, à celui de la Charente et à la
vallée supérieure de la Vienne, la communication la
plus courte et la plus directe avec la Loire moyenne,
la Seine, le Rhône et le Rhin (2).

Le canal du Berry traverse un pays où abondent des
minerais de fer de la plus grande pureté, et où l'on fabrique déjà en quantité considérable des fers célèbres par

---

(1) On a pensé à joindre la Vienne au Cher, c'est-à-dire au canal du
Berry, par l'Issoire, la Gartempe, la Petite-Creuse et la Majieure ; mais on
laisserait ainsi trop à l'écart la partie supérieure de la vallée de la Vienne.

(2) Il a été question de joindre Bordeaux aux départements de l'Est et à
Paris par la Dordogne, le Chavanon, le Sioulet, la Sioule et l'Allier, mais
cette direction paraît abandonnée. Dans ce cas on ne se fût pas servi du canal
du Berry.

Pour mettre ce dernier ouvrage à profit, on a songé aussi à suivre la Dordogne, le Chavanon et la Tarde, ou plutôt la Dordogne, la Doustre et la
Tarde. Il est très probable qu'en substituant ainsi la Dordogne supérieure à
l'Isle, on rencontrerait des points de partage beaucoup plus difficiles à franchir.

leur qualité supérieure, sous le nom de fers du Berry. Près de Montluçon se trouve le bassin houiller de Commentry, l'un des plus intéressants de la France. Ce bassin n'est pas seulement le plus riche de tous ceux qui existent à portée des départements d'entre Loire et Garonne; il est le seul d'une bien sérieuse importance qui soit à leur proximité. Ces départements, aujourd'hui à peu près exclusivement agricoles, ne prendront leur essor manufacturier que lorsque le fer et la houille, ces deux précieux aliments de toute industrie, leur seront fournis à bas prix et en abondance. S'il y a aujourd'hui une idée qui ait acquis force de chose jugée, c'est que les communications les plus immédiatement profitables à l'industrie, les plus lucratives pour les particuliers et pour l'État, sont celles qui ont pour objet spécial d'amener au consommateur le charbon et le fer. Le gouvernement lui-même en est si bien convaincu, qu'il encourage magnifiquement, lorsqu'il ne les exécute pas à ses propres frais, les voies de transport destinées au fer et au charbon. Certes ce sont là de puissants arguments à faire valoir en faveur des deux canaux dont il s'agit ici. Il est possible qu'après les études les plus approfondies l'on reconnaisse qu'on ne peut les exécuter qu'à la condition de franchir des seuils un peu hauts. Il est vrai aussi que le canal du Berry, dans lequel déboucherait celui de Chabanais à Montluçon, a été construit sur des dimensions assez étroites : mais ces objections n'ont au fond qu'assez peu de valeur ; et nous n'en sommes pas moins en droit d'affirmer que les deux canaux de Chabanais à Montluçon, et de la Vienne à l'Isle, le premier surtout, sont au nombre des plus utiles ouvrages qu'il y ait à entreprendre sur le sol français (1).

Pour compléter cette ligne, pour abréger le trajet de Bordeaux à Strasbourg et à Lyon, pour fournir au Sud-Ouest, dans cette direction, une issue vers Paris par le canal du Nivernais aussi bien que par le canal de Briare, il conviendrait d'ouvrir, s'il était possible, un canal direct entre Montluçon et la Loire, en franchissant l'Allier pour rejoindre la Bèbre qui se jette dans la Loire un peu au-dessous de Digoin.Ce travail, en le supposant praticable, me paraît cependant pouvoir être ajourné encore. Provisoirement Lyon, la vallée de la Saône et l'Alsace seraient suffisamment rattachées à Bordeaux, soit par le canal du Berry, malgré le détour qu'il impose, soit par la communication, mi-partie chemin de fer probablement, dont il sera question tout à l'heure (voir 10°), qui s'établirait au travers des montagnes d'Auvergne et des Cévennes, entre le Rhône et la vallée du Lot, ou celle du Tarn, ou celle de l'Aveyron, et qui déboucherait dans le Rhône vis-à-vis du confluent de l'Isère, ou par le vallon de l'Ardèche.

7° Le canal des Pyrénées appelé aussi canal Royal, et plus récemment canal Galabert, du nom de l'homme

___

(1) La jonction du canal du Berry avec l'Ouest et avec Bordeaux a été parfaitement motivée en 1837 dans un rapport relatif à la navigation, par M. le comte Jaubert, l'un des hommes les plus versés dans la connaissance des intérêts positifs du pays, et l'un de ceux qui consacrent à ces intérêts la plus grande masse d'efforts avec le plus de succès. Dans ce document, M. Jaubert a mis en évidence l'avantage d'une ligne prenant, disait-il, la France en écharpe, de Bordeaux à Strasbourg. L'honorable député du Cher recommandait dans ce rapport plusieurs autres canaux dont il est question ici.

Un mémoire récent de M. Pichault de La Martinière a attiré l'attention publique sur cette jonction, dans plusieurs des départements intéressés.

qui s'était consacré à le faire réussir avec un zèle auquel le succès n'a pas répondu. Remontant la Garonne au-delà de Toulouse, ce canal rejoindrait l'Adour près de Tarbes et se confondrait avec lui jusqu'à l'Océan ; il longerait une des parties les plus riches du Midi de la France.

C'est un canal vivement désiré depuis long-temps et fréquemment promis aux populations. Lorsque la guerre d'Espagne attira Napoléon dans le Midi, il se montra résolu à s'en occuper ; mais d'autres soucis, d'autres combats, le rappelèrent bientôt au Nord. Selon toute apparence, ce canal devrait se tenir dans la vallée de l'Adour, aux environs de Tarbes, un peu plus que ne le supposait M. Galabert. Il est probable qu'il conviendrait d'en modifier le tracé et les dispositions générales de manière à le faire servir aussi à l'irrigation : sous l'ardent climat du Midi, l'eau est le plus fertilisant de tous les engrais, et l'irrigation des terres le plus productif des usages auxquels on puisse consacrer l'eau.

8· Un chemin de fer le long de l'Ariège, depuis Tarascon jusqu'à la Garonne.

Cette ligne développerait le commerce entre la France et l'Espagne, et permettrait l'exploitation sur une grande échelle des richesses minérales qui abondent dans la vallée de l'Ariège. Depuis les temps les plus reculés, cette vallée compte un grand nombre de forges qui fabriquent, par la méthode *catalane*, des fers de qualité supérieure ; il s'y trouve de belles carrières de plâtre, de pierre de taille, de marbre et de pierre à chaux hydraulique, dont l'on tirerait grand parti à Toulouse et dans la plaine voisine, si l'on pouvait les y conduire à bas prix. Nous avons dit qu'il était nécessaire d'achever dans le plus bref délai trois routes qu'avait ordonnées l'empereur, et qui lieraient la France à l'Espagne au travers des Pyrénées, l'une par Pau et la vallée d'Oléron ou d'Aspe, l'autre par Toulouse et la vallée d'Aure, la troisième par la vallée de l'Ariège. De ces trois routes, toutes importantes, toutes faciles à terminer à fort peu de frais, la plus essentielle pour le commerce d'Espagne paraît devoir être la seconde. Peut-être toutes les trois seront-elles remplacées un jour, au moins jusqu'au pied de la crête centrale, par des canaux ou plutôt par des chemins de fer. La troisième est celle qui doit la première subir cette transformation au moins partielle, et pour laquelle il y a lieu de s'en occuper le plus immédiatement, à cause des charrois déjà considérables qui sillonnent maintenant la vallée de l'Ariège.

9° Un canal qui, de l'extrémité de la *Robine* de Narbonne, se dirigerait sur Perpignan.

Ce serait un appendice au canal du Languedoc, semblable à plusieurs autres qui existent déjà. Cet embranchement a été projeté et même commencé du temps des États de Languedoc. Il serait probablement convenable de le prolonger jusqu'à Port-Vendres, parce que nos rapports avec l'Afrique, la renaissance de la civilisation tout autour de la Méditerranée et le voisinage de l'Espagne semblent devoir bientôt ranger ce port parmi les plus fréquentés du Midi, quoiqu'il soit fort excentrique. Cependant il existe sur la ligne même du canal de Narbonne à Perpignan, dans une situation beaucoup plus centrale, un mouillage où il serait possible de créer un port bien autrement profond et vaste que les abris ensablés et les bassins en miniature que nous possédons sur la Méditerranée, à droite de l'embouchure du Rhône. Cette localité, si digne d'être étudiée avec détail, est connue dans le pays sous le nom de *port* de la Franqui. S'il était démontré que l'on pût y établir un port toujours sûr, où des flottes entières trouvassent un abri, et que l'on se décidât à l'utiliser, le canal de Perpignan à Port-Vendres, qui d'ailleurs présenterait des difficultés d'exécution, deviendrait superflu.

10° Pour resserrer la jonction entre le réseau de l'Ouest et les lignes navigables de l'Est, il conviendrait de lier les sources du Lot, ou de l'Aveyron, ou du Tarn, à l'un des affluents de droite du Rhône, par un chemin de fer dans le genre de ceux qui ont été jetés en Amérique au travers des Alléghanys, ou par un canal à plans inclinés; cet embranchement serait tout entier situé dans la France de l'Est.

11° et 12° Il y aurait aussi à établir, au travers des montagnes d'Auvergne, une voie navigable, qui rapprochât du bassin de la Gironde la vallée de l'Allier et celles de divers autres affluents de droite de la Loire. Il ne serait pas moins opportun de mettre en rapport avec la Méditerranée ces départements montagneux qui abondent en ressources minérales, et qui récèlent une population robuste et laborieuse, ressource autrement précieuse, première richesse d'un État. Ces deux lignes pourraient, selon toute apparence, se confondre sur une partie de leur développement. De même que le précédent embranchement, il est probable qu'au centre des montagnes elles devraient se transformer en chemins de fer, à plans inclinés, ou au moins substituer des plans inclinés à leurs écluses. Le pays a été trop peu examiné pour qu'il soit possible d'indiquer avec quelque précision le tracé qu'il conviendrait de suivre. Peut-être devrait-on passer de la Sioule ou du Sioulet à la Dordogne; peut-être faudrait-il remonter de l'Allier vers le Lot par l'Alagnon et la Trueyre, et aller de là s'embrancher sur le chemin de fer d'Alais, ou sur celui qui serait construit des mines du Vigan à la Méditerranée, ou encore sur un autre chemin de fer qui lierait à la Méditerranée les houillères de Saint-Gervais. La question de ces deux embranchements mérite d'être étudiée sans délai.

Le massif des départements du Puy-de-Dôme, du Cantal, de la Corrèze, de la Haute-Loire, de l'Aveyron, de la Lozère et de l'Ardèche, qui appartiennent les uns à l'Ouest, les autres à l'Est, et au travers desquels se dérouleraient les trois derniers embranchements (n° 10, n° 11 et n° 12), semble frappé par nos ingénieurs d'un anathème qui pouvait paraître d'accord avec les immuables décrets de la nature elle-même avant l'invention des chemins de fer, car il serait difficile de pratiquer dans ces régions escarpées des voies navigables selon la méthode ordinaire. Les chemins de fer, au contraire, lorsque l'on y admet des plans inclinés, s'accommodent de tous pays et défient tous les obstacles sans exiger de bien grandes dépenses. Les chemins de fer seront peut-être, pour la région montagneuse qui sépare le Rhône et la Loire supérieure du bassin de la Gironde, ce qu'ils ont été pour les vallées des Alléghanys en Amérique. Cependant pour ne pas être injuste envers les lignes navigables, disons qu'en Amérique le succès des chemins de fer à plans inclinés a donné l'éveil aux partisans des canaux. L'on a ainsi construit, entre la Délaware et la baie de New-York, le canal Morris qui est, lui aussi, à plans inclinés. Le succès de ces chemins de fer ou canaux à plans inclinés a été complet. Ainsi le chemin de fer du Portage, en Pensylvanie, fait partie de la grande ligne de Philadelphie à Pittsburg, l'une des plus fréquentées du Nouveau-Monde, et il suffit parfaitement à la circulation. Le canal Morris transporte des charbons en concurrence avec d'autres canaux établis dans le système ordinaire, qui se rendent, comme lui, de la ville d'Easton sur la Délaware à la petite baie du Raritan, annexe de celle de New-York (1). La manœuvre de ces plans inclinés est simple, rapide et peu dispendieuse; ils n'occasionnent pas d'accidents. Sur le canal Morris, j'ai vu l'un de ces plans inclinés dont l'élévation perpendiculaire était de 30^m, et que des bateaux chargés gravissaient en un quart d'heure, tout compris. C'est à peu près le temps que chez nous les bateaux emploient pour passer une écluse qui ne rachète que deux mètres et demi de différence de niveau.

Au moyen de ces plans inclinés, le chemin de fer du Portage surmonte un sommet élevé de 427^m au-dessus de l'une de ses extrémités, et de 357^m au-dessus de l'autre, celui de Pottsville à Sunbury monte de 217^m d'un côté et de 317^m de l'autre; et le canal Morris traverse un contre-fort des Alléghanys dont la hauteur au dessus du point de départ du canal est de 232^m du côté du Midi, et de 379^m du côté du Nord. Rien ne

(1) Ce sont le canal latéral à la Délaware et le canal de la Délaware au Raritan.

s'opposerait à ce que l'on conduisît ainsi un chemin de fer ou même un canal au travers de passes beaucoup plus hautes. En France, il est vrai, pour établir le canal de Bourgogne, nous avons racheté par des écluses une pente de 199^m sur le versant de la Saône, et de 300^m sur celui de l'Yonne ; mais le canal de Bourgogne est beaucoup plus long que les canaux et chemins de fer américains cités plus haut, ce qui rend la pente relative moins considérable; puis à cause de la multiplicité des écluses et d'autres travaux accessoires nécessités par l'élévation à atteindre, il aura coûté près d'un million par lieue. Le chemin de fer du Portage a 14 lieues, et a coûté, pour deux voies, 600,000 f. par lieue ; les difficultés du terrain y ont été grandes, et il a fallu l'ouvrir dans un pays absolument inhabité, où l'on a dû faire venir de loin à grands frais les ouvriers, les provisions, outils et matériaux. Le chemin de fer de Pottsville à Sunbury a 18 lieues et le prix de la lieue y a été de 338,000 fr. Le canal Morris a 48 lieues et demie, et est revenu à 227,000 fr. par lieue.

Ce genre d'ouvrages mérite de fixer l'attention des administrateurs et des hommes de l'art. Ne sont-ce pas, en effet, les seules communications perfectionnées que l'on puisse songer à établir dans les portions de la France qui sont coupées par des montagnes? Or, ces régions montueuses occupent chez nous un vaste espace, aussi bien à l'Est qu'à l'Ouest. Le centre de la France d'outre-Loire, nos départements des Pyrénées et des Alpes, ceux du Jura, des Vosges, des Ardennes, des Cévennes, et avec eux la Corse, ce diamant brut, qui attend que l'on prenne la peine de le travailler, sont occupés par des cimes et des crêtes aux pentes rapides desquelles aucune voie de transport, soit canal, soit chemin de fer, ne s'adaptera facilement si elle n'admet les plans inclinés (1).

Je répète que les trois derniers des embranchements que nous avons indiqués, semblent exiger l'application de ce système.

Tel est le réseau des voies navigables qui me paraissent le plus propres à promptement enrichir et à vivifier tout l'Ouest de la France depuis les Pyrénées jusques aux côtes de la Normandie. Dieu me garde de soutenir que ce plan ne puisse ni ne doive être modifié, surtout dans les détails, quoique la description donnée ici de chacune des lignes laisse encore une très grande latitude pour le tracé et pour toutes les questions d'art accessoires ! Je m'estimerais trop heureux s'il pouvait provoquer l'apparition d'un autre qui fût plus avantageux, plus simple et plus économique !

Examinons maintenant jusqu'à quel point il satisfait aux conditions que nous avons exposées, en les reprenant une à une dans le même ordre.

§ Ier. *Distribution du réseau entre les diverses provinces.*

A l'aide soit des lignes proposées ci-dessus, soit des travaux actuellement existant ou en cours d'exécution

(1) Voir la Note 6 à la fin du volume.

sur le territoire de l'Ouest (1), qui tous s'y trouveraient rattachés, il n'y aurait pas une province de la France occidentale qui n'eût au moins une voie navigable tracée au travers de ses districts agricoles les plus fertiles, et qui ne se trouvât liée à toutes les autres. Sur les quarante-trois départements qui composent la France de l'Ouest, il y en aurait quarante qui seraient coupés, soit par la grande artère elle-même, soit par les ramifications. Ce seraient ceux dont les noms suivent : Calvados, Manche, Orne, Eure (2), Eure-et-Loir, Seine-et-Oise, Loiret, Loir-et-Cher, Sarthe, Mayenne (3), Ille-et-Vilaine, Côtes-du-Nord, Finistère, Morbihan, Loire-Inférieure, Maine-et-Loire, Indre-et-Loire, Vienne, Deux-Sèvres, Charente-Inférieure, Charente, Haute-Vienne, Creuse, Allier, Dordogne, Gironde, Landes, Lot-et-Garonne, Lot, Aveyron, Cantal, Tarn, Tarn-et-Garonne, Gers, Haute-Garonne, Basses-Pyrénées, Hautes-Pyrénées, Ariége, Aude, Pyrénées-Orientales.

Les seuls départements de l'Ouest qui ne seraient pas coupés par une ou plusieurs lignes navigables se-

(1) Savoir : les canaux de Bretagne, la canalisation de la Dordogne et de l'Isle, du Lot, du Tarn et de la Sèvre et le canal du Midi qui sert de lien entre l'Est et l'Ouest.

(2) Le département de l Eure n'aurait sur son sol aucun canal appartenant en propre au système de l'Ouest ; mais il est bordé par la Seine qui est mitoyenne entre l'Est et l'Ouest, et dont le perfectionnement est commencé, faiblement il est vrai, en vertu d'une loi votée pendant la session dernière. Par la Seine, il serait rattaché au système de l'Ouest.

(3) Le département de la Mayenne n'aurait peut être sur son sol aucun canal nouveau ; mais la Mayenne, qui se joint au Loir et à la Sarthe près d'Angers, est naturellement navigable et devra être améliorée. Il y a d'ailleurs diverses raisons, comme on l'a déjà dit, pour que l'artère principale suive le cours de la Mayenne pour atteindre l'Orne et par elle Caen et Cherbourg.

raient ceux de la Vendée, de l'Indre et de la Corrèze. Mais si ceux-ci n'ont à retirer aucun bénéfice direct de la réalisation du système, ils auraient de grands profits à en attendre indirectement. Un peu plus tard d'ailleurs on leur ferait leur part, à la Corrèze par la Vézère, dont l'amélioration avait même été commencée sous la Restauration, à la Vendée par un canal ouvrant un débouché au bassin houiller de Faymoreau, à l'Indre par le perfectionnement de la Creuse. Sauf ces trois exceptions, tous les départements de l'Ouest se trouveraient liés entre eux matériellement par les liens d'une association féconde, et étroitement unis à Paris qui remplit dans la France le rôle du cœur dans le corps humain ; tous seraient alors rattachés d'un côté à la Méditerranée, par Cette, Agde et la Nouvelle, sans compter Port-Vendres et le port problématique encore de la Franqui, et de l'autre côté à l'Océan, par une dizaine de points, tous les plus importants du littoral.

L'Ouest possèderait alors un canal de Paris à la Méditerranée, faisant pendant aux diverses voies navigables qui vont de Paris à la Méditerranée par l'Est. Comme l'Est, l'Ouest aurait aussi sa communication intérieure de la Méditerranée à la Manche.

L'agriculture française prendrait alors le mouvement ascendant qui a élevé à la plus haute prospérité l'agriculture britannique depuis la canalisation de la Grande-Bretagne ; car les canaux ont enrichi l'Angleterre non seulement en provoquant la création d'exploitations métallurgiques, en donnant un débouché illimité aux mines de charbon, en facilitant le transport des matières premières et des produits de toutes les

fabriques et usines; mais aussi en offrant à l'agriculture un écoulement aisé pour toutes les denrées, et en
lui amenant à peu de frais les engrais et les amende-
ments propres aux diverses natures du sol. On a vu
en Angleterre construire des canaux pour le seul approvisionnement d'engrais; et chez nous l'un des plus
grands services que l'on attende des canaux de Bretagne consistera à apporter du varec sur les champs de
cette province nécessiteuse, pour les féconder.

L'agriculture aurait encore à y gagner sous un autre
point de vue; l'arrivage de denrées d'origine plus ou
moins distante étant rendu plus facile, chaque province pourrait se consacrer exclusivement aux cultures auxquelles son sol est le mieux approprié. Grâce
à cette excellente division du travail, chacun des
points du territoire produisant les objets qui con-
viendraient le mieux à son essence, le cultivateur
réaliserait plus de profit et cependant l'alimentation
publique s'opérerait à meilleur compte.

§ II. Service des villes les plus populeuses et les plus industrieuses.

Toutes les grandes villes de l'Ouest se trouveraient assises sur un canal faisant partie du système
général de l'Ouest, et par conséquent seraient en relation directe par les voies de transport les plus économiques avec l'Ouest tout entier, avec Paris, avec les
trois mers qui baignent la France, sans parler des
rapports qui seraient alors établis entre elles et l'Est
Sur quarante-trois chefs-lieux de département, il n'y

en aurait pas moins de vingt-neuf qui seraient admis à jouir de la lucrative dotation d'un canal creusé à leur porte. Ce seraient :

Caen,	Limoges,
Alençon,	Guéret,
Chartres,	Périgueux,
Blois,	Bordeaux,
Orléans,	Mont-de-Marsan,
Le Mans,	Agen,
Laval,	Cahors,
Rennes,	Montauban,
Nantes,	Alby,
Angers,	Toulouse,
Tours,	Tarbes,
Poitiers,	Foix,
Niort,	Carcassonne,
La Rochelle,	Perpignan.
Angoulème;	

A l'exception de Pau (1), tous les autres chefs-lieux de l'Ouest sont des villes secondaires, autant par le chiffre de leur population que par les proportions de leur commerce et de leur industrie.

§ III. *Service des ports.*

Tous les ports du littoral de l'Océan et des côtes de la Normandie, Caen, Cherbourg, Saint-Malo, Brest, Lorient, Nantes, La Rochelle, Rochefort, Bordeaux,

(1 Les intérêts de Pau seraient, pour quelque temps au moins, suffisamment favorisés par l'achèvement de la route de Fleury en Espagne par Oléron et la vallée d'Aspe.

Libourne, Bayonne, seraient alors entièrement délivrés de l'état de blocus auquel ils ont été plus ou
moins rigoureusement condamnés jusqu'à ce jour du
côté de la terre.

Les ports de la Méditerranée participeraient non
moins pleinement à cette délivrance.

§ IV. *Communication avec Pari .*

La condition d'une communication régulière et permanente avec Paris serait, nous l'avons déjà répété,
remplie complétement.

§ V. *Jonction avec les canaux et rivières de l'Ouest.*

Celle d'une jonction, soit avec les canaux, soit
avec les rivières canalisées ou naturellement navigables que possède aujourd'hui l'Ouest, le serait aussi
par le fait seul de l'exécution des ouvrages précédemment indiqués, sans que pour cela il fût besoin d'aucun travail supplémentaire.

§ VI. *Service de divers centres de production. Mise en valeur des mines de charbon. Facilités nouvelles pour les forges.*

Tous les centres de production ou de population
autres que les chefs-lieux de département auraient
aussi alors un canal ou une rivière canalisée pour

les desservir ; et par exemple, il n'y aurait pas dans l'Ouest un seul bassin houiller considérable qui alors ne fût à même de répandre au loin ses charbons. Le canal de Montluçon à Chabanais par Limoges apporterait les houilles de Commentry et les fers du Berry et du Nivernais aux départements d'entre Loire et Garonne. Le Lot et le Tarn, que l'on canalise actuellement, fourniraient à tous les coins du bassin de la Garonne les charbons de Firmy et de Carmeaux, et les fers de l'Aveyron. Tous nos départements rapprochés de la mer, depuis Bayonne jusqu'au Havre, n'ayant sous la main aucune mine française de houille, et privés de voies navigables qui leur amènent à bon marché des ports voisins la houille étrangère, n'ont pu jusqu'ici se procurer le combustible minéral qu'à des prix exorbitants. Il leur serait facile alors de s'approvisionner à un taux modéré, soit de charbon français, soit de charbon étranger, ou même concurremment de l'un et de l'autre. Par l'Adour canalisé et par les canaux attenant, les charbons espagnols des Asturies se distribueraient dans les départements des Hautes et Basses-Pyrénées et des Landes. Par les canaux de la Normandie et de la Bretagne ainsi que par la Loire et le canal de La Rochelle au Clain, les charbons anglais et belges se présenteraient sur les marchés les plus excentriques de la France du Nord-Ouest, de la Bretagne et de la Saintonge. Les houilles françaises auraient à subvenir sans partage à la consommation de l'intérieur, consommation qui atteindrait bientôt un chiffre fort élevé.

Le débouché des fonderies et forges au charbon de

terre serait assuré par les mêmes lignes qui répandraient au loin les produits des mines de charbon. Quant aux grands centres de fabrication du fer au charbon de bois, l'Ouest en est à peu près dépourvu. Le département de la Dordogne d'abord et celui de l'Ariége ensuite, sont les seuls qui, dans l'Ouest, produisent du fer au bois en quantité notable. Or, le département de la Dordogne deviendrait l'un des mieux percés de France, par l'Isle, la Dordogne et la jonction de l'Isle à la Vienne; et c'est sur l'Isle et ses affluents qu'est située la majeure partie des forges du département. Le chemin de fer de l'Ariége et l'amélioration du bas Ariége seraient, pour les forges catalanes du département de ce nom, une source d'économie dans leurs dépenses et d'accroissement dans leurs recettes. La houille, qui arriverait dès lors à un prix modéré dans la Charente par le canal de Montluçon à la mer, dans l'Orne et la Mayenne par l'intérieur ou par le littoral, permettrait d'y étendre la production qui y est déjà notable, mais qui, dans l'état actuel des choses, y reste forcément stationnaire parce que la proportion des bois disponibles est limitée.

§ VII. *Disposition des points de jonction des embranchements avec la ligne principale; création de métropoles industrielles.*

Toulouse serait alors à l'intersection de trois grands canaux, celui du Midi, celui des Pyrénées et l'artère elle-même. Toulouse donc se trouverait alors aussi admirablement placé pour répandre de toutes parts ses produits et pour recevoir ceux de la France entière et de l'étranger, qu'il l'est déjà soit pour fournir aux plus vastes manufactures tous les ouvriers dont elles auraient besoin, car Toulouse compte dans son sein 80,000 habitants, fort médiocrement occupés aujourd'hui; soit pour nourrir à bas prix ce personnel, si nombreux qu'il puisse devenir, car la plaine du Languedoc, au milieu de laquelle Toulouse s'élève, est d'une admirable fécondité; soit pour donner gratis et à discrétion à des centaines de belles fabriques la force motrice qu'ailleurs on ne se procure qu'à grands frais, car Toulouse dispose d'une puissance mécanique énorme, grâce aux chutes d'eau produites par deux barrages au travers de la Garonne, qui sont établis depuis les temps féodaux (1). Toulouse alors deviendrait infailliblement une capitale industrielle.

Limoges, qui est plus voisin du Centre de la France, serait alors sur la ligne qui réunirait le canal du Berry à l'artère de l'Ouest, à un petit nombre de lieues de cette artère, et plus rapproché encore du canal de la Vienne à l'Isle par la Grande-Briance et la Haute-Vezère. Limoges se trouverait donc au point de réunion de trois canaux; et dès lors cette cité industrieuse se verrait assurée de posséder indéfiniment, sur une plus grande échelle, l'importance commerciale et manufacturière qu'elle doit aux routes qu'autrefois Turgot fit converger vers elle.

(1) Ce sont les barrages du Bazacle et du Château. Les deux chutes d'eau qu'ils créent représentent ensemble, même pendant l'étiage, une force égale à celle de 4,000 chevaux de vapeur. La force totale des machines à vapeur qui existaient en France en 1835 était de 19,156 chevaux.

Enfin à moitié chemin entre Limoges et la Manche, Angers serait à cheval sur une grande ligne s'étendant du Nord au Midi, et sur la Loire transformée alors en une non moins belle artère de navigation, de l'extrême Ouest au fond de l'Est de la France, entre Nantes, Brest et Saint-Malo d'un côté, Bourges, Nevers, Châlons, Mulhouse, Lyon, Marseille, Bâle et Strasbourg de l'autre. De plus, Angers serait sur la ligne directe de Nantes à Paris. Enfin il aurait derrière lui l'éventail de trois rivière la Mayenne, la Sarthe et le Loir avec leurs affluents. Angers serait donc alors parfaitement posé pour s'élever au nombre des premières villes industrielles et commerciales de la France et même de l'Europe.

D'autres villes déjà notables par le chiffre de leur population, telles que Chartres, Poitiers, Saumur, Angoulême, Montauban, Agen, auraient à leur proximité, c'est-à-dire dans un rayon de quelques lieues, les points de croisement d'autres embranchements avec l'artère.

En un mot, autant que des lignes navigables peuvent créer ce résultat, l'Ouest alors ne pourrait plus tarder à avoir en arrière de la ligne de ses ports une seconde ligne de centres d'industrie et de capitaux, au milieu de laquelle se tiendraient, qu'on me passe l'expression, comme de grandes citadelles industrielles, Toulouse, Limoges et Angers.

§ VIII. *Liaison entre le réseau de l'Ouest et les lignes navigables de l'Est.*

Alors il existerait en France deux réseaux de voies

navigables couvrant l'un les départements de l'Est, l'autre ceux de l'Ouest, et rattachés l'un à l'autre par sept lignes au moins jetées à travers les régions du Centre, et sur ces sept lignes quatre appartiendraient entièrement au système de l'Ouest. Ce seraient, en commençant par le Nord :

Le canal de Paris au Loir par Arpajon et les environs de Chartres ;

Le canal latéral à la Loire, de Briare à l'embouchure de la Vienne ;

Le canal du Berry, des environs de Tours au Bec-d'Allier ;

Le canal de Montluçon à Limoges avec ses deux branches, dirigées, l'une sur Angoulême par Chabanais, l'autre sur Périgueux ;

Le canal, remplacé peut-être, au milieu des montagnes, par un chemin de fer, qui lierait le Lot à l'Allier ; il serait en partie situé sur le sol de la France de l'Est ;

La ligne qui lierait le Rhône à la Garonne par le Lot, ou le Tarn ou l'Aveyron d'un côté et l'un des tributaires du Rhône de l'autre ; topographiquement, elle serait tout entière à la France de l'Est ;

Le canal du Midi avec les canaux des Étangs et de Beaucaire.

Par cela seul que l'Est serait ainsi lié avec l'Ouest, le réseau de l'Ouest profiterait immédiatement à plusieurs départements que nous avons rangés dans la France de l'Est : ce serait, par exemple, dès le premier jour, une bonne fortune pour les forges et les bois du Cher et de la Nièvre, pour les charbons de l'Allier, pour les vignobles de l'Hérault, pour toute la vallée de la Loire. Il est clair aussi que Dunkerque, Lille, Strasbourg et Lyon ont autant à gagner à être rapprochés de Nantes, de Bordeaux et de Toulouse, que Toulouse, Nantes et Bordeaux à pouvoir étendre la main jusqu'aux métropoles et aux provinces de l'Est. L'accomplissement de ces travaux profiterait à l'Est tout entier par voie directe ou indirecte. N'est-il pas clair, en effet, que rien ne saurait être plus profitable à l'Est qu'un ensemble de travaux qui lui donnerait accès vers de nouveaux producteurs et de nouveaux consommateurs, qui lui ouvrirait l'Océan dont il est séparé maintenant par cent ou deux cents lieues de terres? N'est-il pas évident que l'une des conditions essentielles de la prospérité de la France de l'Est, c'est que la France de l'Ouest soit prospère? Pour les provinces comme pour les particuliers, il vaut mieux être associé à des riches qu'à des pauvres, lorsque l'association est loyale et sur le pied d'égalité, c'est-à-dire telle que l'Est et l'Ouest, nous pouvons hautement le dire, sont unanimes à la vouloir.

En outre de sa belle canalisation du nord, la France entière, Est et Ouest ensemble, aurait, au Midi de la capitale, un superbe canal de ceinture offrant la figure d'un grand triangle dont le sommet serait à Paris, et dont la base s'étendrait de Bayonne à Marseille par Toulouse, en touchant à tous nos ports de la Méditerranée et à toutes nos grandes villes de la plaine qui longe les Pyrénées et des départements méditerranéens, c'est-à-dire à Port-Vendres, la Nouvelle, Agde, Cette, Aiguesmortes et à Tarbes, Carcassonne, Narbonne, Perpignan, Béziers, Montpellier, Arles et Beaucaire. Le côté occidental du triangle offrirait de plus que la ligne de l'Est des débouchés nombreux et faciles sur tous nos ports de l'Océan;

mais en revanche la ligne de l'Est aurait l'avantage d'être multiple, et elle y joindrait celui d'un débouché régulier dans les vastes pays que baigne le Danube, si l'on opérait la jonction du Danube au Rhin, ouvrage sur lequel nous reviendrons bientôt.

IV.

—

Développement du réseau de l'Ouest. — Développement des lignes proposées pour l'Est. — Ligne commune à l'Ouest et à l'Est. — Estimation de la dépense. — Bases de l'estimation empruntées aux travaux exécutées en vertu des lois de 1821 et 1822. — Prix des canaux d'Angleterre et d'Amérique. —La dépense totale des ouvrages de navigation s'élèverait à cinq cent trente-sept millions.

Essayons maintenant de mesurer aussi exactement que possible le parcours du réseau que nous venons de proposer pour la France de l'Ouest.

Voici donc quel serait le développement du système, en ne tenant compte que des canaux à ouvrir, et des portions de rivières à améliorer, et en faisant abstraction des parties aujourd'hui parfaitement navigables qui s'y trouveraient intercalées; car la basse Vienne est en bon état de navigation au-dessous de Châtellerault; il en est de même de la Garonne au-dessus de Bordeaux, jusqu'à Castets; sur la ligne de Bayonne à la Garonne par la Midouze et la Baïse, des travaux de perfectionnement du lit des rivières ont eu lieu et sont encore en train sur une assez grande étendue.

Tableau du développement du système de navigation proposé pour la France occidentale.

LIGNE PRINCIPALE.

Longueur en kilom.

De Paris à La Flèche.	320
De La Flèche à Cherbourg, par le Mans, Argentan et Caen.	363
Du Loir à la Loire.	47
De la Loire à la Dordogne.	353
Coupure au bec d'Ambez.	8
Canal latéral à la Garonne.	190
Entre la Garonne et Bayonne, environ.	110 — 1391

RAMIFICATIONS.

Canal de Chartres à l'Orne, pour raccourcir le trajet de Paris à Caen et à Cherbourg.	110
Amélioration du Loir entre La Flèche et Angers.	41
Canal latéral à la Loire.	240
Canalisation du Clain et canal du Clain à la Sèvre, pour rejoindre La Rochelle.	125
Canal de Montluçon à Chabanais, par Limoges.	200
Ramifications à reporter.	716

10

Longueur en kilom.

Report. . . 716 — 1391

Canal de la Vienne à l'Isle 120

Canal de Toulouse à Bayonne, par la
Garonne supérieure et l'Adour. . . . 302

Chemin de fer de l'Ariège. 90

Canal de Narbonne à Perpignan et à
Port-Vendres (1). 80

    Canal qui rattacherait les lignes du
massif des montagnes centrales à la Méditerranée, et qui devrait être remplacé
assez probablement, sur une partie de
son développement, par un chemin de
fer. Nous le supposerons tracé du Lot,
pris vers Saint-Geniès, à Béziers, où passe
le canal du Midi. Il aurait environ . . . 200 — 1508

    Total du réseau de l'Ouest.   2899

Ou 725 lieues.

    Dans ce qui précède, nous n'avons pas
compté la ligne qui rattacherait la Garonne à l'Allier par le Lot, au travers
des montagnes centrales. Elle ne serait
qu'en partie sur le territoire de l'Ouest.
Sa longueur approximative serait de. . 200

Ou de 50 lieues.

    Le développement total des lignes nouvelles à ou-
vrir et des parties de rivières à améliorer dans l'Ouest,

(1) Si l'on créait un port à la Franqui, entre Narbonne et Perpignan, le
canal de Perpignan à Port-Vendres pourrait être ajourné.

serait donc de 2899 kilomètres ou de 725 lieues de poste (de 4000 mètres), dont 348 pour la grande artère et 377 pour les embranchements, non compris 50 lieues qui formeraient une ligne commune à l'Ouest et à l'Est.

Récapitulons de même les lignes nécessaires à la France de l'Est.

Travaux à accomplir dans l'Est.

Canal de la Marne au Rhin : seconde partie du canal du Rhin à l'Océan, par Strasbourg, Paris et le Havre 298

Canal de Bouc à Marseille : complément de toutes les lignes qui aboutissent à Marseille. . 47

Divers canaux entre la Saône et l'Oise : complément de la ligne directe de la Méditerranée à la mer du Nord :

1° Canal de la Saône à la Marne. 227

2° — de la Marne à l'Aisne, entre Condé-sur-Marne et Berry-au-Bac 61

3° Canal de l'Aisne à l'Oise, par le vallon de la Lette 38

Jonction du Lot au Rhône, par l'Ardèche ou vis-à-vis de l'Isère, y compris un chemin de fer à plans inclinés, s'il était nécessaire, pour traverser les montagnes 200

Amélioration de l'Allier 252

Perfectionnement de la Loire au-dessus de Roanne. 76

Total pour l'Est. . . 1199

Ou 300 lieues.

L'ensemble de tous les travaux de navigation qui

viennent d'être indiqués, s'élèverait à 1075 lieues, savoir :

Réseau de l'Ouest,	725 lieues.
Complément du réseau de l'Est,	300
Ligne commune à l'Est et à l'Ouest,	50
Total général,	1,075

Nous ne comptons pas ici les ouvrages à exécuter dans le lit de nos quatre grands fleuves, la Seine, la Loire, la Garonne et le Rhône, qu'il est cependant indispensable d'améliorer dans leur propre lit, même sur plusieurs des points où ils seraient bordés par des canaux latéraux, parce que les fleuves peuvent et doivent fournir un mode de transport à la fois économique et rapide pour la plus précieuse des marchandises, c'est-à-dire pour les hommes. C'est un sujet sur lequel nous reviendrons plus tard.

Examinons maintenant la question la plus importante de toutes peut-être du point de vue pratique, ou au moins du point de vue parlementaire : celle de la dépense, et recherchons quelle pourrait être la somme à demander au budget extraordinaire des travaux publics.

L'exécution aux frais de l'État des lignes navigables qui firent l'objet des lois de 1821 et 1822, et qui sont enfin à très peu près terminées aujourd'hui, nous fournit à cet effet un excellent point de départ. Le développement total de ces quatorze canaux ou rivières améliorées est exactement de 600 lieues. La dépense au 31 décembre 1836 s'élevait, d'après les comptes-rendus officiels, à 264,236,860 francs. Une somme d'environ 25 millions paraissait alors tout-à-fait suffisante pour parfaire les travaux; le chiffre de la dépense totale serait donc d'environ 290 millions; ce qui mettrait le prix de la lieue à 483,000 francs (1).

Dans ce prix ne sont pas comptés les frais de direction des ouvrages. Ces frais, peu considérables d'ailleurs, sont supportés par le budget ordinaire des ponts-et-chaussées. Nous les laissons à l'écart, pour ne nous occuper ici que du budget extraordinaire. Dès lors, en adoptant le chiffre de 500,000 fr. par lieue, on est fondé à croire que l'on arriverait à des évaluations qui ne seraient pas contredites par les faits. Car la construction des lignes navigables reprises en 1821 et 1822 a été signalée par des erreurs qui ne se répèteront plus, et conduite avec une ruineuse lenteur, qui désormais doit n'être plus que du domaine de l'histoire; quelques unes avaient été commencées en 1774 ou 1775. Mais pour ne présenter que des chiffres qui soient de nature à mériter la confiance du public et l'assentiment d'une Chambre justement économe des deniers du contribuable, nous prendrons pour base de nos calculs l'estimation de 500,000 fr. par lieue de 4000m.

Sur les canaux anglais, quoiqu'ils aient fréquemment des dimensions étroites, la lieue a coûté en moyenne 538,000 francs (2); sur les canaux américains, qui sont plus larges, le prix de la lieue a été 348,000 francs (3).

(1) Voir la Note 3 à la fin du volume.
(2) Voir la Note 7 à la fin du volume.
(3) Voir la Note 8 à la fin du volume.

Sur nos canaux de 1821 et 1822, déduction faite des rivières améliorées, la lieue a coûté, non compris les frais de direction, 527,000 fr.

Cependant je ne pense pas qu'en France, pour les canaux qui seraient établis désormais sans que l'on tirât aucunement parti du lit des rivières, dont on a pensé, non sans raison, pouvoir avantageusement se servir sur quelques uns de ceux que nous possédons, sur celui du Rhône au Rhin par exemple, il fût prudent de s'attendre à un déboursé moyen de moins de 600,000 francs.

Mais, je le répète, pour un ensemble de travaux de navigation, qui se composerait de canaux à ouvrir ainsi que de rivières à améliorer sur l'ensemble de leur cours, et dont quelques unes pourraient quant à présent n'être l'objet que de perfectionnements peu étendus, le chiffre moyen de 500,000 fr. par lieue me paraît pouvoir être accepté sans crainte de mécompte (1).

La somme requise pour effectuer tous les travaux de navigation précédemment énumérés, serait alors de cinq cent trente-sept millions et demi, comme il résulte du tableau suivant :

---

(1) Dans le système de travaux qui a été exposé ici, il y a quelques tronçons de canaux qui peut-être devraient, ainsi que nous l'avons dit, être remplacés par des chemins de fer. Mais il n'en résulterait pas un accroissement de dépense. Les chemins de fer, tels qu'ils devraient être exécutés dans ce cas, ne reviendraient pas plus cher que des canaux.

Tableau estimatif du développement et de la dépense des divers travaux de navigation proposés pour les diverses parties de la France.

DÉSIGNATION DES TRAVAUX.	LONGUEUR en lieues DE 4000 MÈTRES.	DÉPENSE EN MILLIONS.
Réseau de l'Ouest.	725	362 1|2
Complément du réseau de l'Est. . . .	300	150
Ligne commune à l'Est et à l'Ouest. .	50	25
Totaux.	1075	537 1|2

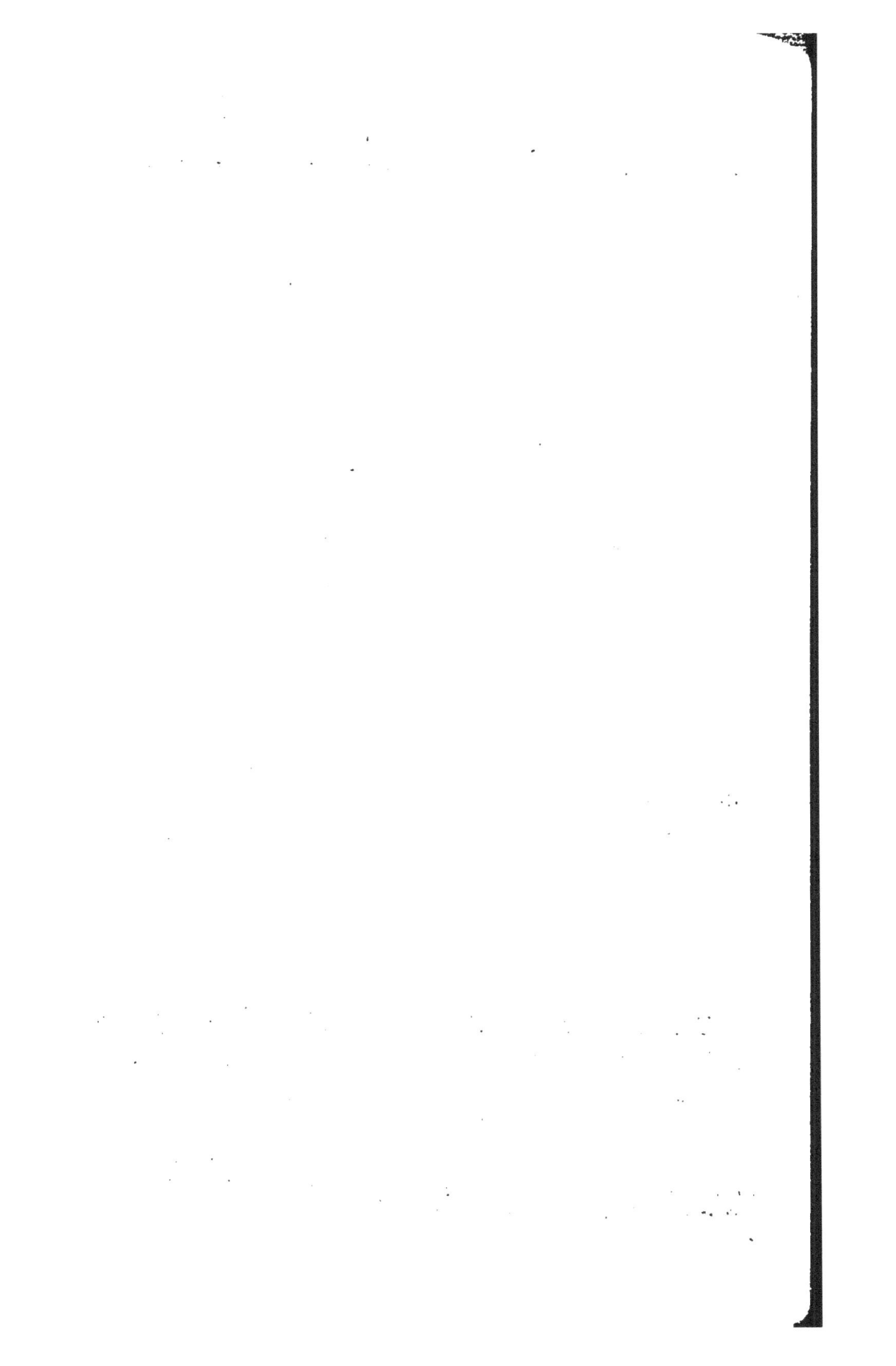

CHAPITRE III.

TRAVAUX A ÉTABLIR EN DEHORS DU SOL FRANÇAIS. JONCTION DU RHIN ET DU RHÔNE AVEC LE DANUBE.

—

Disposition des fleuves français autour des sources du Danube. — Sous quel rapport le Danube est le premier fleuve du monde. — Avantage d'une liaison de nos fleuves avec le Danube, autant pour l'Ouest de la France que pour l'Est. — Elle serait d'une réalisation peu difficile. — Elle se réduirait strictement à lier le Rhin au Danube. — Caractère politique de cette entreprise. — Importance présente du Danube. — Rapports nouveaux qui semblent à la veille de s'ouvrir entre l'Occident et l'Orient. — Le Danube est le grand chemin intérieur entre l'Occident et l'Orient. — Progrès des pays qui entourent la mer Noire. — Tous les peuples d'Europe ont à gagner à ce que le Danube soit amélioré et à ce qu'il soit lié aux fleuves français; intérêt de la France, de l'Angleterre, de l'Autriche et de la Russie. — Divers plans de jonction proposés entre le Danube et le Rhin. — Projets de César, de Charlemagne, de Napoléon, du roi de Wurtemberg, du roi de Bavière. — Tracé de M. Brisson. — Développement et dépense présumée des canaux à construire. — Nouvelle liaison du Rhin au Rhône par l'Aar. — Il y a urgence à ce que l'on se mette promptement à l'œuvre. — Il s'agit de défendre le Havre contre Anvers et Rotterdam, Marseille contre Trieste. — De la convenance qu'il y aurait à aider, s'il était nécessaire, l'entreprise par un subside; des subsides militaires et des subsides industriels. — Bénéfice qu'en retirerait la France sous les rapports politique et militaire. — D'un système d'association allemande de douanes qui serait plus équitable et plus favorable à la France. — Des nouvelles relations commerciales entre la France et l'Allemagne du Nord et celle du Midi.

Indépendamment des travaux que nous avons énumérés comme devant être établis sur le territoire

français, le gouvernement pourrait et devrait intervenir pour l'exécution de quelques lignes qui seraient
situées en totalité sur le sol étranger, et qui néanmoins
seraient de nature à exercer une grande influence sur
la prospérité de la France. Je veux parler spécialement
d'un canal ou de plusieurs canaux d'une médiocre
étendue, qui, aboutissant au Danube, ouvriraient à
nos départements de l'Est et à la France entière les
vastes provinces de l'Allemagne du midi, et permettraient à un bateau parti de Nantes de continuer sa
course sans désemparer jusqu'à la Mer Noire.

Si l'on se place sur la frontière orientale de la France,
au coin des départements du Haut-Rhin et du Doubs,
on sera frappé d'une symétrie toute particulière qu'offre autour de ce point le cours général de plusieurs
grands fleuves d'Europe, presque tous français, symétrie qui doit en partie être attribuée à la situation géographique de la France entre trois mers, et qui est ainsi
envers notre patrie un don de la nature que nous
sommes tenus d'utiliser. Ainsi posé, l'observateur aura
devant et derrière lui, à sa droite et à sa gauche,
quatre fleuves se tournant le dos deux à deux et formant une croix dont les deux bras seront représentés,
l'un par le Danube, qui va, de l'ouest à l'est, se déchar-
ger dans la mer Noire, et l'autre par la Loire qui se
rend de l'est à l'ouest dans l'Atlantique; la tête et le pied
de la croix seront figurés par le Rhin et par le Rhône
qui vont, le premier du midi au nord dans la Mer du
Nord, l'autre du nord au midi dans la Méditerranée.
Comme la nature dans ses œuvres les plus bienfai-
santes laisse toujours quelque chose à faire aux
hommes, il existe, au centre, entre les quatre fleuves,

une lacune que nous avons remplie sur notre sol
en reliant la Loire et-le Rhin à la Saône, branche du
Rhône, par les beaux canaux du Centre et du Rhône
au Rhin; mais rien n'a eu lieu encore, si ce n'est dans
les rêves de quelques grands hommes de l'antiquité et
des temps modernes, pour combler l'intervalle qui
sépare le Danube des trois autres fleuves, disons même
des quatre autres, parce que la Seine, qu'il est impossible de passer sous silence quand il s'agit des lignes
navigables de France, la Seine a été rattachée au
point central de la croix par un magnifique ouvrage,
le canal de Bourgogne.

Il serait d'un haut intérêt pour la France d'effectuer
la liaison de ses grandes artères de navigation avec
le Danube, ou d'en faciliter l'exécution par d'autres
mains, car le Danube est le plus grand fleuve de l'Europe habitable, et nos autres fleuves d'Europe sont
des pygmées en comparaison de ce géant. L'étendue
de son cours est d'environ 700 lieues; le Rhin n'en a
que 300, la Loire 250, la Seine 170, la Tamise
86; son bassin occupe un espace quadruple de celui
du Rhin, sextuple de celui de la Loire, décuple
de celui de la Garonne, trente-cinq fois plus grand
que celui de la Tamise, et presque une fois et demie
aussi vaste que la France. Il est vrai que, depuis la
découverte du Nouveau-Monde, le Danube peut, aux
yeux du géographe théoricien et du naturaliste, n'être
plus que de taille médiocre; car il est autant dépassé
par le fleuve des Amazones et par le Mississipi, qu'il
dépasse lui-même le Rhin ou la Loire; mais aux yeux
de l'homme d'Etat qui mesure l'importance des diverses régions du globe d'après leur population, et

qui fait peu de cas des solitudes, le Danube en
vérité n'est maintenant ni plus ni moins que le
premier fleuve que notre civilisation ait touché. Et
après tout, quand il s'agit de l'Europe, le Mississipi
est hors de la question, ainsi que le fleuve des Amazones.

Ce n'est qu'à la condition d'opérer cette jonction
que nous jouirons d'un avantage que notre admirable
situation nous promet, celui d'être les intermédiaires
entre l'Allemagne du Midi, y compris les principautés
du Bas-Danube, et l'hémisphère occidental. Alors seulement le Danube sera ce qu'il est appelé à devenir,
le grand chemin de l'Asie centrale, et il le sera au profit
de toute la France, en y comprenant même les ports
et les départements de notre Ouest le plus extrême.
Car Marseille, le Havre, Nantes, et même Bordeaux,
lorsque la Garonne aura été rattachée à nos autres
fleuves, pourraient tout aussi bien alors être les ports
des contrées baignées par le Danube, que New-York
est celui de Cincinnati, de Louisville et de Chicago.

Cette belle entreprise ne serait pourtant pas d'une
réalisation démesurément difficile. Une fois sortis des
Alpes, et arrivés au sol français, le Rhin et le Rhône
ne sont plus séparés du Danube par aucune grande
chaîne de montagnes. Le plateau de la Forêt-Noire,
où le Danube a sa source, est baigné par le Rhin, et
n'est éloigné du Doubs, affluent secondaire du Rhône,
que de quelques lieues. Ce plateau est ainsi le centre
hydrographique de l'Europe, et cependant il n'est
élevé, sur plusieurs points, que de 500 mètres au-
dessus du Rhin. L'idée de le surmonter par un canal
n'a rien de fort extraordinaire, rien d'effrayant après

l'exécution d'ouvrages tels que le canal du Midi et le canal de Bourgogne. Il n'y aurait point de grandes distances à franchir; si l'on trace un cercle autour de la ville de Bâle, avec un rayon de vingt lieues, sa circonférence rencontrera, en même temps que le cours du Danube, celui du Doubs, affluent aujourd'hui canalisé (1) du Rhône; celui de l'Aar, affluent du Rhin, en communication naturelle avec les lacs de Bienne et de Neuchâtel, et se rapprochant ainsi du lac de Genève qui est traversé par le Rhône lui-même.

Il résulte de là que si l'on creusait un canal qui, partant du Rhin près de Bâle, allât rejoindre le Danube, et un autre entre le lac de Neuchâtel et celui de Genève, on effectuerait la jonction du Danube avec quatre, au moins, des fleuves de France, le Rhône et le Rhin, la Loire et la Seine, puisque, répétons-le, la Seine et la Loire sont rattachées à la Saône par des canaux aujourd'hui navigables sur toute leur longueur.

Bien plus, le Rhône étant déjà lié au Rhin par un canal à deux embouchures dont l'une est précisément à Bâle, il résulte de cette heureuse circonstance que, si l'on ne tenait compte que de l'Allemagne et de la France, si, passant sous silence nos alliés helvétiques, on renonçait à ouvrir une nouvelle communication du Rhône au Rhin à travers les Cantons, un seul canal du Danube au Rhin suffirait à accomplir l'union avec le Danube de quatre de nos fleuves, le Rhône et le Rhin, la Loire et la Seine; et ce canal n'aurait,

(1) Le Doubs canalisé forme une partie du canal du Rhône au Rhin.

de fleuve à fleuve, indépendamment des canaux latéraux qui devraient le continuer, que seize lieues de long.

Le commerce n'est pas seul à demander que nos fleuves de France soient rattachés au Danube, et qu'une navigation permanente, régulière et sur une grande échelle s'établisse de la Méditerranée, de l'Océan et de la Mer du Nord, jusqu'à la Mer Noire par le Danube. La haute politique a aussi de bonnes raisons pour le vouloir; car il me semble qu'il y a peu d'exagération à affirmer qu'une jonction rapide et sûre, entre le Danube et nos fleuves français qui rayonnent dans tous les sens à partir de sa source, pourvu qu'elle fût suivie de l'amélioration du cours du Danube telle qu'on la veut à Vienne, serait un de ces faits qui marquent dans l'histoire. Pour motiver cette assertion ou au moins pour l'expliquer, je hasarderai ici quelques vues de politique spéculative.

On a dit avec raison que la scène politique tendait manifestement depuis quelques années à se déplacer. Tous les regards aujourd'hui sont fixés sur l'Orient. Dans l'opinion des hommes d'Etat les plus expérimentés, et des penseurs les plus profonds, le nœud de la difficulté européenne est à Constantinople. Parmi les régions qui avoisinent la cité des empereurs et des sultans, les unes secouent le linceul dont elles étaient couvertes depuis plusieurs siècles, tels sont les bords de la Mer Noire, la romanesque Trébisonde, l'Asie Mineure, la Grèce et les rives de l'Euphrate et du Tigre; les autres marchent graduellement à une importance qui dans le passé n'avait jamais été leur partage, telles sont les provinces du bas Danube et la Russie Méridionale, qui n'ont pas compté encore dans l'histoire du genre humain.

La rivalité armée de l'Orient et de l'Occident, qui forme le grand drame des siècles de l'antiquité, avait été interrompue depuis quatre ou cinq cents ans, parce que l'attention et l'activité des principaux peuples de l'Europe, absorbées d'abord par les combats acharnés qu'ils se livraient les uns aux autres, ensuite par la découverte et la colonisation du Nouveau-Monde, avaient cessé de se diriger vers l'Orient. Tant de rapports se sont établis entre les nations qui peuplent l'Europe, les mœurs s'y sont tellement adoucies, le commerce y a si étroitement associé tous les intérêts, que de longues luttes y sont désormais impossibles. L'Europe ne fait plus qu'une famille ; toute guerre européenne serait une guerre civile, une guerre impie. Si nous sommes destinés à voir se consommer de nouveau cet acte sacrilège, ce pourra être un affreux embrasement, un choc effroyable, un bouleversement des nationalités et des dynasties qui en sont les symboles, mais ce sera de courte durée. D'un autre côté, au dehors, la mission des peuples européens sur le sol transatlantique est terminée ; l'Amérique s'est soustraite à la tutelle de l'Europe. Les peuples européens que le besoin d'action dévore, et qui ne sauraient se tenir reployés sur eux-mêmes, si ce n'est pour de faibles intervalles, pour de passagers entr'actes, quelle que soit la prospérité matérielle qu'ils pussent obtenir en concentrant leur activité chacun chez soi, attendent avec impatience que la Providence leur montre au loin une autre tâche. N'ayant plus à remuer le monde du côté de l'Occident, ils se retournent vers l'Orient. Et pourquoi, en effet, cette mission lointaine, à laquelle notre époque aspire sans s'en rendre bien compte encore, ne consisterait-elle pas à aller secouer la léthargie des Orientaux et à leur restituer au centuple les bienfaits de la civilisation qui de chez eux était venue dans nos contrées?

L'attention inquiète et ambitieuse avec laquelle tous les cabinets européens observent ce qui se passe à Constantinople et à Alexandrie; notre présence à Alger, et celle d'un peuple germanique en Grèce; les acquisitions de la Russie sur les bords de la Mer Noire, ses conquêtes récentes sur la Perse, sa marche triomphale sur Andrinople au travers du Balkan, la protection que le Czar impose au sultan et la présence de ses troupes sous les murs du sérail; les efforts de l'Angleterre du côté de l'Euphrate, ses lignes de bateaux à vapeur organisées dans la Mer Rouge, ses immenses possessions dans l'Inde, sa marche progressive vers les frontières du céleste empire que cernent également, par mer, les Américains, par terre, les cosaques, avant-garde de l'armée moscovite; les tentatives des commerçants, les pressentiments des penseurs et de vagues instincts populaires; tout cela ne révèle-t-il pas qu'incessamment, sous une forme ou sous une autre, il y aura entre les nations orientales et celles de l'Occident, une nouvelle étreinte, une nouvelle mêlée qui sera suivie bientôt de pacifiques rapports, de communications permanentes, d'un long cours d'échanges dans les personnes et dans les choses?

Cette révolution dans la politique de l'ancien monde commencera peut-être parce que les Russes menaceront Constantinople, ou Téhéran, ou l'Inde, peut-être parce que l'Autriche voudra s'arrondir du côté de la Valachie; ce sera peut-être parce que l'Angleterre tentera de prévenir les attaques du Czar, selon la méthode d'Annibal, en portant la guerre dans les provinces méridionales de l'empire russe : peut-être parce qu'un homme du destin aura surgi du milieu des peuples mahométans pour les sauver de la tombe vers laquelle ils gravitent fatalement. Ce pourra être enfin pour mille autres motifs et à toute autre occasion; mais ce sera.

Or, le Danube serait dès lors appelé à un grand avenir, car il partagerait avec la Méditerranée le privilége de conduire du côté de l'Orient les hommes, les idées et les choses qui semblent à la veille de s'y précipiter, de toute la grande ligne du littoral de l'Atlantique, sur lequel notre civilisation, dans le mouvement général de l'Est à l'Ouest qu'elle a suivi jusqu'à présent, a transporté ses sanctuaires. Le Danube n'est peut-être pas le plus court chemin de Byzance, quoiqu'une fois amélioré, il doive être le plus sûr et le plus commode (1). Le Danube ne fera jamais oublier aux Européens le chemin d'Alexandrie et l'Ithsme de Suez; mais le Danube avec la Mer Noire fournira le meilleur moyen de pénétrer dans l'Asie centrale. Déjà la statistique, dont le témoignage est toujours le bien venu pour appuyer les prévisions. les pressentiments et les instincts, nous montre que le commerce, qui est le précurseur de la civilisation, se porte avec ardeur vers la Mer Noire. C'est à la Mer Noire qu'appartient Odessa;

(1) Surtout si l'on effectue la coupure d'une douzaine de lieues projetée entre la Mer Noire et le fleuve, du côté de Rassova.

11

et Odessa n'est pas le seul port florissant de la Mer Noire. En 1833, les importations de Trébisonde ont été, selon M. Molineau (1), de 15 millions de francs, et les exportations de 14 millions de francs; en 1835, les importations étaient montées à 39 millions et les exportations à 35 millions. Nous avons en France de grands ports dont le commerce avec l'étranger est moins considérable. Il ait pénible de l'avouer, mais c'est à peine si Nantes, quoiqu'il ait derrière lui la belle, riche et populeuse vallée de la Loire, et devant lui les deux Amériques et l'Angleterre, c'est à peine si Nantes égale aujourd'hui Trébisonde, qui, il y a trente ans, semblait ne plus exister que dans les romans de chevalerie.

Pour nous, Français, c'est par le Danube aussi bien que par la Méditerranée que passeraient nos nouveaux Godefrois de Bouillon et nos Tancrèdes, si nous étions destinés à être les chefs d'une autre croisade dirigée bien loin sur les bords de la Mer Noire et au-delà vers l'Orient le plus reculé. Pour les Anglais, c'est la route de l'Inde en prenant la Perse à revers. Pour l'Autriche, c'est une voie impériale qui mène au côté vulnérable du formidable empire russe. Pour les philosophes de l'Europe, amis de l'indépendance de nos pays occidentaux, et dont l'œil mesure avec effroi les progrès de la puissance moscovite, le Danube est le canal par où s'infiltreront de l'Ouest à l'Est, malgré les efforts d'une police ombrageuse, des opinions libérales qui, pénétrant sur les domaines du gouvernement

(1) M. Molineau est l'auteur d'un écrit fort curieux sur la jonction du Rhin au Danube.

russe, l'obligeront à s'occuper de ses propres affaires au lieu de menacer nos nations avancées.

Et cependant le Danube, s'il était aisément navigable sur tout son cours, et l'Autriche travaille à le rendre tel, rendrait un grand service à la Russie elle-même, lors même qu'il serait tout entier hors de ses terres et qu'elle cesserait d'en tenir, comme aujourd'hui, les clefs. Commercialement et politiquement, la Russie aspire à être en possession exclusive de la navigation de la Mer Noire; si le commerce du Levant avec l'Europe occidentale continue à avoir lieu exclusivement par mer et par navires de long cours, la Russie ne réussira pas à empêcher sur la Mer Noire la concurrence des vaisseaux marchands anglais dont la présence appelle nécessairement celle des bâtiments de guerre britanniques. Au contraire, si, par un moyen quelconque, la navigation marchande de la Mer Noire était réduite à un cabotage partant des bouches du Danube, les vaisseaux russes s'empareraient aisément du monopole de cette navigation, et la flotte militaire de Sébastopol serait sans rivale sur cette mer. Ainsi le perfectionnement complet du cours du Danube et sa jonction avec nos fleuves de France, avec le Rhin inférieur et avec l'Adriatique, doivent amener ce résultat que, dans un très grand nombre de cas, pour le transport des hommes et des produits de l'Occident vers l'Orient, et *vice versâ*, le Danube se substituerait à la Méditerranée; ils doivent donc apparaître à la Russie comme favorisant ses projets sur la Mer Noire, et par conséquent lui sourire; car la tendance vers le Midi et vers tout ce qui touche au Bosphore est plus forte à Saint-Pétersbourg que l'antipathie contre le libéralisme.

Je conclus ici cette longue digression, en disant qu'aujourd'hui tous les peuples à qui sont dévolus les plus grands rôles dans le monde, ont de puissants motifs pour souhaiter que le Danube devienne une communication de premier ordre. La guerre et la paix sont d'accord à le vouloir, l'industrie le réclame, la politique l'exige; la raison et l'imagination, si rarement en bonne harmonie, y trouveront également leur compte, l'une et l'autre.

Pour lier le Danube à tous nos fleuves français, il suffirait strictement, avons-nous dit, de l'unir au Rhin. Telle est l'influence que cette liaison est appelée à exercer nécessairement sur les affaires de l'Europe prise en masse et en détail, qu'elle a, tour à tour, occupé la pensée des grands hommes à qui il a été donné de tenir dans leurs mains les destinées de notre Occident. César voulait, s'il faut en croire la tradition, rattacher le Rhin au Danube, du lac de Constance à Ulm. Charlemagne, dont la capitale était à Aix-la-Chapelle et la résidence la plus habituelle à Bingen, près de l'embouchure du Mein, voulait effectuer la jonction par l'intermédiaire de cette dernière rivière. Napoléon ordonna un immense canal qui d'Anvers se serait dirigé sur le Rhin, au-dessous de Cologne, et serait remonté ensuite jusqu'à Neubourg sur le Danube. La partie comprise entre Anvers et le Rhin, célèbre sous le nom de canal du Nord, a seule été commencée et n'est pas terminée encore; nos désastres d'il y a vingt-quatre ans en sont la cause. Depuis 1815, la nécessité d'un canal du Danube au Rhin a été de plus en plus vivement sentie. Le roi de Wurtemberg conçut, dès 1824, le projet d'un canal entre Manheim sur le Rhin et Ulm sur le Danube, par le Necker et la Lauter, avec embranchement sur le lac de Constance. Le roi de Bavière reprit, bientôt après, la pensée de Charlemagne, et comme ce prince, en homme convaincu, passe très volontiers de la théorie à la pratique, les travaux sont maintenant en activité sur cette ligne du Mein. Une autre idée fut mise en avant à l'effet de lier Kehl sur le Rhin, vis-à-vis de Strasbourg, à Ulm. M. Brisson avait un peu antérieurement proposé un canal, de Waldshut à Donaueschingen, qui se serait prolongé latéralement au Rhin, de Waldshut à Bâle, et latéralement au Danube, de Donaueschingen à Ulm. Ce fut même en vue de ce plan que le gouvernement français se décida à ajouter un embranchement sur Bâle au grand canal du Rhône au Rhin.

Le projet du roi de Wurtemberg, que ce prince n'a point abandonné, celui de M. Brisson, et celui d'après lequel le canal descendant du Danube viendrait déboucher dans le Rhin, vis-à-vis de Strasbourg, méritent tous les trois considération. La France aurait à opter entre eux, et à vivement appuyer de son influence et même de son concours financier celui qu'elle aurait choisi. Probablement, au lieu d'un, il conviendrait qu'elle en soutînt deux, celui de Waldshut, qui serait le plus avantageux à la Suisse, et celui de Kehl, qui, s'il était d'un parcours facile, serait fort avantageux à Strasbourg, au Havre et à Paris. A la condition de les aider tous deux simultanément, elle déterminerait sans doute le roi de Wurtemberg à renoncer à la ligne du Necker et de Manheim.

Le canal de 'Kehl à Ulm aurait (1). . . 6o lieues.
Le canal qui de Waldshut irait rejoindre
  à Donaueschingen celui de Kehl. . .   16
Le canal latéral de Waldshut à Bâle. . .   14
                           Total. . . .   90

Ce total est moindre de 3 lieues que le canal de
Nantes à Brest. A raison de 600,000 francs par lieue, la
dépense serait de 54 millions.

Pour être complet et parfait, ce système devrait
comprendre en outre un canal remontant l'Aar, à partir
de sa jonction avec le Rhin à Waldshut, et se dirigeant
vers le lac de Genève, en suivant le sillon rectiligne,
profond et large, qui sépare les Alpes du Jura, et au
fond duquel s'étendent les nappes d'eau déjà passablement navigables des lacs de Bienne et de Neufchâtel. Il
resterait ensuite à améliorer le Rhône à partir de sa
sortie du lac de Genève. Ce perfectionnement du Rhône
était une pensée de Napoléon, pensée digne de lui, qui
lui était venue en contemplant l'admirable distribution
des fleuves d'Europe autour des montagnes de la Forêt-
Noire.

Il y a urgence à ce que cette jonction du Danube
au Rhin et au Rhône occupe sans délai le gouvernement
français. Quoiqu'elle doive être établie en dehors de
notre sol, elle importe essentiellement, non seulement à l'extension, mais même à la conservation de
notre commerce. Le projet bavarois qui est en cours
d'exécution, portera un rude coup à notre transit

---

(1) *De la jonction du Danube au Rhin*, etc, par M. Molineau, p. 107.

avec l'Allemagne, et dépouillera le Havre au profit de Rotterdam, si ne nous hâtons de prolonger jusqu'au Danube, le canal de Paris (et par conséquent du Havre) à Strasbourg, soit par la Kintzig, soit au moins par Bâle, car le canal du Rhône au Rhin relie Bâle à Strasbourg. Le gouvernement belge, qui continue avec une imperturbable assurance son chemin de fer d'Anvers à Cologne, et qui s'apprête à finir le grand canal du Nord commencé par Napoléon, va ajouter à la concurrence de Rotterdam la double rivalité d'un chemin de fer et d'un canal entre Anvers et le Rhin. Mais, moyennant le canal du Rhin au Danube, le Havre et Strasbourg pourront défier leurs adversaires, car les marchandises seraient alors aussi vite au cœur de l'Allemagne par le Havre, Paris et Strasbourg, que par Rotterdam ou par Anvers (1). Il ne s'agit pas seulement du Havre et du Nord de la France; le Midi est aussi menacé, car, sur le sol autrichien, le Danube va bientôt être rattaché à la Méditerranée par la Save et le canal de Carlowitz, dirigé sur Trieste. Marseille se verrait alors exclu du commerce de l'Allemagne comme l'aurait déjà été le Havre; et ce qui garantira le Havre garantirait aussi Marseille.

(1) De Strasbourg à la mer par le Rhin jusqu'à Dusseldorf, le canal du Nord et l'Escaut, il y aura . . . . 195 lieues.

De Strasbourg à la mer, en suivant le Rhin, il y a environ 200

De Strasbourg à la mer par le canal du Rhin à la Seine et par la Seine, il y aura 205

Actuellement le trajet par eau de Strasbourg au Havre et par le canal du Rhône au Rhin, la Saône, le canal du Centre, le canal Latéral et le canal de Briare, est de. 375

Par le canal du Rhône au Rhin, la Saône, le canal de Bourgogne, il est de. 357

Il me semble donc que le gouvernement et les Chambres ne devraient pas hésiter à subvenir, s'il était nécessaire, à une partie de la dépense, à s'inscrire, par exemple, pour une dizaine de millions, sur la liste des souscripteurs. Nous aurions par là un moyen simple de faire asseoir les droits de péage sur des bases favorables à notre négoce et à notre transit. Puisqu'il est reçu de donner des subsides pour la guerre, je ne vois pas pourquoi l'on en refuserait pour des ouvrages qui intéressent vivement l'industrie nationale et la richesse du pays. L'Angleterre a versé des milliards dans les coffres des souverains de l'Europe pour renverser Napoléon, ce qui revenait pour elle, jusqu'à un certain point, à délivrer son commerce du blocus continental; pourquoi ne contribuerions-nous pas pour quelques millions à une entreprise qui ferait disparaître l'obstacle qu'opposent au nôtre les rochers de la Forêt-Noire? Sait-on, d'ici à un an, à six mois, nous n'aurons pas à prêter à l'Espagne une centaine de millions? Qui donc pourrait trouver à redire à ce que nous nous en prêtassions indirectement à nous-mêmes une dizaine, par l'intermédiaire des gouvernements ou des compagnies qui joindraient le Rhin et le Rhône au Danube? Au moins ce ne serait pas un prêt à fonds perdu.

Si la politique guerrière a seule le privilége de faire dénouer les cordons de la bourse, disons qu'il est essentiel à l'amélioration de notre situation politique et militaire en Europe, que le Danube soit rattaché au Rhin et au Rhône. Quand nous aurons noué, par le Danube, d'étroits rapports d'affaires avec l'Autriche, il ne tardera pas à s'établir, entre elle et nous, d'intimes relations de bonne amitié. Et ce n'est pas tout : la Prusse a formé en Allemagne une ligne de douanes qui est aussi une ligne politique anti-française. Cette association embrasse non seulement les États de l'Allemagne du Nord, qui naturellement relèvent de la Prusse et vivent sous sa dépendance, mais aussi plusieurs États du Midi, tels que le grand-duché de Bade, et les royaumes de Bavière et de Wurtemberg dont les patrons naturels sont la France et l'Autriche. La jonction du Rhin et du Rhône au Danube rompra cette union mal assortie des États méridionaux de l'Allemagne avec la Prusse, et les replacera sans efforts, politiquement et commercialement, sous la tutelle bienveillante de la France et de l'Autriche, en resserrant l'une contre l'autre ces deux grandes puissances. Et le moment ne saurait être plus opportun pour opérer ce revirement, car l'instant est venu où les divers membres de l'association prussienne vont avoir à déclarer s'ils entendent ou non y rester pendant douze années encore (1).

Si nous savions agir, il est probable que la Bavière, le Wurtemberg, le grand-duché de Bade, celui de Hesse-Darmstadt et celui de Nassau, et, avec tous ces États allemands, la Suisse, ne tarderaient pas à former une fédération de douanes qui serait flanquée, à l'ouest par la France, à l'est par l'Autriche, et que ces deux grandes puissances sauraient protéger et maintenir.

Cette combinaison profiterait à la France, non seu-

(1) L'article 41 de l'acte constitutif de la ligue prussienne porte que l'association durera jusqu'au 1er janvier 1842, et que tout État qui, deux ans auparavant, n'aurait pas déclaré s'en retirer, en ferait partie pour douze années de plus.

lement parce qu'elle lui donnerait des alliés commerciaux dont elle manque et une influence politique
qu'il nous faut reconquérir pour que notre avenir soit
digne de notre passé; mais aussi parce qu'elle nous
permettrait d'établir avec l'Allemagne du Nord elle-
même des rapports plus avantageux que ceux qui
subsistent aujourd'hui entre elle et nous. C'est ce qu'il
est facile de faire concevoir par un exemple. Dans
l'Allemagne du Nord où la vigne est très peu cultivée
et où il est aisé de s'approvisionner par mer des produits du Médoc et du littoral de la Méditerranée, nos
vins avaient, de temps immémorial, la préférence sur
tous les autres. Mais le grand-duché de Bade et le
Wurtemberg produisent en grande quantité de petits
vins clairets. Pour obtenir l'affiliation de ces États méridionaux, la Prusse et ses confédérés du Nord ont
dû frapper les vins français de droits très élevés. Si les
États de l'Allemagne du Nord cessaient d'être associés à
ceux du Midi, ces droits exorbitants n'auraient plus de
raison d'existence, et disparaîtraient bientôt, au grand
bénéfice de nos propriétaires vinicoles.

CHAPITRE IV.

DES TRAVAUX EN LIT DE RIVIÈRES ET DES CANAUX LATÉRAUX.

—

Opinion de Brindley contraire aux rivières. — Retour des idées en faveur des lignes naturelles de navigation. — Examen des objections contre les rivières. — L'art de perfectionner les rivières est-il tout à créer? — De l'inconvénient des crues. — Les barrages augmentent-ils le danger de l'inondation? — Barrages mobiles de M. Poirée. — Économie relative des travaux en lit des rivières. — On jouit des travaux en lit de rivière au fur et à mesure qu'ils se font, ce qui n'a pas lieu avec les canaux. — Les rivières améliorées par des barrages fournissent à l'industrie une force motrice indéfinie; calculs au sujet de la Garonne; comparaison des chutes d'eau avec les machines à vapeur. — Il ne faut pas conclure de ce qui précède en faveur de l'amélioration de la Garonne et de la Loire dans leur lit; nécessité d'une solution prompte pour ces deux fleuves; canal latéral de Briare à l'embouchure de la Vienne et de Toulouse à Castets. — Avantage des rivières améliorées pour le transport des voyageurs. — De divers inconvénients des canaux latéraux. — Dans le cas où l'on se déciderait en faveur de canaux latéraux, il conviendrait d'améliorer cependant les rivières pour le transport des voyageurs et pour le commerce descendant. — De la nécessité de remédier au déboisement des montagnes sous le point de vue de l'amélioration du régime des rivières.

Pour l'amélioration de nos rivières, la plus grande difficulté ne sera plus celle de l'argent. Nos finances

sont prospères maintenant, malgré les dires des calcu-
lateurs superficiels qui prétendaient, l'an dernier, que
nous étions en déficit. Le Trésor encaisse aujourd'hui
un excédant qui ne peut que s'accroître; et, grâce à
Dieu, la France a du crédit. Pourquoi ne pas emprunter si cet excédant ne suffisait pas à nos nouvelles
entreprises? Un emprunt est déplorable quand il a la
guerre pour objet, car ce sont alors des fonds dépensés
sans retour; mais des travaux publics judicieusement
choisis seraient un excellent placement, une admirable
affaire pour le Trésor qui percevrait en sus des péages
un surcroît de revenu résultant de l'accroissement
infaillible alors des transactions et de la richesse
publique. Si l'Etat eût déjà osé emprunter à cette fin,
tous les millions que l'agiotage a pompés dans les bourses des petits capitalistes pour les verser, commission
déduite, dans le gouffre du trésor espagnol, seraient
encore dans le pays et y fructifieraient, au lieu d'être
allés enrichir Gomez et Cabrera. Du reste, quoi qu'il
en soit de la convenance des emprunts, dans l'affaire
de nos rivières, le Trésor est en mesure; ce sont
nos ingénieurs qui n'y sont pas, ou qui n'y sont qu'à
demi.

A propos du perfectionnement des lignes naturelles
de navigation, deux systèmes sont en présence. L'ingénieur Brindley, qui partagea avec le duc de Bridgewater l'honneur de donner l'impulsion à la canalisation
de l'Angleterre, disait que Dieu n'avait fait les rivières
que pour alimenter les canaux. Jusqu'à ces derniers
temps cette opinion avait prévalu, et, pour assurer
la navigation le long d'un fleuve, l'on admettait généralement qu'il n'y avait rien de mieux à faire que

de creuser un canal qui le suivît latéralement. Mais
c'était trancher la difficulté et non pas la résoudre. Il
existe des fleuves qui, tels que les hommes les ont reçus,
sont susceptibles d'une bonne navigation. Les fleuves
les plus difficiles sont tous, sans exception, practica-
bles sur une partie de leur cours, souvent sur la moitié, les trois quarts ou les cinq sixièmes. Au lieu de
créer à grands frais une sorte de fleuve artificiel à
côté de chaque fleuve naturel, ne serait-il pas plus sage
et plus économique de rechercher quelles sont les
conditions essentielles des fleuves les plus commodes,
et des parties, toujours nombreuses sur chaque fleuve,
dont le régime est tolérable, et de s'efforcer de reproduire ces conditions partout ailleurs ?

La première méthode, celle qui dédaigne les créations de la nature et qui veut tout remodeler, était en
harmonie parfaite avec l'école philosophique du
xviii° siècle, qui posait des principes et ne prétendait
à rien moins qu'à refaire l'homme tout entier, cœur,
cerveau et membres, d'après ses théories. On traçait
alors des plans de société réguliers comme un échiquier, et de la meilleure foi du monde l'on y poussait
les peuples, bon gré malgré, pour leur plus grand bien
et pour le perfectionnement de l'espèce. Brindley trai-
tait le monde physique comme les philosophes ses con-
temporains traitaient l'homme et les sociétés. Aujour-
d'hui les doctrines politiques et sociales qui sont en
hausse prennent les gens, peuples et individus, tels
qu'ils sont, et ne s'obstinent plus à les vouloir impi-
toyablement mettre à l'envers pour les rendre ressem-
blants à des modèles théoriques. Il y a soixante ans, le
corps social était, pour les penseurs, une pâte à expé-

riences ayant pour destination d'être ployée à coups de marteau sur d'immuables principes, comme sur des moules d'acier trempé. Aujourd'hui ce sont les principes métaphysiques et les théories abstraites que l'on plie, que l'on tourne et retourne, qu'on allonge ou qu'on raccourcit, qu'on arrondit et qu'on redresse pour qu'ils s'adaptent aux traditions et aux tendances, aux instincts et aux vœux des sociétés et des individus. Cette direction nouvelle des esprits se révèle dans les faits généraux et dans les faits de détail, dans les questions les plus purement matérielles comme dans celles qui se rattachent aux fibres les plus délicates et les plus nobles de notre être. Il y a métamorphose, en un mot, non seulement dans les opinions politiques, mais aussi dans les règles de l'économie publique, et jusque dans les procédés des ponts-et-chaussées; et, par exemple, l'idée d'améliorer les rivières par des travaux exécutés dans leur propre lit, ou du moins de se servir autant que possible de ces canaux naturels, a gagné beaucoup de terrain. Nos ingénieurs sont préoccupés aujourd'hui de cette pensée de Pascal, que « les rivières sont des chemins qui marchent et » qui portent où l'on veut aller. »

Les partisans des canaux latéraux assurent que jusqu'à présent le perfectionnement direct des rivières en elles-mêmes a peu de précédents en sa faveur; qu'à cet égard la science est encore à faire; que s'il faut attendre que les ingénieurs des ponts-et-chaussées aient suffisamment expérimenté, qu'ils aient délibéré et fixé leurs idées, nous aurons à rester vingt ans dans le *status quo*, pendant que toute l'Europe, et l'Amérique, marchent autour de nous ou loin de

nous; qu'ainsi nous nous exposerions à demeurer en
arrière, comme de honteux traînards, dans la voie
de la prospérité matérielle, ce qui, dans notre siècle,
revient presque à dire sur le grand chemin de la civilisation. Ils prétendent enfin qu'en supposant qu'il n'y
ait rien à rabattre des espérances des avocats des rivières, l'on n'aura jamais avec celles-ci la régularité qui
distingue les canaux; car les rivières sont et seront
toujours exposées à des crues extraordinaires pendant
lesquelles la navigation est et restera périlleuse, et à
des sécheresses laissant les bateaux échoués sur des
bancs de sable. Ils représentent enfin les inconvénients qu'il peut y avoir à couper le cours des fleuves
par des barrages, disant que dans quelques circonstances ces digues feraient l'office d'écueils.

Les champions des fleuves et des rivières (1) répon-
dent assez victorieusement à tous ces griefs. Il faut
convenir que la précipitation est le moindre défaut
des Ponts-et-Chaussées; ce corps, qui compte dans son
sein tant de savants distingués et de constructeurs pleins
d'expérience, opère toujours avec poids et mesure, et
quelquefois avec une extrême lenteur. Mais il serait
bien injuste de lui refuser l'attribut de la perfectibilité,

(1) Un habile ingénieur, à qui l'on doit le pont de Bordeaux, M. C. Deschamps, inspecteur général des ponts-et-chaussées, consacre ses veilles depuis
plusieurs années à la défense de ce système. Je renvoie à ses *Recherches et
Considérations sur les Canaux et les Rivières* ceux qui seraient curieux de voir
disposés en ordre de bataille la plupart des arguments que l'on peut faire
valoir en faveur des rivières. Je dis en ordre de bataille, car M. Deschamps
combat rudement les canaux latéraux et Brindley leur apologiste, et repousse
avec non moins de vivacité les attaques dirigées contre les cours d'eau naturels.

qui appartient à toute l'espèce humaine dans l'échelle de laquelle nos ingénieurs occupent incontestablement un rang fort élevé. S'il est vrai que, dans quelques cir-constances, les Ponts-et-Chaussées aient paru ne pas avoir la notion du temps, il est de notoriété publique qu'ils s'amendent tous les jours et prennent une allure plus vive, autant que le leur permettent les règlements et ordonnances, car leurs lenteurs résultent bien moins de leur tempérament et de leurs goûts que des formes administratives qui leur sont imposées.

Ensuite n'y a-t-il pas de l'exagération à affirmer que l'art du perfectionnement des rivières dans leur lit est encore tout à créer? Quelques essais en grand et très sa-tisfaisants viennent d'avoir lieu sur l'Oise, sur l'Isle, et sur d'autres rivières encore. D'autres tentatives conçues sur une moindre échelle ont été couronnées d'un plein succès dans la Garonne et même dans la Loire, quoi-qu'à l'égard de ce dernier fleuve d'autres essais aient échoué. M. l'ingénieur en chef Defontaine a montré clairement qu'il était possible, avec de simples fascines, de maîtriser le Rhin, là même où il est le plus impé-tueux. Sans doute, de loin en loin, des crues énormes, comme celles dont nous avons été témoins en 1836, ou des sécheresses excessives, rendraient les rivières im-praticables, quels que fussent les ouvrages qu'on au-rait entassés dans leur lit; mais n'est-il pas constant qu'en France ces circonstances fâcheuses sont fort rares? Elles ne se présentent pas en temps ordinaire une fois par an, et jamais elles n'intercepteraient la navigation au-delà de quelques jours. Les canaux d'ailleurs sont-ils exempts d'inconvénients analogues?

Ne sont-ils pas sujets aux infiltrations, aux cre-
vasses? N'arrive-il jamais que des brèches à leurs
bords les mettent à sec? Les réparations et le curage,
tels surtout qu'ils s'opèrent aujourd'hui, n'occasion-
nent-ils pas tous les ans un chômage plus long que
celui que peuvent causer, sur des fleuves tels que les
nôtres, les inondations du printemps, et les étés sans
pluie?

Les barrages ou digues de retenue qu'il faut, de distance en distance, jeter au travers des rivières pour
les améliorer dans leur lit, ont donné lieu à beaucoup
d'objections. On a dit, par exemple, que, relevant le
niveau de l'eau, et effectuant en tout temps des crues
qui, pour être factices n'en sont pas moins permanentes, ils augmentaient nécessairement les dangers de
l'inondation pendant les crues naturelles. Mais ce
fâcheux effet des barrages peut être amoindri ou même
complétement annulé à l'aide de digues longitudinales
protectrices, dans le genre de la levée de la Loire,
qu'on établirait partout où le sol trop bas serait
exposé à être submergé. On peut y remédier non
moins sûrement et à moins de frais, par des pertuis
qu'on se réserverait la faculté de tenir temporairement
ouverts dans les barrages pendant les hautes eaux.
On a prétendu aussi que les barrages opposeraient des
obstacles presque insurmontables, dans certains cas,
au flottage et à la navigation, puisqu'ils couperaient le
passage aux grandes embarcations, aux longs radeaux
et aux trains considérables. Mais cet inconvénient dis-
paraîtrait si les écluses destinées à ménager un passage
entre le bief supérieur et le bief inférieur, c'est-à-dire
d'un côté à l'autre du barrage, étaient assez spacieuses

pour recevoir tous les bateaux sans exception, depuis le splendide *steamer* jusqu'à la plus étroite yole (1).

Au surplus, l'administration des ponts-et-chaussées prépare une réponse victorieuse à toutes les critiques dirigées contre les barrages. Elle a déjà fait essayer, sur la Loire, à Decize (Nièvre), un barrage mobile, imaginé par M. l'ingénieur en chef Poirée, qui se dresserait en juin et juillet, lors de l'étiage, pour relever alors le niveau de l'eau, et qui, en automne, à l'approche des pluies, s'abaisserait et se coucherait au fond de la rivière sans laisser aucune trace dans le courant. La rivière serait ainsi rendue à son état naturel toutes les fois que, laissée à elle-même, elle pourrait présenter au commerce toutes les conditions d'un facile parcours. Ce barrage simple, économique, d'une manœuvre très facile, aisé à abattre et à redresser, va être établi dans la Seine, à Marly. S'il réussit à ce passage, qui est l'effroi des mariniers, et sur un fleuve tel que la Seine, la question des travaux en lit de rivière pourra être considérée comme affirmativement résolue en France pour le plus grand nombre des localités (2).

(1) La province du Haut-Canada a établi latéralement au fleuve Saint-Laurent des écluses qui peuvent recevoir des bateaux à vapeur de 600 tonneaux, calant dix pieds d'eau. Il n'y a pas de raison pour que la France ne fasse pas ce qu'a exécuté une petite province qui n'a que 400,000 habitants et qui est pauvre.

(2) Le barrage de M. Poirée se compose de *fermettes* ou cadres en fer qu'un homme peut soutenir, et qui sont fixés par une charnière sur un radier en maçonnerie qu'on a préalablement établi au fond de la rivière. Les fermettes étant, par exemple, couchées sur le radier, on les redresse avec un crochet; elles se tiennent alors dans une position verticale et parallèle au fil de l'eau. Pour qu'elles restent ainsi debout, il suffit de les relier les unes aux autres par des barres de fer de forme convenable qui sont préparées d'avance et qui font partie intégrante du barrage. On les recouvre ensuite d'un revêtement en petites planches ou *aiguilles* qu'un homme place ou retire sans effort. En peu

Le système du perfectionnement en lit de rivière, même dans le cas où l'on tiendrait à parfaire les ouvrages, à les rendre du premier coup complets, n'offrirait pas seulement l'avantage de l'économie. A ce mérite, il en joindrait d'autres dignes de la plus haute considération dans un pays où il y a énormément à entreprendre, où l'on est pressé de jouir, et où cependant les travaux ne s'opèrent qu'avec lenteur, et dont toutes les provinces entendent avoir leur part d'améliorations matérielles. On ne jouit d'un canal que lorsqu'il est achevé; on jouit immédiatement de chacune des parties, d'un travail en rivière. On pourrait donc commencer le perfectionnement des rivières sur un grand nombre de points à la fois : chaque jour profiterait ainsi des labeurs et des dépenses de la veille, et l'on patienterait de bonne grâce, tandis que l'impatience est légitime quand il s'agit d'ouvrages dont la deuxième ou la troisième génération doivent goûter les premiers fruits. Comment

d'heures quatre hommes organisent le barrage tout entier. Il leur faut moins de temps encore pour le faire disparaître complétement en rabaissant les fermettes. On peut d'ailleurs l'installer seulement à moitié, ou aux trois quarts, ou aux cinq sixièmes, selon que l'on veut modifier peu ou beaucoup le régime de la rivière. Cette extrême facilité de manœuvre et de déplacement permet même d'opérer à volonté des crues factices d'une courte durée, semblables aux *lâchures* de l'Yonne qui transportent les bateaux pendant une assez longue distance et les reprennent ensuite après une halte.

Ces barrages sont remarquables par la faible dépense qu'ils exigent. A partir du fond de la rivière, ils se réduisent à quelques pièces de fer peu nombreuses et d'une telle forme qu'elles sont peu sujettes à se détruire. Quant à leur fondation, elle est aussi très peu dispendieuse au moyen des coulées en béton que l'art des constructions pratique aujourd'hui à fort bon marché, grâce aux belles découvertes de M. Vicat. Le barrage de Decize, qui a 100^m de long, n'a coûté que 130,000 francs.

Le barrage de M. Poirée a été établi aussi à Basseville près de Clamecy sur l'Yonne. On va l'exécuter à Épineau sur la même rivière.

pousser avec cœur et énergie des entreprises comme celle du canal de Bourgogne, qui date de 1775 et qui n'est pas complétement terminé encore ? Dans les rivières on a encore la faculté de graduer l'étendue et la dépense des travaux selon les ressources disponibles et les besoins du moment. Par exemple, il y a telle rivière dont la navigation peut sans grave inconvénient n'être que descendante, et même l'être par intermittences. Pour les cours d'eau de cette catégorie, on peut ajourner en tout ou en partie les ouvrages purement d'art, et se borner à déblayer le lit des rochers et autres obstacles dont il serait embarrassé, et à construire çà et là quelques digues longitudinales submersibles, pour resserrer les eaux pendant l'été.

Il y a un motif puissant qui me semble décisif en faveur des travaux en lit de rivière toutes les fois que ces travaux sont possibles, et qui, même à dépense égale, garantit la supériorité à ce système. Parlons, par exemple, de la Loire et de la Garonne, et des deux grandes cités dont la destinée est unie à celle de ces deux fleuves. Bordeaux (1) et Nantes voient leur commerce dépérir, et luttent en vain contre leur décadence maritime, tandis que chaque instant voit grandir la fortune du Havre et de Marseille. La perte de nos colonies leur fut fatale ; le progrès de la fabrication du sucre indigène, qui enrichit nos départements du nord, leur a été comme un dernier

---

(1) Du premier rang parmi nos ports, Bordeaux est déchu au troisième. Marseille, au contraire, du troisième rang est parvenu au premier. La déchéance de Bordeaux n'est pas seulement relative, elle est absolue. Au lieu de 14 millions que la douane de Bordeaux percevait en 1817, elle n'en a plus perçu que 10 en 1832. Pendant le même temps, les produits de la douane de Marseille montaient de 8 millions à 28.

coup de massue. Pour les relever, l'une et l'autre le sentent, il faut avant tout réaliser au profit de Bordeaux la prétendue communication établie entre les deux mers par le canal du Midi, et restituer à Nantes sa Loire disparue au milieu des sables. La prospérité normale de Nantes et de Bordeaux dépend certainement de la navigabilité de la Loire et de la Garonne. Mais sous quelle forme accomplir cette juste et grande réparation qui est urgente, qui est indispensable au bien-être de deux villes de premier ordre, centres de civilisation, l'une dans le Midi, l'autre dans l'Ouest, et au développement de la richesse publique dans un grand nombre de départements? Sera-ce par des canaux latéraux ou par des travaux en lit de rivière? Je doute que l'on ne reconnaisse pas la nécessité de faire intervenir, pour l'un et l'autre fleuve, un canal latéral sur la majeure partie de leur cours; mais je ne puis m'empêcher de dire que, sous quelques rapports, il y aura lieu de le regretter; je m'explique :

Nantes et Bordeaux ont besoin de manufactures et de fabriques derrière elles. Il n'y a de ports florissants que ceux qui ont sous la main de vastes ateliers de production. Londres a Birmingham et l'Angleterre tout entière; Liverpool a Manchester, le Lancashire et le Cheshire; la Nouvelle-Orléans a les plantations de coton de l'Alabama et du Mississipi; New-York, les champs qui bordent les grands lacs, les fabriques de la Nouvelle-Angleterre et de la Pensylvanie; le Havre a Rouen et Paris, Paris qui consomme énormément, mais qui produit autant peut-être; Marseille a Lyon, Saint-Étienne, Montpellier et Nîmes.

Les manufactures, et en général les centres de production, absorbent des matières premières, du coton par exemple, consomment des denrées coloniales, et alimentent ainsi le commerce d'importation, puis créent des objets dont le commerce d'exportation s'empare. Bordeaux et Nantes manquent d'un Rouen ou d'un Lyon. Ce sont deux existences solitaires qui ne peuvent se suffire à elles-mêmes, et qu'il faut compléter en érigeant à côté d'elles un ou plusieurs centres d'activité industrielle et manufacturière. Or le développement du système manufacturier à proximité de Bordeaux et de Nantes se lie plus étroitement qu'il ne paraît au premier abord à l'amélioration directe de leurs fleuves dans leur lit. M. l'inspecteur-général Deschamps, dans ses *Recherches et Considérations sur les Canaux et les Rivières*, assure que le perfectionnement de la Garonne, de Moissac à Castets, pourrait être obtenu par douze barrages dont chacun donnerait une chute d'eau équivalente mécaniquement à une force motrice de 1,500 chevaux. Admettons ce calcul, avec M. Deschamps, et supposons, pour un instant qu'il n'y a plus de doute sur le système à appliquer à la Garonne; on aurait alors dans cette vallée, sur une distance de 39 lieues, la jouissance d'une force de 18,000 chevaux, capable de mettre en mouvement 450 grandes usines, fabriques et filatures, à raison de 40 chevaux en moyenne. Ce serait, remarquons-le en passant, de l'industrie disséminée dans les campagnes, et par conséquent de celle qui ne trouble jamais la paix publique; et cependant ce serait de l'industrie centralisée, agglomérée, puisque la distance d'un bout de la ligne à l'autre pourrait être franchie en quelques heures par un bateau à vapeur.

Quelques rapprochements montreront l'étendue des ressources qu'offrirait à l'industrie cet.. ..ense puissance mécanique. Au 31 décembre 1835, la France ne possédait que 1,448 machines à vapeur dont l. force réunie était de 19,126 chevaux seulement. Leur force moyenne était de 13 chevaux. Le département du Nord, celui où elles abondent le plus, en avait 297, représentant, d'après cette moyenne, une force effective de 3,860 chevaux seulement. Le département de la Seine-Inférieure en comptait 160, équivalant à 2,080 chevaux, c'est-à-dire à un tiers en sus seulement de ce que produirait un seul des douze barrages échelonnés de Moissac à Castets. L'amélioration de la Garonne dans son lit livrerait aux Bordelais une force naturelle suffisante pour mouvoir plus de métiers qu'il n'y en a dans tout le Lancashire. Au tarif très modeste de 1,000 francs par cheval, cette force leur reviendrait à 18 millions s'ils voulaient l'obtenir par la méthode factice de la vapeur, tandis que le gouvernement la leur vendrait certainement pour le quart de cette somme. L'industrie aurait ainsi dans la vallée de la Garonne une économie des trois quarts au moins sur le prix d'achat de la force motrice; elle en aurait une des neuf dixièmes sur les frais d'entretien de cette force; car ce n'est pas tout que d'acheter une machine à vapeur, il faut l'alimenter de charbon; puis une machine à vapeur a besoin d'un chauffeur qui charge le foyer, d'un mécanicien qui la veille; elle consomme de l'huile, des étoupes, que sais-je encore? On estime qu'en France la dépense annuelle d'une machine à vapeur, y compris la moins-value, est de 1,000 à 1,500 fr. par cheval. Un établissement moyen, employant une force de vingt chevaux, et utilisant la puissance hydraulique créée par les barrages de la Garonne, aurait donc, sur un établissement exactement semblable de la Seine-Inférieure, qui emprunterait sa force motrice à une machine à vapeur, un avantage annuel de 20,000 fr. à 30,000, somme suffisante à elle seule pour constituer un beau bénéfice.

· Encore une fois, je ne prétends pas que l'on doive conclure de là en faveur de travaux en lit de rivière, pour la Loire et la Garonne. Il est nécessaire que l'on assure à tout prix la régularité et la permanence des communications entre Bordeaux ou Nantes et la partie supérieure de leurs vallées. A cause de l'insuffisance des eaux de la Loire pendant l'été (1), à cause de la pente rapide de la Garonne au-dessus de Moissac, et des crues extrêmes auxquelles elle est sujette partout, un canal latéral satisferait mieux, sur la presque totalité du développement de ces deux fleuves à ces deux conditions capitales, permanence et régularité. L'essentiel, d'ailleurs, c'est que l'on prenne un parti, et que dans le plus bref délai on se mette à l'œuvre; car c'est trop disserter pendant qu'autour de nous tous les peuples agissent. A force de discuter et d'ajourner, sous prétexte de rechercher la perfection, nous courrions risque de nous trouver quelque jour au dernier rang pour avoir trop ambitionné le premier. En faisant ressortir les facilités qui résulteraient du perfectionnement de la Loire et de la Garonne dans leur lit,

(1) On estime qu'à Paris, la Seine écoule, pendant l'étiage, cent-dix mètres cubes d'eau par seconde. Pour la Garonne, à Toulouse, c'est au moins quatre-vingts mètres cubes. La Loire jaugée à Orléans pendant l'étiage n'a donné que vingt-quatre mètres cubes.

pour la création économique de manufactures, mon objet principal a été de fixer les idées par un exemple. Au surplus, l'on arriverait à favoriser aussi bien l'établissement de grandes fabriques à peu de distance de Nantes et de Bordeaux, en réservant le perfectionnement en lit de rivière aux affluents des deux fleuves, et spécialement pour la Loire, à ceux qui convergent vers Angers, et en construisant un canal latéral, pour la Garonne, jusqu'aux environs de Langon, et, pour la Loire, jusqu'à l'embouchure de la Vienne.

A côté du titre tout financier que je viens d'exposer, les travaux en lit de rivière peuvent en faire valoir un autre que je qualifierais volontiers de politique et de social. Il n'y a pas long-temps que les rivières sont pour les hommes des chemins qui marchent, ou au moins des chemins commodes. Un voyage par le coche pouvait être tolérable lorsque l'on mettait cinq jours par terre à venir de Rouen à Paris, ou lorsqu'un bourgeois du Périgord, d'Auvergne, ou même du Berry, qui s'acheminait vers Paris, pouvait se croire dans la nécessité de faire au préalable son testament, vu les périls de la route. Mais depuis l'invention des ressorts de voitures, le coche d'eau, qui pouvait être un véhicule doux et confortable en comparaison du char antique et des carrioles du moyen âge, le coche d'eau est tombé au-dessous de la patache et au niveau du panier-à-salade. Cependant depuis que le génie de Fulton a inventé et mis en pratique le bateau à vapeur, les rivières sont redevenues des chemins à l'usage des hommes les plus jaloux de leurs aises. Aujourd'hui, grâce au bateau à vapeur, les rivières défient toutes les routes de terre, macadamisées ou pavées, et c'est à peine si elles baissent pavillon devant les chemins de fer eux-mêmes. Car, ainsi que nous le verrons plus bas (1), il n'est pas rare aux *steamers* de glisser à raison de cinq et six lieues à l'heure, et la vitesse de quatre lieues à l'heure, même à la remonte, leur est facile à atteindre. Or, jusqu'à présent la navigation à vapeur paraît impossible sur les canaux. Il est vrai que les bateaux légers tirés par des chevaux, qui sont en usage maintenant sur les canaux anglais, pourraient être employés avec succès sur les canaux latéraux, parce que ceux-ci ont ordinairement beaucoup moins d'écluses que les canaux à point de partage, et qu'ainsi la marche y serait peu ralentie. Mais ces bateaux, justement qualifiés de rapides, n'égalent cependant pas la vitesse des bateaux à vapeur, et ils leur sont inférieurs pour le bas prix des places, considération capitale dans un siècle démocratique. Sous ce même rapport du bon marché, les chemins de fer sont dépassés par les bateaux à vapeur. Voilà, ce me semble, un puissant argument en faveur de l'amélioration des rivières dans leur propre lit, car, de tous les transports, celui des hommes est celui qu'il faut encourager et faciliter le plus. Le transport des marchandises crée la richesse; celui des hommes n'enfante ni plus ni moins que la civilisation.

L'établissement des canaux latéraux est une dernière ressource, une *ultima ratio* pour le cas où l'on désespère des cours d'eau naturels. Il présente la plupart des inconvénients qui sont inhérents aux moyens extrêmes.

(1) Voir plus loin, p. 229 et suivantes.

Dans ce système, en effet, on est souvent forcé
de placer le canal à mi-côte, de l'y soutenir par des
terrassements et des muraillements, que la rivière qui
roule au bas mine et bat en brèche, et dont le moindre
défaut est d'être très dispendieux. Ailleurs, il faut
traverser des plaines sablonneuses où l'eau s'infiltre
et se perd, et où les bateaux sont exposés à rester à
sec. Lorsque l'on rencontre un de ces obstacles devant
lesquels l'art s'incline, ou lorsqu'on tient à passer à
la portée d'une ville bâtie tout entière sur une rive,
ou quelquefois encore, lorsqu'il est nécessaire d'opérer la jonction de deux lignes navigables, il faut conduire le canal d'une rive du fleuve à l'autre sur des
ponts-aqueducs, superbes à voir dans le paysage,
mais du plus mauvais effet dans les colonnes du budget, et qui, s'ils donnent à nos savants ingénieurs l'occasion de lutter avec succès contre les ouvrages les plus
vantés des Romains, ôtent à l'administration épuisée
les moyens de féconder dix autres points du territoire.
Sur tous les affluents des fleuves, grands ou petits, il
faut jeter d'autres aqueducs, sans pouvoir, dans certains cas, échapper à la submersion produite par des
crues élevées qui charrient un limon épais. Il faut,
comme nous l'avons dit, renoncer à la navigation à la
vapeur, qui, pour économiser le temps, rivalise avec
les chemins de fer eux-mêmes, et qui, plus qu'eux,
économise l'argent. Il faut enfin, chaque hiver, se ré-
signer à une plus longue interruption, parce que l'eau
stagnante des canaux gèle plus tôt et dégèle plus tard
que l'eau courante des rivières.

Au moins, moyennant tous ces frais, en courant
la chance des chômages qu'exige le curage des canaux

ou que la gelée impose, en se résignant à prendre
patience pendant les accidents divers qui, obligeant
à vider les canaux, interceptent la circulation sur la
ligne entière, en sacrifiant la navigation à la vapeur,
c'est-à-dire l'usage le plus précieux, le plus civilisateur
des cours d'eau, est-on assuré de parfaitement desservir les pays que le canal parcourt, de donner satisfaction à un plus grand nombre d'intérêts? Je ne dis
pas de n'en froisser aucun; car le contentement universel est une utopie qui, dans l'ordre matériel comme
dans l'ordre moral, ne peut être approché que de plus
ou moins loin. — Nullement. Avec un canal latéral
vous êtes certain au contraire de mécontenter l'une
des deux rives; car il y en a toujours une qui est sé-
parée du canal par un fossé large et profond, c'est-
à-dire par le fleuve. Quant à la rive privilégiée, elle ne
peut quelquefois arriver au canal qu'en escaladant un
mur; c'est ce qui a lieu toutes les fois qu'il a été
nécessaire d'élever le canal au-dessus de la plaine.
Cette rive elle-même est tenue à l'écart du fleuve, auquel
elle peut avoir besoin de recourir, pour des irrigations,
pour des flottages, et, dans certaines saisons, pour
des transports économiques. Un canal latéral enlève à
l'agriculture des terrains de première qualité, car le
meilleur sol est toujours celui des vallées; il gêne les
exploitations agricoles, et soumet les propriétaires à
une servitude pénible en coupant les propriétés en
deux.

L'amélioration des rivières dans leur lit maintient
à chacune des rives tous les avantages dont elles jouis-
saient, et ne change leur condition que par les facilités
nouvelles qu'elle leur offre à pleines mains. Loin de

rien ravir à l'agriculture, elle l'enrichit des conquêtes qu'elle fait sur le fleuve en le resserrant dans son lit. Il est maintes fois arrivé à un propriétaire qui passait l'hiver à Paris de ne plus trouver, quand il retournait aux champs, que la moitié de la prairie qu'il avait laissée tout confiant sur le bord d'une de nos rivières du Midi. Contre cette rigoureuse expropriation, le canal latéral serait impuissant; heureux s'il n'était pas emporté lui-même! Dans la plupart des cas, les travaux d'endiguement opérés dans le lit de la rivière pour perfectionner la navigation préserveraient le sol de ces désastreuses atteintes.

Concluons donc qu'il y a beaucoup de raisons à alléguer en faveur du système qui consiste à améliorer les fleuves et rivières dans leur propre lit, et à lui assurer la préférence dans la plupart des cas.

Quelque solution que l'on adopte pour nos fleuves et pour nos plus grandes rivières, c'est-à-dire lors même que l'on tracerait des canaux latéraux sur leurs bords, il conviendrait, sinon pour tous ces cours d'eau, au moins pour la plupart, de les améliorer en même temps dans leurs lits, afin de faire jouir les populations du bienfait de la navigation à la vapeur qui offre un mode de voyager à la fois prompt, économique et agréable. Une profondeur d'eau d'un mètre au moins en toute saison serait, selon ce qu'assurent les ingénieurs les plus familiers avec nos fleuves, assez facile à obtenir à peu de frais dans les plus mauvaises passes de la Loire, du Rhône et de la Garonne. Quant à la Seine, en dessous de Paris, l'excellence de son régime est telle que l'on devra y obtenir 2 pour minimum. Un mètre d'eau ne serait pas suffisant pour

le transport à très bas prix des marchandises; la hauteur d'eau habituelle de nos canaux est de 1 ^{m},40 à
1 ^{m},60 (1); mais avec des bateaux à vapeur tels qu'on
sait les construire aujourd'hui, un mètre suffirait
pour que la circulation des voyageurs s'effectuât à
bon marché. Les Nantais béniraient l'administration
si, entre leur ville et Orléans, elle leur assurait constamment et partout 70 centimètres d'eau.

Les rivières, qui pourraient ainsi être perfectionnées
de manière à offrir un mètre d'eau à l'étiage, fourniraient cependant un mode de transport fort avantageux
pendant la majeure partie de l'année, neuf ou dix mois
sur douze, pour les objets encombrants, surtout à la
descente.

En l'absence d'études sérieuses, il est fort difficile
d'évaluer, même approximativement, la somme qu'exigerait le perfectionnement des fleuves et grandes
rivières, soit dans le cas où l'on voudrait qu'ils fussent également praticables aux marchandises et aux
voyageurs, soit dans celui où l'on tiendrait seulement
à ce qu'ils fussent navigables pour de bons bateaux à
vapeur chargés de passagers. La somme nécessaire dé-
pendrait d'ailleurs du système de travaux qui serait
adopté, et du minimum de profondeur que l'on se
proposerait d'obtenir. Je crois néanmoins pouvoir dire
qu'une centaine de millions, indépendamment des dépenses du canal latéral à la Garonne, du canal latéral
à la Loire jusqu'à l'embouchure de la Vienne, et des
divers travaux que nous avons déjà énumérés, paierait
tous les frais d'amélioration de nos fleuves et de la plu-

(1) Cependant sur les canaux anglais et américains il est rare que l'on aille
au-delà de 1^{m}20'.

part de nos rivières importantes, telle que la circulation des hommes et des choses la rend désirable aujourd'hui (1).

En outre des travaux effectués en lit de rivière, il y aurait d'autres mesures qui exerceraient, au dire d'hommes expérimentés, une salutaire influence sur la navigabilité des cours d'eau naturels, et qui intéresseraient les canaux eux-mêmes, puisque, pour s'alimenter, ceux-ci sont obligés de recourir aux rivières et aux plus modestes ruisseaux. Je veux parler spécialement de la replantation des montagnes qu'on a dépouillées de leurs bois avec tant d'imprévoyance, et qu'on abandonne dans leur nudité par une coupable inertie, où même, par une fatale condescendance pour de mesquins intérêts que la loi ne reconnaît pas et qu'au contraire elle repousse, l'on empêche les forêts de se reproduire par le seul effort de la nature. Les pluies et les neiges lorsqu'elles tombent sur des cimes pelées, s'écoulent ou s'évaporent avec une rapidité extrême; au lieu de maintenir les fleuves et rivières à des niveaux moyens, dont profiteraient les bateliers, et dont se féliciteraient les propriétaires riverains, elles produisent alors des crues subites, des inondations qui suspendent la navigation, dévastent les propriétés en les couvrant de gravier, et quelquefois les rongent et les entraînent; puis après les débordements viennent brusquement des basses eaux, qui ne cessent que de loin en loin et pour de courts délais à la faveur de quelque orage. Avec un déboisement déréglé, nos pays tempérés se rapprochent ainsi des régions méridionales, où il n'y a que des torrents

(1) Voir la Note 10 à la fin du volume.

pendant le printemps et l'automne, des filets d'eau imperceptibles au milieu d'un océan de sable pendant l'été, et jamais de rivières faciles et maniables.

Il ne s'agit pas de rendre le sol de la France aux forêts primitives. Parmi les déboisements effectués depuis cinquante ans, il y en a beaucoup qui seront profitables au pays. Le déboisement est une conquête de l'homme sur la nature; les bois doivent disparaître des plaines et y céder la place à la culture. Mais on ne s'est malheureusement pas borné à découvrir ce qui, dans les vallées, pouvait être sillonné par la charrue, ou ce qui était appelé à former de gras pâturages; on a arraché les arbres de cantons stériles, où le bois seul devait croître; on a imprudemment livré à la hache les flancs et les cimes de nos montagnes; puis, le régime de la vaine pâture, affranchi de toute surveillance, et une vicieuse administration des forêts publiques et privées ont empêché la reproduction des bois après la coupe. L'insouciance des agents de l'État et des communes a fermé les yeux sur les abus les plus destructeurs. Aujourd'hui, les communes et l'État possèdent des milliers, des millions d'hectares de forêts nominales, où il y a tout juste autant de végétation que dans les steppes de la Tartarie ou dans le désert de Sahara. Les semis ordonnés par les lois ou par les règlements ont été illusoires par les sommes qui y étaient allouées, et dérisoires par l'incurie ou la mauvaise foi qui y a trop souvent présidé. On assure que plus d'une fois, à des époques déjà loin de nous, je dois le dire, les adjudicataires de coupes de bois ont semé du sable au lieu de graines. Il y a une vingtaine d'années, le mal était au comble; alors l'administration créa l'école forestière de Nancy, qui fournit des employés capables, actifs et intègres. En 1837, le ministre des finances a proposé de stimuler le zèle des agents subalternes par une augmentation de traitement qui les plaçât au-dessus de la misère et à l'abri de la séduction. Toutes ces améliorations du personnel sont louables sans doute, mais elles resteront peu efficaces tant qu'on n'aura pas inséré au budget un chapitre en faveur de la replantation. Avec un million consacré tous les ans à semer ou à planter des essences d'arbres bien choisies sur ceux des emplacements jadis occupés par les forêts, qui paraissent devoir être toujours rebelles à la culture, l'État se créerait en vingt ou trente ans un immense capital, réparti sur les vastes croupes des Pyrénées, des Alpes et des Vosges, ainsi que sur le littoral des Landes, où l'on n'applique aujourd'hui que sur une échelle lilliputienne les procédés ingénieux et économiques du savant Brémontier. En temps de paix, ce serait un inépuisable approvisionnement pour vingt branches d'industrie, et notamment pour celle des fers, qui ne travaillera à bon marché en France que lorsque le bois y sera plus abondant. En temps de guerre, ce serait une ressource de plus facile défaite que des rentes nouvelles.

TROISIÈME PARTIE.

—

CHEMINS DE FER.

CHAPITRE PREMIER.

DES AVANTAGES GÉNÉRAUX DES CHEMINS DE FER. DES QUESTIONS
QUE SOULÈVE L'EXÉCUTION D'UN VASTE RÉSEAU.

—

De l'influence que les chemins de fer peuvent exercer sur la balance politique du monde. — Ils favoriseront la formation de vastes États. — Ils mettraient un pays quatre fois et demi aussi étendu que l'Europe occidentale tout entière, au même niveau que la France pour les relations des hommes et les rapports du centre avec la circonférence. — L'opinion publique et le vœu populaire les réclament. — Des motifs semblables et dissemblables qui font établir des chemins en Angleterre et aux États-Unis; ils économisent le temps; c'est en Angleterre un objet de luxe, le terme extrême des moyens de communication. Aux États-Unis, c'est un instrument de défrichement, et un lien entre les divers États membres de la confédération. — Système de construction dispendieux en Angleterre, économique aux États-Unis. — Sujets d'examen que signale la comparaison des chemins de fer anglais avec ceux d'Amérique. — Prix moyen des chemins de fer en Angleterre, aux États-Unis, en Belgique. — De diverses questions à étudier et notamment de l'application de l'armée aux travaux publics et de l'organisation des ouvriers. — De la commission des chemins de fer nommée avant l'ouverture de la session; comment et pourquoi elle a précipité ses opérations.

L'invention des chemins de fer est un des plus grands bienfaits dont la science et l'industrie, associant leurs efforts, aient doté l'espèce humaine. Les chemins de fer semblent véritablement appelés à changer la face du globe. De hardis et généreux penseurs ont dit que le monde marchait à grands pas aujourd'hui vers l'association universelle; peut-être ce merveilleux ordre de choses, que leur faisait rêver leur noble amour pour le genre humain, n'est-il, au gré de beaucoup d'hommes positifs, rien de plus qu'une chimère; mais personne ne contestera que le sentiment d'unité, qui anime aujourd'hui tant de peuples, et le besoin d'expansion qui dévore quelques nations récemment apparues sur la scène dans l'ancien monde et dans le nouveau, ne tendent à changer la balance politique. Une force invincible secoue, ébranle et mine les barrières, entre lesquelles aujourd'hui les hommes sont parqués en petits États, et par conséquent prépare la place pour de vastes empires. Je ne dis pas que nous soyons à la veille de voir tous les trônes s'abaisser et tous les sceptres se courber sous la monarchie universelle qu'ont espérée quelques grands conquérants. J'incline du côté de ceux qui doutent que le genre humain puisse jamais tout entier reconnaître une seule loi, un seul roi, et même un seul Dieu; mais il est, ce me semble, permis de soutenir que nous ne tarderons pas à voir s'organiser, par voie de fédération, par voie de conquête, ou sous je ne sais quels auspices inconnus, d'immenses Etats qui engloberont par douzaines les royaumes, les principautés et les duchés, entre lesquels est maintenant répartie la population de l'Europe. C'est un résultat que le présent autorise à prévoir; c'est un pressentiment que le passé légitime, car, que sont nos grandes monarchies, comparativement à l'empire romain, sous le rapport de leur superficie habitable? que sont-elles en population à côté des 360 millions de sujets que compte le céleste empire? et si cette révolution s'accomplissait, les amis de l'humanité auraient-ils à s'en plaindre ou devraient-ils s'en applaudir? est-il déraisonnable de penser que les relations des peuples et des hommes entre eux deviendraient plus fécondes à mesure qu'elles gagneraient en fréquence et en ampleur?

Cette civilisation nouvelle, que seuls d'abord quelques hommes supérieurs avaient pressentie lorsqu'ils laissaient courir celle que Montaigne appelait la *Folle du Logis*, folle qui, toute folle qu'elle est, a autant que les sages le don de lire dans l'avenir; ce nouvel équilibre politique et social, qui maintenant commence à préoccuper les hommes d'État, n'auront pas d'agent matériel plus usuel, plus puissant que les chemins de fer. Pour préparer ce *novus ordo* et pour le maintenir, aucun instrument matériel plus efficace ne sera mis à la portée du genre humain.

Aujourd'hui, en France, et généralement en Europe, l'Angleterre exceptée, la vitesse moyenne des voitures publiques est de deux lieues à l'heure. La malle-poste, qui ne transporte qu'un très petit nombre de voyageurs, atteint tout au plus, chez nous, la vitesse moyenne de trois lieues et demie. En poste on ne fait guère que trois lieues à l'heure, et c'est un mode de transport qui est à l'usage d'une imperceptible minorité de privilégiés. Il faut qu'un chemin de fer soit grossièrement établi, pour que l'on ne puisse y circuler avec une vitesse moyenne de six lieues à l'heure, c'est-à-dire trois fois plus grande que celle de nos diligences. A ce compte, au moyen des chemins de fer, un pays, trois fois plus long et trois fois plus

large que la France, et par conséquent neuf fois plus
vaste, se trouverait, sous le rapport des communications et pour les relations des hommes entre eux, dans
la même situation que la France actuelle dépourvue
de chemins de fer. En supposant une vitesse de dix
lieues à l'heure, c'est-à-dire quintuple de celle des diligences ordinaires, le rapport d'un à neuf se change
en celui de un à vingt-cinq; le rapprochement des
hommes et des choses s'accélère alors dans la même
proportion, c'est-à-dire qu'avec des chemins de fer de
dix lieues à l'heure, un territoire vingt-cinq fois plus
grand que la France, ou quatre fois et demie aussi
étendu que l'Europe occidentale (1), serait centralisé
au même degré qu'aujourd'hui la France et pourrait
s'administrer tout aussi vite.

Mais ceux mêmes qui se refuseraient à croire à
l'accomplissement de cette révolution au milieu de
laquelle d'autres, au contraire, nous supposent pleinement engagés, par arrêt du destin ou de la Providence,
comme dans un tourbillon contre l'entraînement duquel la lutte est impossible, ceux qui se croiraient
fondés à soutenir que l'Europe et le monde doivent,
dans leurs divisions politiques, rester ce qu'ils sont
aujourd'hui, ceux-là reconnaîtront, et déjà reconnais-
sent, qu'il y a chez les populations, en faveur des
chemins de fer, un de ces sentiments contre lesquels
échoueraient tous les raisonnements et toutes les re-
montrances, une de ces volontés instinctives dont le
triomphe est certain aujourd'hui que le régime repré-

(1) Comprenant la France, l'Angleterre, l'Espagne et le Portugal, la Suisse,
l'Italie, l'Autriche, la Prusse, la Confédération Germanique, la Hollande, la
Belgique, le Danemarck.

sentatif a élevé le vieil adage, *vox populi, vox Dei*, au rang d'article de foi politique. S'ils contestent l'influence politique et sociale des chemins de fer, telle du moins que d'autres la supposent, ils en sentent la portée administrative, ils en avouent le mérite sous le rapport des affaires. Ainsi l'utilité, la convenance, la nécessité des chemins de fer ne sont plus à démontrer pour personne. Pour un motif ou pour un autre, il y a en leur faveur acclamation universelle, *consensus gentium*.

Il y a donc lieu à établir des chemins de fer; dans l'intérêt de la civilisation il faut de grandes lignes, car ce sont elles qui doivent contribuer le plus à transformer les rapports des hommes et des choses, à rapprocher les provinces des provinces, les peuples des peuples. C'est par les grandes lignes que circulera au loin la pensée humaine sous la forme la plus favorable à sa propagation, c'est-à-dire en chair et en os. Il faut aussi en créer de petites sur quelques points où les rapports des hommes sont extrêmement multipliés; il faut encore en poser quelques tronçons dans quelques localités où un canal serait impossible et où cependant il y a lieu à transporter une grande masse d'objets.

Les chemins de fer ont été mis en pratique à peu près exclusivement dans deux grands pays, les États-Unis et la Grande-Bretagne. Ces deux peuples avaient quelques raisons communes qui les poussaient également l'un et l'autre à se passionner pour les chemins de fer; mais parmi les diverses causes de cette prédilection des Anglais et des Américains, il y en avait aussi de dissemblables et même d'opposées. Enfin, il existait des arguments décisifs pour que, quant au système de construction, ce qui prévalait d'un côté de l'Atlantique différât beaucoup de ce qui était adopté sur l'autre bord.

En Angleterre, et aux États-Unis, le temps, c'est-à-dire ce que les chemins de fer excellent à économiser, a plus de valeur que partout ailleurs. Chez d'autres nations, par tempérament et par goût, on aime à tuer le temps; la race anglaise dans les Deux-Mondes est vivement et toujours préoccupée de le mettre à profit; elle a constamment présente à l'esprit cette idée de Franklin, que c'est l'étoffe dont la vie est faite.

Aux États-Unis, et en Angleterre, chacun va et se déplace; voyager n'y est pas comme chez nous, il y a cinquante ans, ou comme en Espagne aujourd'hui encore, un événement, un fait grave qui marque dans l'existence; c'est une pratique ordinaire de la vie courante; c'est un besoin, une nécessité, une sorte de fonction physiologique essentielle à l'organisme humain, comme le manger, le boire et le dormir.

Mais en Angleterre, les canaux étant achevés et les routes ordinaires parfaites, les chemins de fer n'ont pu se présenter que comme des communications de luxe, les seules qui restassent à exécuter avec les immenses ressources dont le pays dispose. On les a presque considérés comme un somptueux jouet qu'un peuple riche, entassé dans une île étroite, pouvait se donner, quelle qu'en fût la dépense relative, d'une extrémité à l'autre de son petit domaine. Aux États-Unis, le sol étant vierge et dépourvu de routes et de canaux, les chemins de fer, au lieu d'apparaître comme le dernier terme des moyens de transport, n'ont pu être

admis que parce que l'on a pensé qu'il y avait avantage à commencer par eux et qu'ils seraient mieux
appropriés que des canaux ou des routes aux vastes
dimensions de l'Union. Au lieu d'être accueillis en
Amérique comme un objet de luxe, ils l'ont été
comme l'instrument de défrichement le plus propre
à accélérer la conquête par l'homme des immenses
régions du nouveau continent, et comme une puissante garantie du maintien de la confédération entre les
divers États. A ce double titre d'utilité matérielle et
politique, ils ont excité sur l'autre rive de l'Atlantique
de véritables transports.

A l'égard du mode de construction, en Angleterre,
la population étant serrée, les distances courtes et les
capitaux abondants, on a prodigué des trésors aux
chemins de fer, on n'a rien épargné de ce qui pouvait,
au moyen d'une mise de fonds une fois faite, diminuer
les dépenses d'exploitation et accroître l'agrément et le
confort. A tout prix on a tenu à les établir de telle
sorte que la circulation y fût commode et prodigieu-
sement rapide. Aux États-Unis, les habitants étant
clair-semés sur un grand espace, les distances infinies,
les capitaux rares, on a dû s'appliquer à les construire
avec une économie rigoureuse; on s'est particulièrement attaché à réduire les frais de premier établissement. Disons cependant qu'aux États-Unis les accidents
sont aussi rares sur les chemins de fer qu'ils peuvent
l'être en Angleterre, et qu'ainsi l'esprit d'économie n'a
pas été exagéré à ce point que la sécurité publique eût
à en souffrir. Ce n'est pas aux dépens de la vie des
voyageurs que l'on est parvenu en Amérique à faire
des chemins de fer à bon marché, c'est seulement en

sacrifiant un tiers, un quart, ou même dans quelques
cas une moitié de la vitesse anglaise.

En France, nous avons à travailler sur des données
différentes de celles de l'Angleterre et des États-Unis.
Nous ne devons donc copier sans réflexion ni les procédés des Anglais ni ceux des Américains ; il faut que
nous soyons nous-mêmes, sous peine d'être des plagiai-
res, et, ce qui serait bien plus fâcheux, d'engloutir incon-
sidérément des sommes énormes dans des entreprises
irréfléchies ; nous ne pouvons adopter définitivement
un système quelconque, quant à l'étendue du réseau
et quant au mode de construction, qu'après avoir acquis la conviction qu'il serait en harmonie

Avec les proportions de notre territoire ;

Avec l'état et le développement présent ou prochain
de nos autres voies de transport, et avec les services
que notre climat nous autorise à attendre d'elles ;

Avec nos ressources publiques et privées, avec le
degré d'extension qu'a déjà acquis et que tend à acquérir chez nous l'habitude des voyages,

Et avec la valeur que nous attachons au temps.

Pour donner une idée, en peu de mots, de la portée
des diverses questions que nous énumérons ici, je me
bornerai à citer un fait.

Les chemins de fer anglais, d'après la dépense
moyenne des quatre principaux, ceux de Liverpool à
Manchester, de Londres à Birmingham, de Birmingham à Manchester, et de Londres à Bristol, paraissent
aujourd'hui devoir coûter un peu plus de deux millions
par lieue (1). Le prix moyen des chemins de fer des

(1) Voir la Note 7 à la fin du volume.

États-Unis est de 250,000 fr. (1), c'est-à-dire huit fois moindre. Celui des chemins de fer belges est jusqu'à présent de 500,000 fr. (2), c'est-à-dire quatre fois moindre. De pareilles différences n'offrent-elles pas matière aux méditations les plus sérieuses pour ceux qui tiennent à économiser les deniers de la France?

Malheureusement la plupart des sujets que nous venons d'indiquer restent encore à élaborer ou à approfondir : et ce ne sont pas là les seules lacunes qu'il soit possible de signaler dans les examens successifs dont les chemins de fer ont été l'occasion. Les chemins de fer, en effet, soulèvent une multitude de questions d'administration publique, de finances, de douanes, de stratégie, de système militaire et d'équilibre européen; et l'on n'a pas procédé, à l'égard de tous ces points difficiles, avec la sagacité et la sollicitude sur lesquelles le pays pouvait compter, non seulement parce que c'est son droit, mais aussi parce que l'administration semblait elle-même avoir donné la mesure du degré d'investigation auquel elle était résolue à soumettre l'affaire des chemins de fer, par le soin rigoureux qu'elle avait apporté à faire étudier topographiquement toutes les grandes lignes qu'il était possible de concevoir au travers du territoire.

Il eût été indispensable qu'une commission organisée long-temps à l'avance s'entourât à loisir de tous les renseignements que l'autorité et les citoyens pouvaient lui fournir; que dans une enquête solennelle, ouverte à Paris et dans quelques unes de nos princi-

(1) Voir la Note 8 à la fin du volume.
(2) Voir la Note 9 à la fin du volume.

pales villes, elle interrogeât les négociants, les agriculteurs, les ingénieurs, les chefs des divers services publics, les militaires; qu'elle posât des questions aux Chambres de Commerce, au Conseil des ponts-et-chaussées, au Comité du génie militaire; qu'elle consultât les corps savants. Elle aurait eu à s'enquérir minutieusement de l'influence qu'une entreprise de travaux, aussi vaste que celle du réseau tout entier, ou seulement de la moitié, pourrait exercer sur le prix des matières premières, telles que le fer et le bois, et sur celui de la main-d'œuvre, et à rechercher les moyens d'empêcher une variation trop brusque ou trop considérable dans la valeur de ces premiers éléments de toute industrie. Il y avait encore à se demander comment prévenir l'inconvénient qui résulterait, soit pour la construction des chemins de fer, soit pour les autres branches du travail national, de la pénurie déjà extrême d'hommes spéciaux, ingénieurs, et plus encore conducteurs, piqueurs, mécaniciens et entrepreneurs, si l'exécution du réseau était entamée tout d'un coup sur une grande échelle. Soit pour régulariser, en la modérant, la hausse du prix de la main-d'œuvre, soit pour profiter de la réunion sous les drapeaux des plus robustes jeunes gens de nos campagnes, afin de développer l'activité et l'intelligence des populations, serait-il ou ne serait-il pas sage d'organiser sérieusement l'application de l'armée aux travaux publics? Quelles modifications faudrait-il, si l'on se prononçait affirmativement, apporter à notre régime militaire, à l'enseignement de l'école de Saint-Cyr, et même à celui des écoles du génie, de l'artillerie et de l'état-major?

L'exécution des grandes lignes devrait être poussée

avec activité; elle exigerait, par conséquent, le concours d'un grand nombre de travailleurs. Or, ces agglomérations d'ouvriers pourraient n'être pas sans danger dans notre époque d'agitation, où le repos du monde semble ne tenir qu'à un fil, où toutes les imaginations sont inflammables, où, par un reste de vieilles habitudes contractées au milieu de nos révolutions, tous les bras semblent prêts à se lever pour détruire encore avec autant d'ardeur que pour édifier. Comment parer à cet inconvénient? Ne serait-il pas bon, à la fois dans l'intérêt des ouvriers et dans celui de la paix publique, de donner une organisation à des corps d'ouvriers de manière à mettre l'ordre public à l'abri d'un coup de main et à garantir aux ouvriers soit la stabilité du travail dont l'incertitude les rabaisse, de citoyens qu'ils sont, au rang de prolétaires; soit même un avancement proportionné à leurs services et à leur bonne conduite, et à leur assurer, moyennant une retenue au profit des caisses d'épargne ou d'une caisse spéciale, une retraite pour leurs vieux jours? Ce serait prendre à revers la question de l'application de l'armée aux travaux publics, car ce serait jusqu'à un certain point enrégimenter les ouvriers, comme, au reste, le sont déjà les mineurs dans quelques parties de l'Allemagne.

Sous le rapport du mode d'exécution, il y avait aussi à déterminer si l'on devait ou non appeler le concours des localités et des compagnies, et sous quelle forme et dans quelles limites ce concours pourrait s'établir? question complexe à laquelle il s'en rattachait une myriade d'autres.

Il y avait encore bien d'autres difficultés à aborder;

je n'ai pas la prétention d'en dérouler la liste; et d'ailleurs à quoi bon, maintenant que tout le monde s'aperçoit que les points par lesquels la question des chemins de fer touche aux intérêts les plus vivaces de la politique, de l'administration et de la défense du territoire, de l'agriculture, du commerce et des manufactures, sont en nombre indéfini, je dirais volontiers infini?

L'administration a en effet nommé une commission; celle-ci comptait dans son sein plusieurs administrateurs distingués, des hommes vieillis dans la pratique des grandes affaires publiques : elle était fort compétente, et s'est montrée animée de la meilleure volonté. Ainsi elle offrait virtuellement toutes les garanties désirables; et cependant il se trouve qu'effectivement elle n'a nullement rempli son important mandat.

La tâche qui lui était dévolue était vraiment immense, et eût exigé un an ou deux d'un travail opiniâtre. Si elle n'eût écouté que son inclination, si elle n'eût consulté qu'elle-même, la commission n'eût opéré qu'avec poids et mesure; mais elle a eu peur de susciter des délais à la présentation des projets de loi, et elle s'est fait violence. On l'a conjurée de se hâter, et elle a pris le pas de course. Elle s'est réunie pour la première fois le 18 novembre à huit heures du soir, après dîner; et huit jours après, le 25 novembre, quand elle se fut assemblée sept fois, les plus grosses des questions dont on l'avait saisie ou qu'elle-même avait évoquées, avaient été passées en revue et vidées par un vote. De la part d'hommes aussi haut placés et aussi zélés pour le bien public, tant de précipitation était de l'abnégation la plus pure;

c'était se sacrifier à l'impatience de l'administration, des chambres et du public. Mais en se dévouant ainsi, la commission s'est dévouée à ne pas faire autorité. Les idées par elle émises resteront comme les premiers aperçus d'hommes consciencieux et graves; c'est, pour parler le langage des travaux publics, un avant-projet; c'est une esquisse, une ébauche; ébauche estimable et recommandable, comme tout ce qui vient de grands maîtres, mais enfin ce n'est rien de plus qu'une ébauche. Quel est donc l'aréopage qui pourrait prétendre à juger en dernier ressort, en une ou deux semaines, dans une dizaine de séances du soir, à l'heure de la digestion, une longue série de questions toutes ardues, compliquées et neuves, où l'enjeu du pays doit être de 1,500 millions, de 2 milliards peut-être?

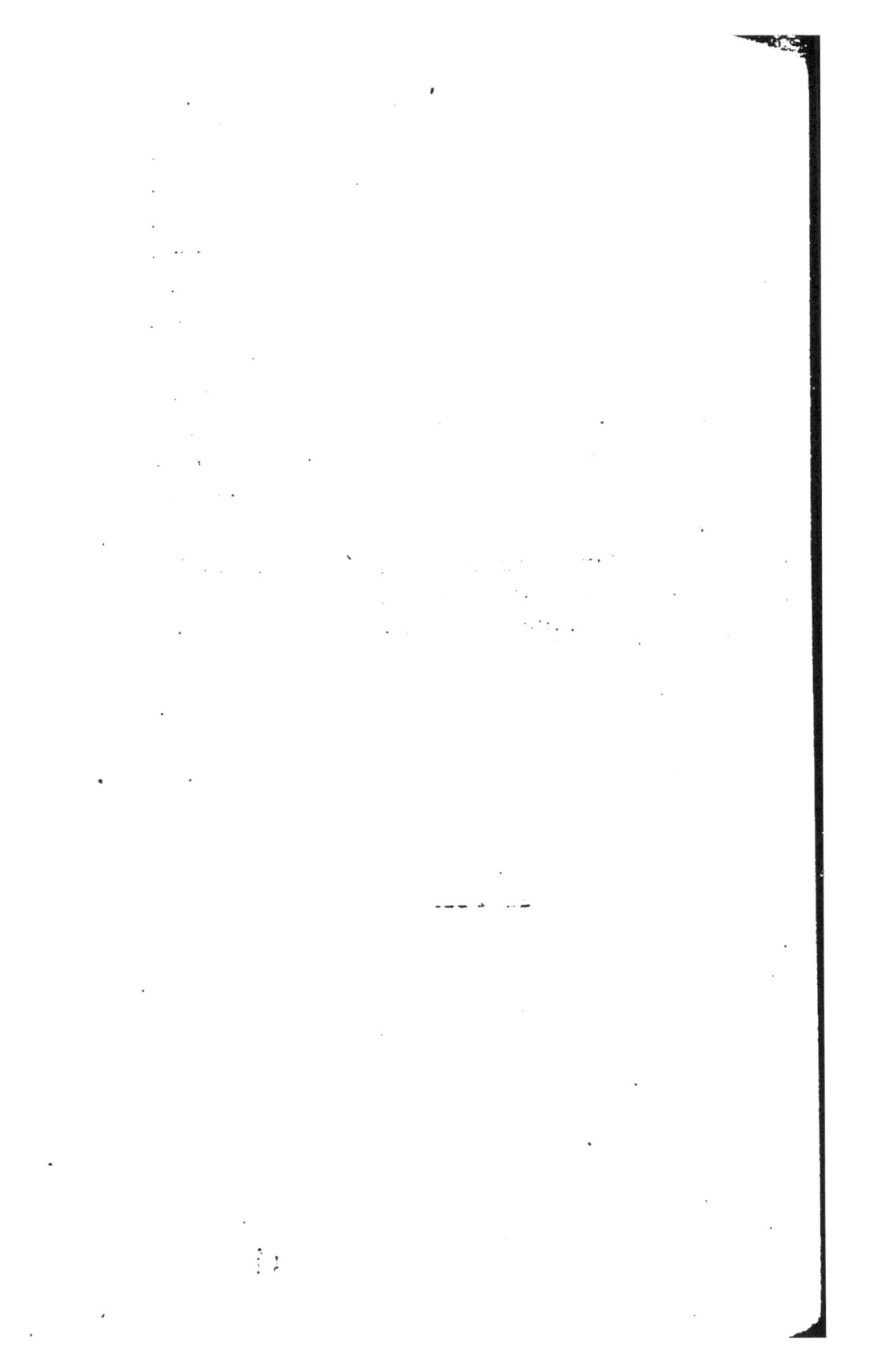

CHAPITRE II.

DES CHEMINS DE FER COMPARÉS AUX LIGNES NAVIGABLES POUR LE
SERVICE DES MARCHANDISES ET POUR CELUI DES VOYAGEURS.

———

I.

DES AVANTAGES RESPECTIFS DES CHEMINS DE FER ET DES LIGNES NAVIGABLES
DESSERVIES AUTREMENT QUE PAR LA VAPEUR, POUR LE TRANSPORT DES
CHOSES ET POUR CELUI DES HOMMES.

Du chemin de fer de Saint-Étienne pris pour exemple des frais de transport
des marchandises. Son tarif de 10 centimes par tonneau et par kilogramme
lui permet seulement de joindre les deux bouts. — Comment cet exemple
est concluant. — Pour les marchandises encombrantes, les chemins de fer
seraient trois fois plus dispendieux que les canaux. — L'avantage est encore
plus grand pour les rivières en bon état. — De la lenteur du transport sur
les canaux français. — Célérité obtenue sur les canaux d'Amérique et
d'Angleterre pour les marchandises; vingt lieues par jour par voie accélérée,
dix à douze lieues par voie ordinaire. — Service accéléré du canal du Midi.
— Bateaux-rapides des canaux anglais pour les voyageurs; quatre lieues
à l'heure tout compris. — Prix modique du transport accéléré par canaux.
— Prix du service accéléré du canal du Midi; la Compagnie a un mauvais
système de tarifs. — Prix du transport des voyageurs sur les canaux. —
Nombre de voyageurs sur les canaux anglais. — Comparaison du prix des
places sur les bateaux-rapides des canaux et les chemins de fer.

Serait-il sage de négliger les canaux et les rivières
pour les chemins de fer? Sous le point de vue com-

mercial, et en se renfermant dans ce qui est du domaine des intérêts matériels proprement dits, les lignes navigables, dans des pays tels que la France, valent-elles moins que les chemins de fer, pour le transport des marchandises; valent-elles autant ou ne valent-elles pas mieux? Pour le transport des hommes, doit-on désespérer que provisoirement elles puissent en tenir lieu dans un bon nombre de cas?

Parlons d'abord des marchandises.

Sur le chemin de fer de Saint-Étienne à Lyon, le charbon est taxé à 10 c. (1) par tonneau (de 1000 kilog.) et par kilomètre, ou à 40 c. par lieue de poste (de 4 kilomètres). Ce chemin est le plus fréquenté qu'il y ait au monde; il est parcouru annuellement par 500,000 tonneaux de marchandises. Or, on estime que la circulation est animée sur un canal, un chemin de fer ou une route, lorsqu'il y passe 100,000 tonneaux. Dès lors les frais d'administration et d'entretien et l'intérêt du capital engagé, se répartissant sur une immense quantité de marchandises, se trouvent proportionnellement réduits à leur plus simple expression, et n'entrent que comme un faible élément dans les dépenses relatives à chaque tonneau. Ce chemin descend continuellement de Saint-Étienne au Rhône, et c'est dans ce sens que s'opère la presque totalité des transports; de là une autre diminution considérable de frais. Enfin il est fort bien administré. Malgré toutes ces circonstances favorables, malgré le service des voyageurs qui est très productif, le chemin de fer de Lyon à Saint-Étienne ne donne qu'un bénéfice net fort modique,

_____

(1) Je prends ici un nombre rond. Le chiffre véritable du tarif est 9 c. 8[10.

et il joindrait tout juste les deux bouts, s'il n'unissait au transport des marchandises d'autres sources de revenus, telles que le transport des voyageurs sur lequel on ne comptait nullement à l'origine, un pont à péage à Lyon (le pont de la Mulatière), une gare à Perrache, et quelques droits d'emmagasinage et de factage.

J'admets que, sur plusieurs points, ce chemin se trouve en assez mauvais état, ce qui occasionne un surcroît de déboursés; mais cette cause de dépenses est loin de contre-balancer les priviléges dont il jouit, comparativement aux autres chemins de fer qui existent et à ceux qui sont projetés, priviléges dont quelques uns, et notamment la pente dans le sens du mouvement commercial et l'importance de ce mouvement, sont tout exceptionnels et vraiment uniques au monde. Il me semble donc qu'on se placera dans une hypothèse avantageuse pour les chemins de fer, en supposant que 10 centimes par tonneau et par kilomètre représentent le prix auquel peut s'effectuer le transport sur les chemins de fer en général (1).

Cela est si vrai, que sur tous les autres chemins de fer d'Angleterre, d'Amérique et de France, les prix sont beaucoup plus élevés, et que l'on ne trouverait pas une compagnie sérieuse qui voulût maintenant souscrire à un tarif de 10 centimes.

Sur les canaux, au contraire, en les supposant en

(1) Le transport coûte par le roulage ordinaire 20 à 25 cent., et par le roulage accéléré 35 à 40 cent. par tonneau et par kilomètre, soit 80 cent. à 1 fr. par le roulage ordinaire et 1 fr. 40 à 1 fr. 60 cent. par le roulage accéléré, par tonneau et par lieue.

bon état et bien administrés, le nolis ou fret, c'est-à-dire la dépense de traction proprement dite, correspondant à une vitesse ordinaire, s'évalue communément à 1 centime et demi par tonneau et par kilomètre. Indépendamment de ce chiffre, qui indique le montant à payer pour salaire du batelier, loyer des chevaux de halage et usure du bateau, il faut compter le péage perçu par le propriétaire du canal, et qui est destiné à couvrir la dépense d'entretien et l'intérêt du capital engagé dans les travaux. Sur toutes les lignes dont le gouvernement dispose à son gré, et sur celles qu'il établira désormais, ce péage ne doit pas être évalué, pour les marchandises encombrantes, à plus de 2 cent. Ainsi, c'est 3 cent. et demi qu'il faut mettre en regard de 10 cent., pour comparer les frais du transport par canaux à ceux du transport par chemins de fer. En un mot, avec les chemins de fer on est, quant à présent, autorisé à dire que, pour les marchandises usuelles et encombrantes, pour ce qui compose la masse des charrois, la dépense est triple de celle qu'imposent les canaux. Le rapport resterait à peu près le même si l'on tenait compte des frais de traction seuls; nous avons dit qu'ils étaient sur un canal, de 1 centime et demi par tonneau et par kilom., sur un chemin de fer ils sont de 4 centimes environ.

Si l'on compare les chemins de fer aux rivières et aux fleuves améliorés ou dans leur état naturel, la différence sera plus considérable; car, pour les objets encombrants, le droit de navigation n'est que de deux dixièmes de cent. à la descente, et de trois dixièmes à la remonte; soit moyennement d'un quart de cent., au lieu de 2 cent. Dès lors, en supposant le fret le même(1), ce serait moins de 2 cent. qu'il faudrait opposer à 10, c'est-à-dire que le désavantage des chemins de fer serait, dans ce cas, de 5 contre 1.

On peut élever beaucoup d'objections contre le transport par canaux. Il est quelquefois d'une lenteur désespérante. Il y a quelques années, le charbon qui venait de Mons à Paris dépensait plus de temps, pour ce modeste trajet de 85 lieues, qu'il n'en faut à un bâtiment, médiocre voilier, pour aller de Bordeaux à la Guadeloupe, y déposer son chargement de farines et de vins, prendre une cargaison de sucre, revenir dans la Gironde, se débarrasser encore une fois de ses marchandises, se recharger une troisième fois sans se presser, aller de là au fond du golfe du Mexique, à Vera-Cruz, y débarquer ses productions françaises, avec la mollesse qu'inspire l'atmosphère tiède des tropiques, et rentrer à Bordeaux, après être passé à la Nouvelle-Orléans, pour s'y emplir, sans tour de faveur, de balles de coton. Aujourd'hui on a considérablement réduit ces délais insupportables ; et cependant, pour venir des mines d'Anzin à la fabrique de glaces de Saint-Gobain, c'est-à-dire pour faire un voyage qu'un piéton accomplirait sans effort en deux journées, des bateaux de charbon que l'on m'a cités, ont mis, en 1837, plus de vingt jours. Mais on n'est en droit de rien conclure de là contre les canaux en général. La seule conclusion qu'on soit fondé à en tirer, c'est que si, en France, nous nous sommes formés dans l'art de construire des canaux, nous sommes encore

(1) Sur les rivières, on estime que le fret proprement dit est moindre, à la descente, que sur les canaux d'un quart environ. A la remonte il est plus considérable, de moitié à peu près, que sur les canaux.

bien novices dans l'art de nous en servir. Chez d'autres peuples, la circulation des marchandises sur les canaux est beaucoup plus rapide. Aux États-Unis, sur le grand canal Érié, qui rattache New-York au réseau des lacs de l'Amérique du Nord, les bateaux accélérés (*line boats*) qui marchent jour et nuit, franchissent les 146 lieues qui séparent les deux extrémités de ce beau canal, en sept fois vingt-quatre heures régulièrement, ce qui suppose une vitesse moyenne de 21 lieues par jour. Rien n'est plus commun qu'une vitesse pareille sur les canaux d'Angleterre ou d'Amérique. Les autres bateaux du canal Érié, qui s'arrêtent la nuit, ne restent que treize à quatorze jours en route; ce qui suppose un parcours moyen de 10 à 12 lieues par jour. Les bateaux qui conduisent à Philadelphie les charbons du Schuylkill, marchent du même train.

En France même, sur quelques canaux qui n'appartiennent pas à l'État et ne sont pas administrés par lui, il existe actuellement un service d'une promptitude remarquable et d'une régularité parfaite : je veux parler du canal du Midi et de quelques canaux attenants, où une administration éclairée a organisé, depuis 1834, une ligne de bateaux accélérés dont le commerce s'applaudit tous les jours davantage, et les compagnies propriétaires plus encore. Ces bateaux franchissent le canal du Midi, le canal des Étangs et le canal de Beaucaire, formant ensemble 90 lieues, en 6 jours et 16 heures, qui se réduisent à 118 heures de marche effective, y compris même le temps des stations pour chargement et déchargement des marchandises, parce que les bateaux s'arrêtent de 9 heures du soir à 4 heures du matin. Leur vitesse de déplacement, proprement

dite, est de 6,000 mètres (une lieue et demie de poste)
à l'heure. Les bateaux ordinaires peuvent faire le trajet de Toulouse au port de Cette en 6 jours, à raison
de 10 à 12 lieues par jour; mais comme ils s'arrêtent
pour déposer une partie de leur chargement ou pour
le compléter, leur traversée dure habituellement une
quinzaine de jours. C'est un peu lent comparativement
au service ordinaire des canaux d'Amérique ou d'Angleterre; mais c'est une célérité presque fabuleuse à
côté de ce qui se passe sur nos autres canaux français.

Il s'en faut de beaucoup que la vitesse d'environ
20 lieues par jour soit la dernière limite qu'on puisse
atteindre sur les canaux. Tout le monde sait qu'en
Angleterre, depuis 1830, sur le canal de Glasgow à
Paisley d'abord, et sur plusieurs autres ensuite, on
a établi pour les voyageurs des bateaux qui se meuvent avec une vitesse de 3 lieues et demie à 4 lieues et
demie de poste à l'heure, y compris le temps nécessaire pour franchir les écluses, et dont la vitesse de
déplacement va par moments jusqu'à 5 lieues.

Aux États-Unis, sur la plupart des canaux construits
par les États, il y a des paquebots affectés uniquement
au transport des voyageurs, et qui parcourent à peu
près 7 kilomètres par heure, ou une quarantaine de
lieues par 24 heures, car ils vont nuit et jour; et s'ils
ne dépassent pas cette rapidité, c'est que les règlements s'y opposent. Mais là aussi, sur des canaux
appartenant à des compagnies, le système anglais des
bateaux-rapides a été appliqué avec succès, et, sur le
canal à grande section du Raritan à la Délaware, entre
Philadelphie et New-York, j'ai voyagé dans un bateau
d'une construction particulière, fort vaste et beaucoup

plus commode que les nacelles effilées en usage sur les canaux anglais, avec une vitesse d'un peu plus de 3 lieues, tout compris.

En France, sur le canal du Midi, on a perfectionné, en 1835, un service de bateaux de poste qui datait de la construction du canal. Ces bateaux, très fréquentés aujourd'hui, se meuvent avec une vitesse moyenne de 11 kilomètres (2 lieues trois quarts) par heure, non compris le passage des écluses; ils vont en trente-six heures, tout compris, de Toulouse à Cette, et en cinquante-et-une heures de Toulouse à Beaucaire, ce qui met leur vitesse effective de voyage à un peu moins de 2 lieues par heure.

Le transport des marchandises, à raison de 20 lieues par jour, et celui des hommes avec une rapidité double, triple ou quadruple, s'effectuent à assez bas prix. En 1835, lorsque je visitai le canal Erié, les commissionnaires transportaient la farine, par bateaux accélérés, à raison de 2 cent. 8 dixièmes par tonneau et par kilomètre (péage non compris), ou de 11 cent. 2 dixièmes par tonneau et par lieue, ce qui ne représente que le quatorzième du prix du roulage accéléré français; et pourtant la France est peut-être le pays où le roulage offre au commerce les meilleures conditions. Sur nos canaux les plus fréquentés, sur ceux qui vont de Paris au nord, par exemple, où l'on marche huit ou dix fois plus lentement, le prix du fret est plus élevé que sur le canal Érié, précisément à cause de cette lenteur; car pendant le temps que l'on perd ainsi, il faut nourrir les bateliers et entretenir le bateau. Si l'on tenait compte du péage, qui, sur le canal Érié, est de 3 cent. et demi par tonneau de farine et

par kilomètre, la totalité des frais de transport, par
voie accélérée, s'élèverait sur ce canal, pour la farine,
à 25 cent. par lieue, c'est-à-dire au sixième de ce que
coûte chez nous le roulage accéléré, dont la vitesse est
à peu près la même, et au quart du prix de notre roulage ordinaire, qui va deux fois moins vite que les
bateaux accélérés américains.

Sur les bateaux accélérés du canal du Midi, le prix
du transport des marchandises a été fixé à 12 cent. et
demi par tonneau et par kilomètre, sur quoi 8 cent.
représentent le droit de péage perçu par les compagnies
des canaux (1), droit qui est excessif. Il n'y a donc
que 4 cent. et demi qui correspondent au fret ou
transport proprement dit, et ce chiffre est lui-même
susceptible de réduction. Il faut remarquer qu'habituellement, et surtout sur le canal du Midi, l'on n'emploie les bateaux accélérés que pour des marchandises
de quelque valeur, qui ne sauraient être voiturées par
chemin de fer au prix ci-dessus rapporté de 10 cent. par
tonneau et par kilomètre (2). C'est d'ailleurs un service
encore à son début sur le canal du Midi, et la compagnie du canal, qui se montre si soigneuse, si magnifique
dans l'entretien du bel ouvrage de Riquet, qui lui a fi-
dèlement conservé le cachet du siècle de Louis XIV,
qui est si généreuse, si paternelle envers ses employés,
est encore à comprendre le bénéfice que lui rapporte-

---

(1) Les trois canaux du Midi, des Étangs et de Beaucaire, sur lesquels a
lieu ce service de Toulouse à Beaucaire, appartiennent chacun à une compagnie.

(2) Transportées par les diligences, ces marchandises paieraient 75 cent. à
1 fr. par tonneau et par kilomètre.

raient à elle-même des procédés plus libéraux à l'égard du commerce.

Avec des tarifs qui laisseraient une belle marge aux entrepreneurs de transports et aux propriétaires des canaux, il me semble que chez nous, en supposant des canaux bien administrés, le transport sur les canaux, par service accéléré, à raison de 20 lieues par 24 heures, pourrait être estimé, tout compris, à 6 ou 7 cent. par tonneau et par kilomètre (24 à 28 centimes par lieue) pour des marchandises qui, sur les chemins de fer, seraient taxées à 15 ou à 20.

Au reste, à l'égard des marchandises, sauf les objets de prix et quelques denrées de luxe pour lesquelles il est indispensable de ménager le temps, il est généralement admis que les canaux, et, à plus forte raison, les rivières améliorées où les droits de péage sont fort modiques, valent mieux que les chemins de fer.

Essayons maintenant de poser quelques termes de comparaison en ce qui concerne les voyageurs.

Aux États-Unis, sur le canal Érié, les voyageurs paient, nourriture non comprise, par lieue :

Sur les paquebots	40 cent.
Sur les bateaux accélérés (*line boats*)	20
Sur les bateaux ordinaires	13

Sur le canal du Raritan à la Délaware, où la vitesse est d'environ 3 lieues un quart par heure, le prix des places est aussi fort bas.

Dans les diligences américaines, le prix des places, qui est le même pour tous, est très rarement au-dessous de 60 cent.; il est plus habituellement de 65 à 70 cent., quelquefois de 80 cent. et de 1 franc. Entre Baltimore et Washington, quoique la route soit très fréquentée, j'ai payé 1 fr. 14 cent. En 1834, entre Philadelphie et Baltimore, pendant l'hiver, lorsque la gelée eut arrêté les bateaux à vapeur, le prix des diligences était de 53 fr. pour 38 lieues, soit : 1 fr. 39 cent. par lieue.

Sur les chemins de fer américains, le prix des places est habituellement au-dessus de 40 cent. par lieue; sur celui de Baltimore à l'Ohio, il est de 40 cent., sur celui d'Albany à Schenectady, de 44; il est de 65 cent. sur celui de Charleston à Augusta, et de 66 sur celui de Pétersburg au Roanoke (Virginie). Mais aux États-Unis, le temps a une si grande valeur et les routes ordinaires sont si imparfaites, que des prix aussi élevés n'y excitent pas de réclamations contre les chemins de fer.

En France, sur les bateaux de poste du canal du Midi, les voyageurs paient, par lieue :

Dans le salon.	3o cent.
Dans la salle.	20

Sur les bateaux-rapides des canaux anglais, l'infériorité des prix des places, relativement à ceux des diligences, est remarquable, quoique ce soient des bateaux fort étroits (1) où l'on ne peut recevoir qu'un nombre limité de voyageurs. On en jugera par le tableau suivant qu'a publié un observateur très digne de foi :

(1) Sur le canal de Paisley, la plus grande largeur du bateau est de 1 mètre 5o centimètres. Sur le canal de l'Union, elle est de 2 mètres 3o centimètres.

Tableau du prix des places et des vitesses sur diverses voies de communication en Angleterre (1).

	PRIX PAR LIEUE DE POSTE.		Vitesse moyenne par heure.
	1res places.	2es places.	
BATEAUX-RAPIDES DES CANAUX.			
Canal de Lancaster.	35 c.	25 c.	4 lieues.
— de Paisley	28	19	4
— de Forth et Clyde.			
Bateau de jour..	35	25	3
Bateau de nuit..	27 1|2	19	2
CHEMIN DE FER de Liverpool à Manchester. . . .	50	25	8
— de Glasgow à Gankirk. .	25	16	6
— de Darlington à Stockton.	37	25	6
ROUTES ORDINAIRES (Douvres, Derby, Birmingham) (2).	130	80	4
BATEAU A VAPEUR DE RIVIÈRE:			
Sur la Clyde.	25	18	3 6|10
BATEAU A VAPEUR MARITIME.			
De Glasgow à Liverpool.	15	4 1|2	3 1|2 à 4
— à Dublin..	22	6 1|2	3 1|2 à 4
— à Belfast.	25	4 1|10	3 1|2 à 4

Le nombre des voyageurs, sur les canaux anglais, s'est rapidement accru depuis le moment où l'on a commencé à y faire usage des bateaux-rapides.

Ainsi sur le canal de Paisley on a transporté moyennement :

(1) *Journal de l'Industriel et du Capitaliste*, mai 1836. Article de M. Perdonnet.

(2) Suivant M. C. G. Simon, de Nantes, écrivain aussi éclairé qu'exact, qui a visité l'Angleterre quelque temps après M. Perdonnet, les prix des diligences anglaises seraient, aux premières places, c'est-à-dire dans l'intérieur (*inside*), de 1 fr. 06 cent. par lieue, et aux secondes, c'est-à-dire à l'extérieur (*outside*), de 64 centim.

(*Observations recueillies en Angleterre*, tom. I, pag. 15.)

En 1831 . . . . 258 voyageurs par jour.
En 1832 476
Dans les six premiers mois de 1833. 687
En juillet et août 1833, environ. 1000

Il est arrivé qu'en un seul jour le nombre des passagers se soit élevé à 2,500.

Il résulte du tableau précédent qu'à en juger par l'Angleterre seule, les canaux, au moyen des bateaux-rapides, peuvent transporter les hommes avec une vitesse qui, bien que moindre que celle des chemins de fer, ne laisse pas d'être considérable et suffisante pour la plupart des cas, et qu'ils les transportent à tout aussi bas prix. On pourrait en tirer aussi cette conséquence, que nous allons voir se vérifier ailleurs, que le *nec plus ultrà* de l'économie pour le transport des hommes est le fait des bateaux à vapeur, et que cette économie extrême n'exclut pas une rapidité dont on s'estimerait très heureux, si l'on pouvait en jouir plus communément dans nos temps modernes, où, malgré tous les progrès de la science et de l'industrie, les classes aisées ne se déplacent encore, sauf un tout petit nombre de riches, qu'à raison de 2 lieues à l'heure dans la presque totalité des directions, et où l'immense majorité de la population ne voyage qu'en se traînant péniblement à pied.

II.

DES CHEMINS DE FER COMPARÉS AUX BATEAUX A VAPEUR POUR LE TRANSPORT
DES MARCHANDISES ET POUR CELUI DES HOMMES.

—

Du transport des Marchandises. Prix sur la Seine; sur le Rhône, sur la
Loire. — En quoi la comparaison n'est pas concluante chez nous. — Prix sur
l'Hudson, sur l'Ohio et sur le Mississipi. — Supériorité remarquable des
bateaux à vapeur sur les chemins de fer et même sur tous les autres moyens
de transport, dans l'Amérique du Nord.

Du transport des Voyageurs. Bateaux des États de l'Est de l'Union américaine; vitesse de six lieues à l'heure. — Bateaux anglais; vitesse de
quatre à cinq lieues et demie et même de six lieues. — Vitesse des bateaux
français sur la Seine, le Rhône, la Saône, la Loire, la Garonne. — Absence
de danger sur les bateaux à vapeur les plus rapides. — Causes exceptionnelles d'où résultent les nombreux accidents éprouvés par les bateaux à
vapeur sur le Mississipi. — Agrément du voyage par bateau à vapeur. —
C'est le système de viabilité qui coûterait le moins à établir. — Prix des places
sur les bateaux à vapeur. — Prix sur l'Hudson aux États-Unis; cinq centimes par lieue. — Prix sur les autres lignes des États du littoral; moitié
moindre que sur les chemins de fer, avec une vitesse peu différente. — Prix
sur les bateaux à vapeur de l'Ohio et du Mississipi. — Prix des places sur
les bateaux anglais. — Prix des places sur les bateaux français de la Seine,
de la Loire, de la Garonne, du Rhône et de la Saône. — Supériorité des
bateaux à vapeur sur les chemins de fer, quant à l'économie. — En quoi
l'exemple des chemins de fer d'Angleterre et d'Amérique n'est pas suffisamment concluant. — Exemple des chemins de fer belges; observations sur cet
exemple. — Chemins de fer de Saint-Étienne, de Saint-Germain. — Tarifs
actuellement prescrits par l'administration.

Les bateaux à vapeur peuvent être appliqués au

transport des marchandises, soit comme véhicules directs, soit comme remorqueurs marchant à peu près sans charge, mais traînant d'autres bateaux.

De tous nos fleuves, la Seine, entre Rouen et le Havre, est celui où les bateaux à vapeur sont utilisés sur la plus grande échelle pour la circulation des marchandises.

Les marchandises encombrantes, de quelque valeur cependant, paient, entre le Havre et Rouen, de 7 à 10 fr. par tonneau.

Ce qui revient à :

Par kilom.	5 à 7 cent.
Par lieue.	20 à 28

Entre Rouen et Paris il s'opère peu de transports par bateaux à vapeur; l'état de la rivière et plus encore les arches étroites et surbaissées de quelques ponts antiques s'y opposent. Voici cependant sur la condition actuelle et sur l'avenir de la navigation à vapeur entre Rouen et Paris, quelques détails extraits d'un mémoire de M. l'ingénieur en chef Poirée, qui avait reçu mission d'étudier la Seine et de proposer un plan d'amélioration de ce fleuve:

Selon M. Poirée, les prix sont, dans les circonstances les plus ordinaires, par tonneau, à la descente,

Par bateau à vapeur marchant seul.	5 fr.
Par bateau remorqué à la vapeur..	4

La distance par eau entre Rouen et Paris est de 59 lieues et demie; ce qui met les prix au taux suivant:

	par kilom.	par lieue.
Par bateau marchant seul..	2 cent.	8 cent. 1|2
Par bateau remorqué.	1 1|2	6 1|2

A la remonte, les prix sont, par tonneau, pour toute la distance :

Par bateau marchant seul	14 fr.
Par bateau remorqué.	11

ou

	par kilom.	par lieue.
Par bateau marchant seul.	6 cent.	23 1|2
Par bateau remorqué.	4 1|2	18 1|2

M. Poirée pense que, sur la Seine, lorsqu'elle aura été améliorée, les droits de navigation restant ce qu'ils sont aujourd'hui, c'est-à-dire extrêmement modiques, les prix du transport à la vapeur seront, à la descente :

	par kilom.	par lieue.
Par bateau marchant seul. .	2 cent.	8 cent.
Par bateau remorqué.. . .	1 1|4	5

à la remonte :

Par bateau marchant seul. .	3 1|4	13
Par bateau remorqué. . . .	2 1|2	10

Sur le Rhône, par bateaux à vapeur marchant seuls, les prix sont habituellement, à la descente :

	par kilom.	par lieue.
De Lyon à Arles.	10 cent. 1|2	42 cent.
D'Arles à Marseille. . . .	10	40

à la remonte :

De Marseille à Lyon.. . . .	14 1|2	58

On espère que ces prix seront prochainement réduits au moyen d'un nouveau service mieux monté, et qu'ils deviendront,

	par kilom.	par lieue.
A la descente.	5 à 7 cent.	20 à 28 cent.
A la remonte.	9 1|2 à 10 1|2	38 à 42

Sur la Loire, de Nantes à Angers, les prix du transport par remorqueurs sont les mêmes qu'à la remonte sur le Rhône. De Nantes à Paimbœuf on paie par remorqueurs 30 cent. par lieue.

La Seine présente donc, sous le rapport de la navigation à vapeur, un grand avantage sur nos autres fleuves; ce qui doit être attribué à ce qu'elle est plus facilement navigable, et à ce que le service y est mieux organisé. Sur les chemins de fer, le transport des marchandises coûterait beaucoup plus cher que sur la Seine, et sensiblement plus que sur le Rhône, dans l'état où il se trouve aujourd'hui, en prenant la moyenne entre le tarif de la descente et celui de la remonte. Il est vrai que, sur la Seine, les sinuosités de la rivière doublent la longueur du trajet, de sorte que si l'on voulait rapporter les prix totaux ci-dessus du transport entre Paris et Rouen, au trajet qui serait réellement parcouru sur un chemin de fer, il faudrait doubler les prix relatifs à l'unité de distance, lieue ou kilomètre; mais à ce compte encore la supériorité resterait aux bateaux à vapeur, même dans le cas le plus défavorable, celui d'un bateau marchant seul et remontant.

Il est évident d'ailleurs que la comparaison n'est pas très concluante entre les bateaux à vapeur et les chemins de fer, lorsque l'on prend pour type des cours d'eau des fleuves imparfaits comme les nôtres, et qu'on leur oppose des chemins de fer perfectionnés tels que ceux qu'il est question d'établir chez nous.

En Amérique, où les fleuves sont naturellement magnifiques, quoiqu'ils aient besoin de recevoir de la main des hommes quelques améliorations, et où les chemins de fer sont au moins passables, l'avantage des bateaux à vapeur, pour le service des marchandises, se montre beaucoup plus nettement qu'en France.

Sur l'Hudson, entre New-York et Albany, les objets manufacturés et denrées de quelque prix (*merchandises*) qui sont taxés plus cher que les matières encombrantes, vont et viennent, par remorqueurs, sur le pied de 10 *cents* (53 centimes) pour tout le trajet, par 100 livres *avoirdupoids* (45 kilog.), ce qui porte le prix du transport d'un tonneau :

| Par kilom., à.... | . | . | . | 5 1\|2 |
| Par lieue, à. | . | . | . | 21 cent. 1\|2 |

Sur les fleuves Américains, il n'y a pas de droit de navigation ; mais, sur nos fleuves Français, ces droits ne sont moyennement, nous l'avons déjà dit, que d'un centime par lieue.

Sur l'Ohio et le Mississipi, ce sont les mêmes bateaux qui transportent les voyageurs et les marchandises. Les marchandises sont dans la cale et sur une partie du pont; les voyageurs occupent le reste du pont, et un premier étage ajouté à cet effet aux bateaux à vapeur établis sur ces deux fleuves. Le transport des marchandises y est à bien plus bas prix encore que sur l'Hudson. Entre Louisville et la Nouvelle-Orléans, les objets de quelque valeur, tels que produits manufacturés, ballots, épiceries, denrées coloniales, paient, en temps ordinaire, à la descente, 25 à 37 1|2 *cents* (1 fr. 33 à 2 fr.) par 100 livres *avoirdupoids* (45 kilog.) et à la remonte 40 à 50 *cents* (2 fr. 13 à 2 fr. 65). Le trajet est de 536 lieues, ce qui donne pour prix du transport d'un tonneau :

	par kilom.	par lieue.
A la descente. . .	1 cent. 1|4 à 2 cent.	5 à 7 cent. 2|3
A la remonte. . .	2 à 2 1|2	8 1|4 à 10 1|4

Un baril de farine, pesant 99 kilog., est descendu à raison de 2 fr. à 2 fr. 65, soit 1 cent. à 1 cent. 1|4 par kilom., chiffre inférieur au prix du fret du service ordinaire sur nos canaux; et ces bateaux [à vapeur Américains font 60 à 80 lieues par jour, temps d'arrêt compris, à la descente, 40 à 50 à la remonte.

Le prix de la descente d'un baril de farine est tombé quelquefois à 1 fr. 06, soit à un demi cent. par kilom; mais alors les bateaux à vapeur étaient en perte.

La remonte d'un petit baril (*keg*) de clous, pesant 49 kilog., objet facile à manier et à arrimer, et peu exposé à se détériorer, se fait habituellement sur le pied de 2 fr. ou de 1 cent. 3|4 par tonneau et par kilom.

Par les fleuves, le trajet entre Louisville et la Nouvelle-Orléans est plus long de 112 lieues que par la route de terre, de sorte que si l'on voulait établir une comparaison rigoureusement exacte entre les bateaux à vapeur et un chemin de fer qui leur ferait concurrence, il faudrait augmenter les prix ci-dessus dans le rapport de 424 à 536, c'est-à-dire à peu près de 3 à 4, ou y ajouter un tiers.

En présence de chiffres pareils, on conçoit l'influence prodigieuse que l'invention des bateaux à vapeur a exercée sur le défrichement des belles et fertiles régions de l'Ouest de l'Union américaine. On en est surtout frappé lorsqu'on les met en regard des prix courants des autres moyens de transport, tels qu'ils sont aux États-Unis. En général, le roulage y coûte au moins 2 fr. par lieue pour un tonneau; par canal c'est, péage compris, dans la plupart des cas, au moins 20 cent.; et par chemin de fer au moins 50 cent., et plus fréquemment 65 cent., 80 cent. ou même 1 fr. pour marchandises de toute nature, indistinctement.

Passons maintenant au transport des hommes.

Sur l'Ohio et sur le Mississipi, c'est principalement en vue du service des marchandises que sont organisées les entreprises de bateaux à vapeur, quoique celui des voyageurs s'opère simultanément par les mêmes bateaux. Dans les États de l'Union qui bordent l'Atlantique, les lignes principales de bateaux à vapeur sont celles qui sont destinées au transport des hommes, et elles s'en occupent exclusivement, laissant à une autre classe de bateaux le mouvement des marchandises. Dans l'Union tout entière, la navigation à vapeur a pris des développements qui n'ont été égalés nulle part; mais dans les États du littoral de l'Atlantique, elle s'est perfectionnée, en ce qui concerne les voyages, plus que partout ailleurs.

Sur les fleuves de l'Ouest, les voyageurs, avons-nous dit, avancent tout au plus de 80 lieues par jour, à la descente, et de 50 à la remonte, à cause des stations nécessaires, une ou deux fois par 24 heures, pour s'approvisionner de bois, et surtout parce qu'il faut faire des haltes à toutes les villes pour embarquer et débarquer des marchandises. Si les bateaux de l'Ouest n'étaient retardés par leur cargaison, ils descendraient sans peine leurs passagers à raison de 100 lieues par jour, et ils les remonteraient à raison de 60. Sur les fleuves et dans les baies de l'Est de l'Union, la vitesse de 4 lieues à l'heure en eau morte, pour le service des voyageurs, temps d'arrêt compris, est celle des bateaux à vapeur de construction déjà un peu ancienne, qui naviguaient, en 1835, sur la baie de Chésapeake. Sur l'Hudson, sur le *James-River* (1), et dans le détroit de la Longue-Ile (*Long-Island Sound*), près de New-York, les bateaux à vapeur vont beaucoup plus vite. J'ai vu plusieurs fois à Albany, capitale de l'État de New-York, le bateau à vapeur, parti le matin de New-York, à 7 heures précises, arriver avant 5 heures du soir. Là distance est de 55 lieues de poste, et comme le bateau s'arrête quinze fois pour prendre et déposer des voyageurs, il y a moins de 9 heures de marche réelle; ce qui suppose une vitesse de déplacement d'un peu plus de 6 lieues à l'heure. Entre New-York et Providence (État de Rhode-Island), par le détroit de la Longue-Ile et la baie de Narragansett, les bateaux à vapeur de la construction la plus récente font le trajet en 12 heures. La distance est de 72 lieues; ce qui donne encore une vitesse de 6 lieues à l'heure.

Les bateaux d'Angleterre le cèdent peu à ceux des

(1) Fleuve de l'État de Virginie.

États-Unis. Un savant officier du génie maritime, qui a visité la Grande-Bretagne, pour y étudier la navigation à vapeur, M. Clarke, que j'avais consulté pour savoir s'il y existait beaucoup de bateaux à vapeur allant à raison de 4 lieues à l'heure, m'a répondu en ces termes :

« La vitesse de 16,000^m (4 lieues) par heure est celle qui résulte, en général, des moyennes prises pendant une assez longue traversée en mer ; mais il y a bien peu de bateaux en Angleterre qui ne la dépassent de beaucoup, en temps de calme, les bateaux de rivière surtout. Presque tous les bateaux qui naviguent sur la Tamise ont une vitesse de 17,000 à 18,000^m (4 lieues 1/4 à 4 lieues 1/2). Pendant mon séjour en Angleterre, en 1836, l'*Express*, bateau en fer, naviguant sur la Clyde, entre Glasgow et Greenock, faisait 14 milles anglais (5 lieues 3/4). Le *Star*, sur la Tamise, bateau de 120 chevaux, machine Miller, faisait plus de 12 milles (5 lieues), et depuis mon départ, un autre bateau, construit aussi par Miller, a dépassé cette vitesse. »

Il y a actuellement sur la Tamise des bateaux qui font au moins 6 lieues à l'heure.

En France, malgré le mauvais état de nos fleuves, où l'on ne peut employer que des machines très faibles, parce que des machines puissantes seraient trop lourdes eu égard au tirant d'eau dont on dispose, et que l'on a dû organiser le service principalement en vue des basses eaux, car c'est pendant l'été que le nombre des voyageurs est le plus considérable, nous avons depuis quelque temps plusieurs bateaux à vapeur qui se meuvent avec une très grande rapidité.

Ainsi, entre le Havre et Rouen, où la Seine offre un chenal profond, ils marchent à raison de 5 lieues à 6 lieues et 1/2 à l'heure, selon le temps, la marée, et la force des machines (1).

Sur le Rhône (2), à la descente entre Lyon et Avignon, la vitesse est de 6 lieues à l'heure ; à la remonte, elle n'est que de 1 lieue et 1/2 ; mais on espère atteindre bientôt une vitesse d'à peu près 2 lieues et 1/2, à l'aide de nouveaux bateaux actuellement en construction.

Sur la Saône, entre Châlons et Lyon, elle est de 4 lieues et 1/2 à 5 lieues à la descente, et de 3 lieues à 3 lieues et 1/2 à la remonte, y compris les temps d'arrêt.

Sur la Loire (3), *les Riverains* qui vont de Nantes à Paimbœuf et qui sont des bateaux d'ancien modèle, ont une vitesse variable selon la marée, mais qui est en général de 2 lieues et 1/2 à 3 lieues à l'heure.

Entre Orléans et Nantes, la vitesse de marche effective est de 3 lieues et 1/2 à la descente et de 2 lieues à la remonte.

Entre Angers et Nantes, avec les anciens *Riverains*, elle était de 3 lieues et 1/2 à la descente et de 2 lieues à 2 lieues 1/2 à la remonte ; avec les nouveaux *Riverains*, bateaux en tôle, elle est à la descente de 3 lieues 2/3 à 4 lieues et 1/2, et à la remonte de 2 lieues et 1/2 à 3 lieues.

Les bateaux de M. Jollet (4), établis sur cette dernière ligne, faisaient 5 lieues à la descente, temps d'arrêt

(1) Voir la Note 11 à la fin du volume.
(2) Voir la Note 12 à la fin du volume.
(3) Voir la Note 13 à la fin du volume.
(4) Les bateaux de M. Jollet ont été achetés par la compagnie des *Riverains*, qui a ainsi amorti leur concurrence. Ils ont cessé de faire leur service.

compris. En déduisant le temps employé aux escales, pour prendre et déposer des voyageurs, on trouve pour leur vitesse de déplacement dans ce sens, 6 lieues 2/3.

Sur la Garonne (1), entre Bordeaux et Langon, avec de vieux bateaux fort imparfaits, la vitesse est, à la descente, selon le temps et la marée, de 2 lieues 1/4 à 4 lieues, et à la remonte de 2 lieues à 3 lieues et 1/2. Dans le bas de la rivière, entre Bordeaux et Royan, on atteint une vitesse de 5 à 6 lieues.

Ces bateaux à course rapide exposent la vie des voyageurs moins que les voitures publiques. Pendant deux années de séjour en Amérique, je n'ai pas entendu parler d'un seul événement funeste dont eussent été victimes les milliers de personnes qui, jour et nuit, montent et descendent l'Hudson et la baie de Chésapeake en bateaux à vapeur. Un incendie a coûté la vie à deux ou trois personnes sur la Délaware, et c'est le seul accident qu'aient éprouvé, à ma connaissance, les bateaux à vapeur de l'Est de l'Union. En France, les journaux nous annoncent fréquemment que telle ou telle diligence a versé, que tant de voyageurs ont été tués ou grièvement blessés, tant d'autres contusionnés; il est extrêmement rare qu'ils nous racontent quelque désastre subi par les voyageurs qui se confient aux bateaux à vapeur, et qu'ils nous provoquent à maudire l'invention de Fulton. Les lamentables catastrophes, innombrables il faut l'avouer, dont ont été témoins le Mississipi et les fleuves ses tributaires, ont répandu beaucoup d'alarmes, et

(1) Voir la Note 14 à la fin du volume.

tendent à discréditer les bateaux à vapeur; mais elles doivent être imputées aux hommes et non à l'essence même des choses. Les explosions de machines, si fréquentes sur ces bateaux des États américains de l'Ouest, proviennent de la maladresse des mécaniciens, de la négligence des chauffeurs, de la mauvaise confection des machines, et par-dessus tout du peu de cas que l'on fait de la vie des hommes dans ces régions où la civilisation n'a mis le pied que d'hier. Les incendies qui y éclatent souvent aussi, sont dus à l'incurie des capitaines et à l'incroyable imprudence des passagers (1). Au surplus, ces accidents, qui ont coûté la vie quelquefois à des centaines de personnes, sont inconnus même sur le Mississipi, à bord des bateaux peu nombreux à la vérité, qui sont très bien commandés, et dont les armateurs ne cherchent pas à économiser sur le prix des mécanismes et sur le salaire des mécaniciens et de l'équipage. Dans la vallée du Mississipi et de l'Ohio, les voyageurs et les négociants donnent la preuve de la sécurité qu'offrent certains bateaux d'élite, par l'empressement avec lequel ils les recherchent pour leur confier leurs personnes ou leurs marchandises; à ce suffrage du public, les compagnies d'assurance, dont l'opinion doit faire autorité, joignent hautement le leur, comme l'attestent les primes relativement modérées qu'elles

(1) En matière d'incendie, les Américains sont d'une insouciance unique. Sur les bateaux à vapeur de l'Ouest; ils fument nonchalamment au milieu des balles de coton à demi ouvertes dont ces navires sont comblés; ils embarquent de la poudre sans plus de soin que si c'était du maïs ou du bœuf salé; et ils laissent tranquillement des objets empaquetés dans de la paille à portée du torrent d'étincelles que vomissent les gueules des cheminées.

demandent pour les objets chargés à bord de ces bateaux privilégiés; elles portent même la préférence au point de se refuser absolument à assurer, à quelque taux que ce soit, les marchandises qui vont par le plus grand nombre des autres bateaux (1).

Le mode de voyager qu'offrent les bateaux à vapeur, tels qu'on sait les construire aujourd'hui, et tels qu'ils sont gouvernés là où la vie des hommes est comptée pour quelque chose, est donc à la fois rapide et sûr. Il est également agréable et commode; le mouvement des bateaux est doux; au lieu d'être entassés, courbés et doublés dans des caisses de voitures, les voyageurs ont la faculté d'aller et venir, de lire s'il leur plaît, ou s'ils l'aiment mieux de contempler les sites pittoresques qui sont distribués avec profusion en tout pays sur les bords des fleuves, et qui défilent sous leurs yeux.

(1) « Si des accidents semblables à ceux dont sont témoins l'Ohio et le Mississipi se succédaient pendant quelque temps en Europe avec la même rapidité, ce serait une clameur universelle. La police et les pouvoirs législatifs interviendraient à qui mieux mieux. Les bateaux à vapeur deviendraient la terreur du voyageur : le public les excommunierait et les laisserait aller à vide le long des rivières. L'effet serait le même aux États-Unis, autour des métropoles de l'Est, parce que là le pays commence à être régulièrement installé, et que la vie des hommes y est comptée pour quelque chose. Dans l'Ouest, le flot d'émigrants, descendu des Alléghanys, roule dans la plaine en tourbillonnant sur lui-même, chassant devant lui l'Indien, le buffalo et l'ours. A son approche s'abaissent les gigantesques forêts, aussi rapidement que l'herbe sèche des prairies disparaît devant la torche du sauvage. Il est pour la civilisation ce qu'étaient pour la barbarie les armées de Gengis-Kan et d'Attila. C'est une armée d'invasion, et la loi y est la loi des armées. La masse y est tout, l'individu rien. Malheur à qui fait un faux pas! il est écrasé et broyé. Malheur à celui qui rencontre un précipice! la foule impatiente d'avancer, le coudoie, l'y pousse, et déjà il est oublié; il n'a pas même un soupir étouffé pour oraison funèbre. Chacun pour soi! (Help yourself, sir!) La vie du vrai Américain est

C'est le mode de viabilité dont, dans beaucoup
de cas, on peut doter un pays aux moindres frais;
car, en Europe, les chemins de fer sont estimés habituellement, dans les devis d'avant-projet, à 1 million par
lieue, et coûtent en réalité de 1,500,000 fr. à 2 millions.
Les canaux ordinaires exigent, dans la plupart des
cas, de 4 à 600,000 fr. par lieue, la dépense des
nôtres s'est élevée moyennement à un peu plus de
500,000 fr. Il y a en France plusieurs rivières qui
pourraient, à bien moins de frais, être rendues praticables aux bateaux à vapeur, pendant onze mois
sur douze; une dépense de 150 à 250 mille fr. au plus
par lieue y suffirait.

Enfin le voyage y serait au prix le plus modique.
Supposons que nos rivières cessent d'être réduites

celle d'un soldat; comme le soldat, il est campé et en camp-volant, ici aujour-
d'hui, à quinze cents milles dans un mois. C'est une série d'alertes et de sen-
sations violentes. C'est une vie d'alternatives brusques de succès et de revers;
misérable aujourd'hui, l'on est riche demain, et l'on redevient pauvre après-
demain, selon que le vent des spéculations a soufflé d'un bord ou de l'autre;
mais la richesse collective du pays suit une marche toujours ascendante. Comme
un soldat, l'Américain de l'Ouest a pour devise: *Vaincre ou mourir!* mais
vaincre, pour lui, c'est gagner des dollars, c'est se faire de rien une fortune,
c'est acheter des lots de ville (emplacements de maisons) à Chicago, à Cléveland
ou à Saint-Louis, et les revendre un an après à mille pour cent de bénéfice;
c'est amener du coton à la Nouvelle-Orléans, quand il vaut vingt *cents* la livre.
Tant pis pour les vaincus; tant pis pour ceux qui périssent sur les bateaux à
vapeur! L'essentiel n'est point de sauver quelques individus, même quelques
centaines; l'essentiel en fait de *steamboats*, c'est qu'il y en ait beaucoup; so-
lides ou non, bien ou mal commandés, peu importe, s'ils vont vite et à bon
marché. Cette circulation des *steamboats* est aussi nécessaire à l'Ouest que
l'est la circulation du sang à l'organisme humain. On se garde bien de la gêner
par des règlements ou des restrictions quelconques. Le temps n'est pas encore
venu; on verra plus tard. »

(Extrait, par l'Éditeur, des *Lettres sur l'Amérique du Nord.*)

d'espace en espace sur les bancs de sable qui les barrent, à une profondeur d'eau de 18 pouces pendant l'été, et qu'elles soient rendues constamment praticables pour des bateaux plongeant de quatre pieds ou seulement de trois ; alors, au lieu des 60 ou 80 passagers qui suffisent à combler des bateaux tels que ceux dont on se sert actuellement sur la Loire, parce qu'ils ne peuvent caler que 10 pouces à 1 pied, nos bateaux à vapeur pourraient recevoir 3 ou 400 personnes. En Amérique, sur des fleuves où l'on peut se donner un tirant d'eau de 4 à 6 pieds, 6 à 800 personnes quelquefois sont rangées à l'aise à bord du même bateau. Les frais journaliers d'un bateau à vapeur étant en grande partie fixes, il en résulte que, lorsque le nombre des voyageurs est considérable, le prix des places peut y être mis à un taux extrêmement bas. Ainsi, entre New-York et Albany, sur des bateaux meublés et équipés avec le plus grand luxe, et courant à raison de 6 lieues à l'heure, j'ai vu le prix du passage aux premières places, ou plutôt aux seules places qu'il y ait sur cette terre d'égalité, tomber par degrés à 50 *cents* (2 fr. 65 c.) et y rester indéfiniment. Le trajet étant de 55 lieues, c'est un peu moins de 5 centimes par lieue. Le prix moyen des places dans les diligences est, en France, de 50 cent. par lieue ; en Amérique, ainsi que je l'ai déjà dit, il est plus élevé. Le secours de route qu'en France la charité publique accorde aux indigents qui vont à pied est de 15 centimes par lieue. Ainsi, en Amérique, le tiers de l'aumône qu'en France nous accordons au pauvre qui voyage, suffit pour être admis aux premières places dans de majestueux bateaux glissant sur l'eau comme la flèche, ornés de riches

tapis, de glaces et de fleurs (1), et resplendissants
de dorures.

Depuis deux ans, le prix des places sur les bateaux
à vapeur américains paraît avoir diminué encore.
Parmi les faits relatés dans les journaux de New-York,
de novembre 1837, se trouvaient des détails sur une
nouvelle entreprise de bateaux à vapeur parcourant l'Hudson, entre New-York et Albany. L'un de
ces bateaux, *le Diamant*, est curieux par ses dimensions: sa longueur est de 260 pieds anglais, équivalant
à 79 mètres, ce qui dépasse de beaucoup la longueur
d'un vaisseau de ligne. Un vaisseau de 120 canons n'a
que 64 mètres de tête en tête, et 57 mètres de quille.
Le Diamant est réservé aux voyages de nuit, pour
lesquels le prix est double; il est d'ailleurs somp-
tueusement aménagé, et il marche avec une vitesse de 5 lieues à l'heure. Cependant le passage n'y
coûte que 2 fr. 65 cent. pour les voyageurs qui
prennent un lit, et que 1 fr. 32 cent. pour ceux
qui se contentent d'un siége. Les voyageurs sont
donc transportés à raison de moins de 5 cent. par
lieue, s'ils ont un lit, et à raison de 2 cent. dans le cas
contraire. Ce nouveau rabais démontre à quel point
l'on peut voyager à bon marché dans les pays qui
sont arrosés par des fleuves praticables pour de grands
bateaux à vapeur, et où l'on se procure à peu de frais
le combustible nécessaire à l'alimentation des machines.

Au reste, l'on ne peut considérer ces prix de 5 et
de 2 cen   es par lieue comme normaux et réguliers.

(1) Le salon des dames (*ladies' cabin*) est garni de fleurs sur les bateaux à
vapeur de l'Hudson.

Même sur une ligne telle que celle de l'Hudson, où le nombre des voyageurs est immense et où la navigation est d'une admirable facilité, ce n'est que par un débordement de l'esprit de concurrence que les places peuvent être rabaissées à ce point. Entre New-York et Albany, le passage doit être évalué en temps ordinaire au moins à un dollar, soit à 10 cent. par lieue.

Sur les autres lignes de l'Est, même les plus fréquentées, le prix des premières, c'est-à-dire des uniques places qu'il y ait pour les blancs, est sur les bateaux à vapeur de 25 à 30 centimes par lieue, repas non compris. C'est environ moitié moins que sur les chemins de fer américains, dont la vitesse moyenne dépasse faiblement 6 lieues à l'heure.

Dans la grande vallée intérieure de l'Amérique septentrionale, où se sont développés comme par enchantement les jeunes États de l'Ouest, un voyage sur les fleuves était avant Fulton une expédition d'Argonautes; aujourd'hui, grâce aux bateaux à vapeur, c'est l'affaire du monde la plus simple; là où il fallait des mois il y a trente ans, quelques jours maintenant suffisent. Les prix sont aussi fort réduits : on va de Pittsburg à la Nouvelle-Orléans pour 50 dollars (266 fr.), y compris la nourriture et le lit; de Louisville à la Nouvelle-Orléans pour 25 dollars (133 fr.) : c'est à raison de 25 à 30 cent. par lieue. C'est bien autrement modique pour la classe nombreuse des mariniers qui conduisent les bateaux plats au bas pays, et qui ont à remonter seuls de la Nouvelle-Orléans. On les entasse au nombre de 5 à 600 quelquefois, sur un étage séparé du bateau, sur le pont ordinairement; ils ont là un abri, un cadre où ils dorment, et le feu pour leurs personnes et leurs repas, moyennant 4 à 6 dollars (21 fr. 32 cent. à 32 fr.) jusqu'à Louisville. C'est, par lieue, de 4 à 6 centimes.

Nous avons déjà indiqué plus haut quel était il y a peu d'années le prix des places sur quelques uns des bateaux à vapeur d'Angleterre (1). Voici ce qu'il est aujourd'hui, par lieue, sur diverses lignes maritimes partant de Liverpool :

Dublin (2) :

Premières	18 cent.
Secondes	7

Belfast :

Premières	40
Secondes	9 1|2

Waterford :

Premières	27
Secondes	16

Cork :

Premières	29 1|2
Secondes	13 1|2

Newry :

Premières	31 1|2
Secondes	7 1|2

Glasgow :

Premières	29
Secondes	11 1|2

Dumfries :

Premières	36
Secondes	12

(1) Voir plus haut page 222.
(2) Voir la Note 15 à la fin du volume.

Carlisle :

Premières	34 cent.
Secondes	11 1|2

Swansea :

Premières	27
Secondes	13 1|2

Sur les bateaux à vapeur qui vont de Londres à Boulogne et à Calais, le prix des places s'est tenu, pendant l'été dernier, à 5 schellings (6 fr. 3o cent.) dans la première chambre, à 4 schellings (5 fr. 5 cent.) dans la seconde. Le trajet étant de 51 lieues, le prix de la seconde chambre revient à 10 cent. par lieue.

En France, malgré l'extrême imperfection de nos fleuves, malgré les frais ordinaires et extraordinaires qui en résultent pour les compagnies, malgré la diminution qui s'ensuit dans le nombre des voyageurs, et par conséquent dans le chiffre des recettes, les prix des places sur les bateaux à vapeur sont très modérés.

Voici les prix en centimes et par lieue, pour les services organisés sur nos principales rivières :

Sur la Seine, entre Rouen et le Havre (1) :

Première chambre	29
Seconde chambre	17 1|2

Sur la Loire (2) par *les Hirondelles* qui font le service du haut de la rivière, c'est-à-dire entre Nantes et Orléans :

En descendant d'Orléans à Nantes,

Première chambre	33
Seconde chambre	23

(1) Voir la Note 11 à la fin du volume.
(2) Voir la Note 13 à la fin du volume.

En remontant de Nantes à Orléans,

Première chambre	23
Seconde chambre	15

Entre Angers et Nantes, par *les Riverains* :

Première chambre	28 1|2
Seconde chambre	19

Sur la basse Loire, par *les Riverains*, entre Nantes et Paimbœuf :

Première chambre	20
Seconde chambre	12

Sur la Garonne (1), entre Bordeaux et Royan :

Première chambre	33 1|2
Seconde chambre	16 1|2

Entre Bordeaux et Langon :

Première chambre	22
Seconde chambre	13

Avant que les compagnies ne s'entendissent, et que la plus riche n'eût acheté le matériel de sa rivale, les prix étaient :

Première chambre	15 1|2
Seconde chambre	8

Et ils étaient restés fort long-temps à ce taux sans que les compagnies y perdissent.

Sur le Rhône (2), avant 1830, les prix étaient, entre Lyon et Arles :

Première chambre	42
Seconde chambre	28
Troisième chambre	17

(1) Voir la Note 14 à la fin du volume.
(2) Voir la Note 12 à la fin du volume.

Ils sont maintenant :

Première chambre	28
Seconde chambre	21
Troisième chambre	11

On espère que prochainement, par le seul fait du perfectionnement des mécanismes, indépendamment de toute amélioration du fleuve, ils deviendront :

Première chambre	21
Seconde chambre	14
Troisième chambre	7

Sur la Saône actuellement, ils sont :

Première chambre	23
Seconde chambre	18

Avant qu'il n'y eût accord entre les compagnies, ils ont été pendant long-temps :

Première chambre	12
Seconde chambre	6

Et à ce taux les compagnies ne perdaient pas.

La concurrence avait même, momentanément, réduit les secondes à un centime et demi par lieue ; mais alors les entrepreneurs étaient en perte.

De ce qui précède, il résulte qu'en Angleterre et aux États-Unis les bateaux à vapeur dépassent de beaucoup les chemins de fer, sous le rapport du bas prix des voyages, et qu'à cet égard les bateaux ordinaires ou extraordinaires des canaux l'emporteraient aussi sur les chemins de fer, en Angleterre dans plusieurs cas, et aux États-Unis à peu près partout.

L'exemple de l'Angleterre et celui des États-Unis ne peuvent être ni donnés ni acceptés comme arrêts en dernier ressort. Évidemment les chemins de fer anglais ont été, à l'instar de l'Angleterre, aristocratiquement gouvernés, en ce sens qu'on a peu cherché à y attirer la multitude. La compagnie du chemin de fer de Liverpool, qui a été jusqu'à présent le plus remarquable et le seul remarqué des chemins de fer anglais, n'ayant aucun avantage à augmenter ses recettes puisqu'il lui est interdit de s'attribuer des dividendes de plus de 10 pour cent, et que dès son début elle avait atteint ce chiffre, s'est peu occupée d'accroître sa clientelle en quantité; elle a tenu plus à la qualité et a fixé ses prix en conséquence. Selon toute apparence, les grandes lignes qui vont être pleinement livrées à la circulation, entre Londres et Birmingham, et de Birmingham à Liverpool et à Manchester, seront administrées dans un autre esprit; les expériences qu'on sera obligé d'y tenter jetteront beaucoup de lumière sur le degré d'abaissement que peuvent supporter les prix des places, comme sur plusieurs autres questions relatives aux chemins de fer. Quant aux chemins de fer américains, ils ont pu et dû tenir leurs places à un taux élevé, parce qu'ils ont affaire à une population peu nombreuse, mais universellement aisée et plus économe de son temps que de son argent, dans la limite du moins où les chemins de fer épargnent l'un et absorbent l'autre.

La Belgique est bien plus comparable à la France que ne peuvent l'être l'Angleterre et les États-Unis, quoiqu'elle soit plus populeuse et plus riche que la France, quoique le temps y ait pour toutes les classes plus de valeur que chez nous, et aussi quoique le sol s'y prête mieux à recevoir des chemins de fer. Sur les chemins de fer belges, les voyages se font à des prix extrêmement modiques. Le tarif distingue quatre espèces de voitures avec les prix suivants, entre Bruxelles et Anvers, c'est-à-dire pour un trajet de 11 lieues :

Berlines.	3 fr. 50	ou 32	centimes par lieue.	
Diligences.	3	27	—	—
Chars à bancs.	2	18	—	—
Wagons.	1	20	11	—	—

Les wagons sont découverts ; cependant c'est presque uniquement en wagons que l'on voyage, car il résulte d'un rapport de M. Nothomb, ministre des travaux publics de Belgique, en date du 1er mars 1837, que le prix moyen des places réellement occupées et payées n'est que de 12 c. 1/5 par lieue de 4000 mètres.

Mais le prix des places en Belgique doit être considéré comme un *minimum*, soit parce que les chemins de fer belges ont coûté fort peu, soit parce que l'État, qui les exploite lui-même, ne cherche pas à en retirer des bénéfices directs. Le principal objet du gouvernement a été de mettre les chemins de fer à la portée de toutes les classes, et de travailler par là à répandre l'aisance. Il a pensé que c'était le plus sûr moyen de faire affluer, par toutes les voies, les recettes au Trésor. Au surplus, l'administration belge n'eût pas été libre de fixer des prix plus élevés : il lui a fallu s'incliner devant les décrets de l'opinion publique promulgués et soutenus par la presse.

Le revenu net des chemins de fer belges n'a été, en 1837, que de 5 pour 100 du capital consacré à leur

construction, quoique ce capital soit fort modique, je
le répète, que le pays soit fort peuplé et que le nombre des voyageurs y ait augmenté dans le rapport de
un à huit (1), depuis l'ouverture des chemins de fer.
Pour le prochain exercice, ce revenu net avait d'abord
été évalué par le ministre à 5 et demi pour 100; mais,
tout récemment (à la fin de janvier), *le Moniteur belge*
et le ministre des Travaux publics, à la tribune, ont fait
pressentir la possibilité et même la probabilité d'un
déficit. Or, dès que les chemins de fer belges sont en
perte, il est clair qu'il n'y a pas lieu à se prévaloir contre
les autres moyens de transport, de la modicité des prix
auxquels y ont été mises les places. Lors même que le
revenu net de 5 pour cent qu'ils ont donné l'an dernier, et qui paraît devoir leur être bientôt ravi, se
maintiendrait indéfiniment, il n'y aurait pas lieu à en
tirer une conclusion générale défavorable aux bateaux
à vapeur. Si les chemins de fer belges eussent coûté
autant que ceux de Manchester à Liverpool, ou de
Londres à Birmingham, ou encore que ceux qui s'exécutent autour de Paris, ce produit de 5 pour cent ne
représenterait plus que un ou que trois quart pour
cent. Relativement au prix que coûterait moyennement
le réseau des chemins de fer construit comme l'administration le propose, prix qui, en dépit des devis, serait
au moins de 1,500,000 fr. par lieue, ce serait moins
de deux pour cent. Des compagnies de bateaux à vapeur
ou de messageries qui se contenteraient de ce modeste

(1) Au lieu de 75,000 voyageurs qui se rendaient par les voitures publiques
de Bruxelles à Anvers, le chemin de fer en eut, dans les huit premiers mois,
540,000, et cette proportion s'est soutenue.

intérêt, pourraient beaucoup rabattre de leurs tarifs.

En France, sur le chemin de fer de Saint-Étienne à Lyon, pour un trajet de 16 lieues et demie, on paie, selon les diverses places, 7 fr., 6 fr., 5 fr. et 4 fr.; ce qui correspond à 42 cent., 36 cent., 30 cent. et 24 cent. par lieue. Le plus grand nombre des voyageurs prend les places à 4 fr. En été, il y a des places particulières à 3 fr., ce qui représente 18 cent.; mais elles sont si incommodes que les Stéphanois, malgré l'esprit d'économie dont ils sont possédés, les recherchent fort peu.

Sur le chemin de fer de Saint-Germain, les secondes places sont tarifées à 1 fr., ce qui représente 22 cent. par lieue (la distance est de 4 lieues et demie). Il est probable que prochainement ces places seront mises à 75 cent., soit à 16 cent. par lieue. Peut-être un jour seront-elles abaissées à 50 cent.; mais elles ne tomberont certainement pas au-dessous de ce dernier chiffre qui équivaudrait à 11 cent. par lieue, c'est-à-dire au prix belge.

Il ne faut pas perdre de vue que les chemins de fer aboutissant à Paris sont placés, à l'égard du nombre des voyageurs, dans des conditions tout exceptionnelles, dont l'effet productif contre-balance, et bien au-delà, les frais particuliers qu'impose l'abord de la capitale; et qu'il est avantageux aux compagnies qui les exploitent de fixer les prix des places à un taux très bas, afin que la population de cette immense cité afflue sur leurs wagons.

Les *maxima* insérés dans les cahiers des charges des chemins de fer, par l'administration française, sont actuellement de 30 cent. par lieue pour les premières places, et de 20 cent. pour les secondes. Selon toute apparence, les compagnies devront, dans la plupart des cas, percevoir le *maximum* des premières et réduire de très peu celui des secondes ; je doute qu'elles demandent moins de 15 cent. aux voyageurs les moins aisés. Il est probable que sur toutes les lignes il sera établi, à l'usage des riches, des voitures particulières dont les prix se règleront de gré à gré, et seront notablement supérieurs au *maximum* des premières. L'administration accorde maintenant aux compagnies concessionnaires la faculté d'organiser ces voitures réservées.

III.

CONSÉQUENCE A TIRER POUR LE PRÉSENT DU PARALLÈLE ENTRE LES CHEMINS
DE FER ET LES VOIES NAVIGABLES.

—

Comparaison des prix probables des places par les divers moyens de transport.
— Objection contre les lignes navigables appliquées au transport des hommes ; allongement du trajet. — Cette objection est rarement fondée contre
les rivières ; elle l'est davantage contre les canaux. — Temps perdu pour le
passage des écluses — Les lignes navigables pouvant remplacer jusqu'à un
certain point les chemins de fer pour le transport des hommes, et les chemins de fer ne pouvant tenir lieu des lignes navigables pour le commerce,
il convient de nous occuper principalement d'achever notre système de navigation. — Il ne suffit pas de savoir commencer ; il faut savoir finir. —
Importance de la navigation pour l'amélioration du sort des classes souf-
frantes.

De ce qui précède on peut conclure, avec une certaine apparence de raison, que chez nous, en supposant
deux sortes de places, les unes pour les classes aisées,
les autres pour les classes pauvres, les prix respectifs
seraient moyennement à peu près comme il suit,

dans les divers véhicules, en supposant les canaux
et chemins de fer en bon état, et les rivières passablement améliorées :

MODES DE TRANSPORT.	PREMIÈRES.	SECONDES.
	cent.	cent.
Diligences.	50	35 à 40
Chemins de fer.	25 à 30	15 à 20
Bateaux-rapides des canaux. . . .	25 à 30	15 à 20
Bateaux à vapeur.	20 à 25	8 à 12

c'est-à-dire qu'aux secondes places le voyage coûterait
moitié moins par bateau à vapeur que par chemin
de fer. Je prends à dessein les chiffres relatifs à ces
places, ce sont les plus fréquentées et celles qui intéressent le plus grand nombre. C'est au bon marché
qu'il faut viser dans notre siècle éminemment démocratique, et c'est par leur dernier mot en fait de bon
marché qu'il est le plus important de comparer les
divers modes de voyage et de transport.

Si, pour prouver que les chemins de fer se rapprochent beaucoup du prix moyen de 10 cent. que je viens
d'indiquer pour les bateaux à vapeur, on citait les
chemins de Belgique qui voiturent le public sur le
pied de 11 cent. par lieue, on pourrait, à ce tarif ex-
ceptionnel, opposer les bateaux à vapeur à 5 cent.
des États-Unis, bateaux qui, malgré des prix aussi
inférieurs, ne sont pas en perte, ou ceux qui ne per-
çoivent, sur l'Hudson, que 2 cent., ou même ceux
de la Saône, qui se contentaient d'un cent. et 1/2; à la

vérité, ces derniers perdaient; mais c'est pour cela précisément qu'ils peuvent être, à bon droit, mis en regard des chemins de fer belges, si les pressentiments du ministre des travaux publics de Belgique sont fondés.

Considérons donc comme établi que les bateaux-rapides des canaux peuvent rivaliser, pour le bon marché, avec les chemins de fer, et que le mode de voyager le plus économique, pour tous sans exception, et particulièrement pour les classes les plus nombreuses, est celui que présentent les bateaux à vapeur.

Je suis loin de prétendre que, partout et toujours, les bateaux-rapides des canaux et les bateaux à vapeur des fleuves et rivières puissent supplanter les locomotives des chemins de fer, mais il est évident que, dans un grand nombre de cas, les canaux et les rivières peuvent rendre les services les plus réels pour le transport des voyageurs, et il est non seulement utile, mais indispensable de les recommander en vue de ces cas.

On peut élever, contre le système qui tendrait à généraliser l'application des lignes navigables, canaux et rivières, au transport des voyageurs, une objection qui, au premier aspect, semble formidable. Les lignes navigables sont sujettes à beaucoup de détours et de sinuosités. N'allongera-t-on pas ainsi le voyage, de telle sorte que la rapidité du trajet sur les rivières et les canaux ne soit qu'illusoire, comparativement à celle qu'on obtient déjà sur les routes ordinaires?

Quant à quelques rivières, l'objection est en effet sans réplique. Sur la Seine, par exemple, entre Rouen et Paris, il y aurait à parcourir cinquante-neuf lieues et demie au lieu de vingt-neuf et demie. Mais la Seine est la seule qui soit à ce point *à regret fugitive*. Sur le Rhône, la Saône et la Loire, l'allongement serait insignifiant. De Toulouse à Bordeaux, par la route royale, il y a soixante-sept lieues, tout comme par la Garonne.

Sur les canaux, l'augmentation de trajet serait souvent bien plus que compensée par l'accroissement de vitesse. Souvent aussi, il en serait tout autrement. Ainsi le canal du Midi n'a que six lieues de plus que la route de poste; mais de Nantes à Brest, le canal est long de quatre-vingt-treize lieues, tandis que la route de poste n'en a que soixante-deux. Les canaux dont le tracé est très contourné pourraient pourtant servir au transport des hommes sur une partie de leur développement. Les canaux latéraux, pouvant très fréquemment être établis suivant des lignes assez directes, ont à cet égard un grand avantage, et on va voir que ce n'est pas le seul.

Un autre obstacle à ce que les canaux puissent être employés au transport des hommes provient de leurs écluses. A chaque écluse, il y a un arrêt de cinq à six ou huit minutes, selon les dimensions de l'écluse et selon le mécanisme qui sert à la remplir d'eau et à la vider. J'ai cependant vu quelques écluses où cette perte de temps avait été réduite, par des dispositions particulières et par l'agilité des éclusiers, à trois minutes. Là où les écluses sont multipliées, comme sur le canal de Bourgogne, il est impossible de songer à des bateaux-rapides pour les passagers. Il se trouve, en effet, sur ce canal de soixante lieues, cent quatre-vingt-onze écluses, qui, à raison de cinq minutes l'une,

absorberaient seize heures, et la traversée proprement
dite, sur le pied de quatre lieues à l'heure, n'en prendrait que quinze. Mais même sur les canaux où les
écluses sont nombreuses, elles ne sont pas également
réparties sur tout le parcours, et il y reste des biefs
ou séries de biefs très praticables pour les bateaux-
rapides. Les canaux latéraux auraient en général, sous
ce rapport, une supériorité assez grande, la quantité
des écluses y étant habituellement limitée. Ainsi,
entre Orléans et l'embouchure de la Vienne, sur un
trajet de quarante lieues, la pente de la Loire est de
soixante mètres cinquante centimètres, ce qui correspond à peu près à vingt-quatre écluses, qui seraient
franchies en deux heures, en comptant cinq minutes
par écluse. Le déplacement proprement dit s'effectuant à raison de quatre lieues à l'heure, le voyage
ne serait allongé, par le fait des écluses, que d'un cinquième, c'est-à-dire qu'il durerait douze heures au lieu
de dix.

S'il est vrai que, pour le transport des hommes de
toutes les classes sans exception, riches ou pauvres, et
surtout pour celui de l'immense majorité, les voies
navigables, et particulièrement les rivières, puissent
nous donner un progrès considérable sur ce qui est,
et remplacer transitoirement les chemins de fer,
tandis que les chemins de fer sont ou semblent être
hors d'état de tenir jamais lieu des rivières et des
canaux, pour le négoce, c'est-à-dire pour le transport des marchandises, et par conséquent pour le
développement direct de la richesse publique; si l'on
admet qu'il faudrait toujours creuser des canaux et
améliorer les rivières, lors même que nous aurions

construit toutes les grandes lignes de chemins de fer;
si d'ailleurs la mise en train, sur une grande échelle,
de la construction de ces lignes exige impérieusement
que beaucoup de questions d'administration publique
et même de politique aient été préalablement réso-
lues, n'est-on pas fondé à dire qu'il faut se garder
de procéder avec précipitation et de toutes parts à
l'exécution des chemins de fer, et que nous devons
réserver à la navigation la majeure partie des fonds
que nous pouvons actuellement consacrer aux travaux publics?

Les chemins de fer ont à faire valoir des titres spéciaux, uniques, qu'aucun autre mode de communication ne saurait égaler. Les bateaux à vapeur, et à
plus forte raison les bateaux rapides des canaux, n'at-
teindront jamais cette vitesse aérienne, qui eût paru le
plus extravagant des rêves aux rêveurs d'il y a cinquante ans, quoiqu'ils eussent vu se réaliser l'impos-
sibilité classique des cerfs voyageant dans les airs.
Aucun autre mode de transport ne peut non plus
rivaliser avec les chemins de fer, sous le rapport de la
permanence en toute saison. Ils ne craignent, dans nos
climats du moins, ni les pluies, ni les gelées, ni les
débordements, ni les ouragans de neige. Admettons
même, si l'on veut, que les chemins de fer étant encore à
leur début, l'on ne sait pas exactement à quel degré ils
peuvent abaisser leurs tarifs, et que sur ce point nous
ne serons bien fixés que lorsque nous les aurons pratiqués long-temps, car c'est une de ces questions que
l'expérience seule peut résoudre. Mais si les chemins
de fer sont nés d'hier, les bateaux à vapeur et les bateaux-rapides des canaux ne datent pas, il faut en con-

venir, d'une antiquité bien reculée. S'il est possible
que ce que nous connaissons de la rapidité des chemins
de fer ne soit pas leur dernier mot, et qu'ils atteignent
un jour celle de 15 à 20 lieues à l'heure, il est certain
aujourd'hui que les bateaux des canaux doublent, dans
certains cas, la vitesse des diligences (1), et que les bateaux à vapeur peuvent même la tripler, sans compter qu'ils décuplent celle du voyage à pied (2). S'il
est possible qu'un jour les chemins de fer laissent les
rivières et les canaux autant en arrière, sous le rapport
du bon marché des voyages, qu'ils les dépassent déjà
quant à la célérité de locomotion, il est certain qu'aujourd'hui les bateaux à vapeur sont à la portée de
toutes les bourses, même des plus mal garnies. Les
bateaux à vapeur offrent un moyen de déplacement
plus économique, à la lettre, que le voyage à pied,
terme de comparaison sur lequel je crois devoir insister, parce que la tendance invincible du siècle et le
plus sûr moyen pour lui de conquérir la reconnaissance de la postérité, c'est l'amélioration populaire.

Il faudra que la France ait des chemins de fer, et il
faut que, dès à présent, elle se prépare à jouir un

(1) Rien n'indique encore que les bateaux-rapides des canaux soient arrivés à leur maximum de vitesse. Dans son intéressant recueil d'*Observations
sur l'Angleterre*, M. Simon s'est exprimé ainsi :

« Je me suis étendu sur ce système de navigation des canaux d'Écosse, pour
prouver que les transports rapides peuvent s'opérer sur canaux comme par
toute autre voie. S'ils sont aujourd'hui de quatre lieues à l'heure et opérés
par des chevaux, on ne doute pas qu'ils ne puissent s'effectuer d'une manière
beaucoup plus prompte encore lorsqu'on se servira de la vapeur. »

(2) Un piéton qui marche le sac sur le dos fait difficilement avec régularité
10 lieues par jour. Un bateau à vapeur, sur une rivière en bon état, peut assez
aisément en faire 100 par 24 heures.

jour de tous les avantages qu'ils promettent, en les commençant sans retard. Les chemins de fer, comme le disait l'an dernier M. le directeur général des ponts et chaussées à la tribune nationale, sont les grandes routes de la civilisation; et partout où il s'agit de la civilisation, la France a une grande mission à remplir. Cependant, sans perdre de vue le rôle qui nous est réservé dans l'œuvre générale du genre humain, sans méconnaître nos devoirs envers les autres peuples, et la facilité que nous procurerait pour les remplir l'établissement d'un réseau de chemins de fer, songeons que nous avons aussi des devoirs sacrés envers nousmêmes; qu'avant d'aller civiliser nos voisins, nous avons à assurer les bases matérielles de notre propre civilisation. Nous avons dépensé des sommes énormes pour la navigation de notre territoire, qui doit être la plus lucrative des entreprises; au lieu de la négliger désormais pour consacrer toutes nos ressources financières et toute notre ardeur à d'autres objets plus attrayants par leur nouveauté et par leur portée politique, faisons un effort sur nous-mêmes; contenons un moment encore notre passion pour les innovations, et donnons un spectacle inconnu jusqu'ici dans les Gaules : sachons finir ce que nous avons entamé.

Jusqu'à présent l'on a dit avec raison que nous étions admirables au début de toutes choses, mais que nous n'étions bons qu'à commencer. Il semble, depuis 1830, que notre caractère national veuille s'enrichir d'une qualité nouvelle, que nous acquérions l'esprit de suite, que nous nous fassions persévérants. Dans l'ordre moral et politique, au lieu de nous jeter, encore une fois, tête baissée dans l'aventureuse carrière des expériences et de la propagande armée, nous nous sommes appliqués à clore chez nous l'abîme des révolutions et à cicatriser les plaies de nos querelles avec l'Europe et avec nous-mêmes. Dans l'ordre matériel, nous avons poussé à leur terme ou restauré, d'une main ferme et soigneuse, les monuments des temps antérieurs. Les palais et les arcs-de-triomphe de l'ancienne monarchie et de l'empire, délivrés enfin de leurs ignobles clôtures de planches et de décombres, s'achèvent, chose inouie! Ce que nous avons fait pour les beaux-arts, trouvons en nous la force de l'accomplir pour les arts utiles. Il est beau d'avoir réparé Fontainebleau, d'avoir relevé Versailles de sa déchéance; mais il ne doit pas nous suffire d'avoir effacé, dans les palais des rois, les dévastations du vandalisme révolutionnaire; obéissons aussi aux principes de la révolution, en ce qu'ils ont d'émancipateur, de généreux, de populaire, dans la bonne acception du mot; travaillons à soustraire l'immense majorité de nos concitoyens à la servitude de la misère, en terminant une œuvre qui doit faire prospérer au plus haut degré l'industrie nationale, et contribuer puissamment à faire couler l'aisance à pleins bords sur tous les coins de notre patrie; en un mot, terminons la navigation de la France. Partageons nos ressources disponibles entre cette vaste entreprise et les chemins de fer, de manière à promptement parfaire celle-là, et à n'exécuter ceux-ci, quant à présent, que là où ils sont indispensables, et là où rien ne peut en tenir lieu. Nous sommes fiers du nom de grande nation que Napoléon nous jeta un jour; souvenons-nous que, dans les circonstances difficiles où est maintenant placéc l'Europe, au milieu des dangers de la politique du dedans et du dehors, il n'y a de nations grandes que les nations sages.

CHAPITRE III.

DE CERTAINS CHEMINS DE FER RÉCLAMÉS IMMÉDIATEMENT OU DANS
UN BREF DÉLAI PAR LA POLITIQUE GÉNÉRALE ET PAR LES PRINCIPES
DE HAUTE ADMINISTRATION INTÉRIEURE.

—

Chemin de fer de Londres et de Bruxelles. —Constitution de l'unité de l'Europe
occidentale : éducation industrielle de la France. — Clôture de la question
Belge ; prépondérance française sur la Meuse et le Rhin.—Chemin de fer de
Paris au Havre ; Paris port de mer. — Chemin de fer d'Orléans ; meilleure
centralisation de la France. — Chemin de la Méditerranée. — Chemin de
la Péninsule espagnole. — Chemin de Paris à Strasbourg. —Nécessité d'une
combinaison qui permette l'ajournement de quelques unes de ces lignes en
totalité ou en partie et qui nous en procure cependant jusqu'à un certain
point les avantages.

Quels que soient les avantages que nous puissions
attendre pour le développement des intérêts matériels,
et même pour les relations ordinaires des hommes
entre eux, de l'achèvement ou du perfectionnement de
nos lignes navigables, n'oublions pas cependant qu'il
peut y avoir telles obligations pressantes, telles impé-
rieuses nécessités de politique générale et de haute
administration intérieure auxquelles les chemins de fer
soient seuls en état de satisfaire, et que dès lors il est

possible qu'il y ait tels chemins de fer dont l'exécution ne doive supporter aucun délai.

Nul peuple ne tient comme nous dans les plis de son manteau la paix et la guerre. C'est pour nous aujourd'hui un devoir sacré envers la civilisation d'affermir la paix du monde, encore chancelante ; c'en est un non moins sacré de reprendre à l'extérieur cette attitude généreuse, mais ferme et imposante, qui convient à notre caractère, à notre puissance et à notre rang. Or, le chemin de fer du Nord nous est indispensable pour atteindre ce double but.

Le chemin du Nord est, avant tout, le chemin de Pa.is à Londres. Lorsque ces deux capitales ne seront plus qu'à quatorze heures et à vingt francs d'intervalle, la politique de l'Europe sera changée. Le fait dominant de cette politique a été, jusqu'à ces derniers temps, la rivalité de la France et de l'Angleterre : moyennant le chemin de fer de Paris à Londres, l'alliance des deux peuples sera intime et indissoluble, l'unité de l'Europe occidentale sera constituée.

Le chemin de fer de Paris à Londres serait en même temps un admirable instrument d'éducation nationale. Tous les bons esprits sentent maintenant que pour rendre la France calme, forte, heureuse, et pour bien asseoir ses libertés, il n'y a pas de moyen meilleur que de développer le travail dans son sein et que de l'enrichir par l'agriculture, les manufactures et le commerce. L'industrie, soit agricole, soit manufacturière, soit commerciale, s'apprend particulièrement par les yeux. On s'y façonne par l'exemple. Or, l'Angleterre est la reine de l'industrie ; c'est donc elle qu'il faut que nous allions visiter, si nous voulons réussir dans la carrière nou-

velle où un secret instinct nous pousse. C'est en Angleterre que nos capitalistes et nos négociants apprend-
dront comment se fondent la prospérité d'un pays et
la sécurité commerciale ; nous avons tous à y voir
comment les affaires s'expédient sans beaucoup de
bruit et en peu de mots ; comment l'agriculture est le
plus sûr élément du bien-être des peuples. Nous nous
y familiariserons avec les institutions qui simplifient,
grandissent et ennoblissent le commerce et l'industrie,
telles que les banques et les associations, telles encore
que les docks que nous n'avons pas encore su nous
décider à établir au Havre et à Marseille, à Bordeaux
et à Nantes, quoique le commerce les réclame, que,
dans les deux premières de ces villes, des compagnies
offrent d'en faire les frais, et que l'administration des
douanes les désire ardemment.

Considéré comme chemin de Bruxelles, le chemin
de fer du Nord n'aura pas seulement pour effet d'être
matériellement profitable au pays, en ce que, au
moyen du réseau des chemins de fer belges, il nous
ouvrira les plus riches régions de l'Europe continentale. Ce sera pour notre honneur national profondément blessé une éclatante réparation dont il a soif; ce
ne sera ni plus ni moins qu'une revanche des traités
de Vienne, revanche plus complète, plus infaillible et
beaucoup moins coûteuse qu'une levée de boucliers ;
revanche dont l'Europe n'aura pas le droit de prendre
ombrage, et dont les Belges, si épris de leur nationa-
lité d'hier, nous seront cependant reconnaissants. Les
traités de Vienne ne seront point lacérés; Bruxelles, qui
est vraiment digne d'être une capitale, ne sera pas
rabaissée au rang de simple préfecture; et pourtant

Bruxelles n'étant plus qu'à huit heures de Paris, Anvers à neuf et Cologne à quatorze, c'est l'esprit français qui prévaudra, qui dominera aux bouches de l'Escaut et de la Meuse, et des Flandres au Rhin; et l'esprit français est à la fois la meilleure des garnisons et la plus économique.

Voilà pour les Belges et pour nous. Quant à l'Europe, elle y gagnera la clôture définitive de la question hollando-belge qu'on a crue cent fois résolue, qui cependant tient encore les puissances en échec, et qui restera à résoudre jusqu'à ce qu'un chemin de fer fournisse à la France le moyen de transporter au besoin, entre le lever et le coucher du soleil, une armée de 50,000 hommes avec son matériel à Bruxelles, sur l'Escaut et sur la Meuse, et au besoin sur notre Rhin: car alors il faudra bien que les têtes de fer de La Haye renoncent à toute espérance de restauration par surprise.

Ainsi ajourner d'un an encore le chemin de fer du Nord, ce serait reculer d'autant le jour où l'unité de l'Europe occidentale sera fondée, et où la France aura recouvré dans leur plénitude la dignité et la force non moins nécessaires à sa prospérité intérieure qu'à son influence au dehors. Un an dans le temps où nous vivons, c'est plus qu'il ne faut pour perdre ou pour sauver un Empire.

Le chemin de fer de Paris à Rouen et au Havre résoudra l'importante question de Paris port de mer. Baignée par la mer au nord, au midi et à l'ouest, la France est destinée à être une des premières puissances maritimes du globe. Pour atteindre commercialement et politiquement son état normal, il faut qu'elle le soit; elle ne le deviendra pourtant que lorsque Paris, voyant l'Océan à sa porte, l'y conviera par son exemple dont l'autorité sur elle est irrésistible.

Sous le rapport d'une bonne économie intérieure, le chemin de fer à Orléans serait du plus haut intérêt. Il recevrait un nombre prodigieux de voyageurs; car toutes les messageries, entre le Midi et Paris, convergeraient alors vers Orléans. Il suppléerait à l'un des roulages les plus animés qu'il y ait au monde. Il donnerait à Paris une position plus centrale, au grand avantage de Bordeaux, de Marseille et de Toulouse, et de tous les départements méridionaux. Sans déposséder cette magnifique capitale, et en ajoutant au contraire un nouveau fleuron à sa couronne, il transporterait le centre de la France sur la Loire, c'est-à-dire, au point où la nature semblait en avoir marqué la place.

Disons même que la France étant, par tempérament et par position, obligée, plus que toute autre puissance, d'envisager comme siennes les affaires des autres peuples, est en droit d'attendre une existence incomparablement plus large, plus glorieuse et mieux remplie, de certains chemins de fer qui la traverseraient de part en part.

Le chemin de fer de Paris à Marseille métamorphoserait nos rapports avec la Péninsule Italique et avec l'Orient; il contribuerait plus que les discours les plus éloquents de la tribune nationale et que les plus patriotiques articles de journaux à engager le gouvernement et les Chambres dans des mesures décisives envers les rives africaines de la Méditerranée. Alors, enfin, nous tirerions parti de notre conquête d'Alger. Alors l'idée de convertir la Méditerranée en un lac français aurait chancé d'être traduite en faits positifs, car le chemin de fer de Marseille vaudrait à lui seul bien plus que Gibraltar et Mahon, Malte, Corfou et Ancône ensemble.

Le chemin de fer de Paris à Marseille servirait aussi à nos communications avec l'Est de la Péninsule espagnole, moyennant un service de bateaux à vapeur maritimes entre Marseille et Barcelone, Marseille et Cadix.

Le chemin de fer de Paris à Bordeaux, surtout s'il était accouplé à celui de Marseille, assurerait à la Péninsule espagnole le bienfait de la prédominance française, la seule qui puisse sauver l'Espagne, la seule qui ait intérêt à ne pas se montrer machiavélique au-delà des Pyrénées. Notre intervention constante et active alors, à Madrid, nous rapporterait honneur immédiatement, profit un jour.

Le chemin de fer de Paris à Strasbourg serait, pour la France, le premier traité durable d'amitié et de solidarité avec l'empire des Césars; joint aux bateaux à vapeur du Danube et au chemin de fer de Londres, il cimenterait au sein de l'unité européenne la puissante trinité de la France, de la Grande-Bretagne et de l'Autriche; il fournirait à l'Angleterre et à la France une route vers Byzance et vers l'Asie centrale qui vaudrait bien celle que Catherine a léguée à ses formidables successeurs.

Si désirables cependant que soient tous ces chemins de fer et quelques autres encore, il n'est pas possible que nous les entreprenions tous aujourd'hui. Contraints de modérer nos dépenses, il faut que nous sachions modérer nos désirs. Recherchons s'il ne serait pas possible d'obtenir, au moins dans une proportion déjà satisfaisante, les résultats politiques, administratifs et commerciaux que pourrait nous valoir l'exécution complète d'un vaste réseau, en combinant d'après certaines règles un nombre restreint de chemins de fer avec les autres moyens de transports, c'est-à-dire avec les lignes navigables. Nous avons raison d'être impatients de voir la France, au dehors, bien assise dans la considération de l'univers entier, et, au dedans, bien définitivement calme et prospère. Mais nous devrons nous féliciter, nous, hommes de la génération présente, si, en poursuivant le but, nous parvenons même à moitié chemin, et s'il nous est donné d'entrevoir le terme au bout de l'horizon, comme Moïse le séjour de Chanaan, laissant à ceux qui viendront après nous le soin et l'honneur de compléter la tâche.

CHAPITRE IV.

DU RÉSEAU DES CHEMINS DE FER TEL QU'IL Y A LIEU A L'ENTREPRENDRE DÈS A PRÉSENT.

—

I.

DU RÉSEAU GÉNÉRAL DES CHEMINS DE FER TEL QU'IL DEVRA ÊTRE DÉFINITIVEMENT ÉTABLI UN JOUR.

Lignes dont doit se composer le réseau. Cinq lignes parisiennes : 1º ligne de la Méditerranée ; 2º ligne du Nord ; 3º ligne de la Péninsule espagnole ; 4ª ligne de l'Allemagne ; 5º ligne de Paris à la mer. — Deux lignes non parisiennes, celles de la Méditerranée à la mer du Nord et de la Méditerranée au golfe de Gascogne. — Éventualité d'une ligne de Paris à Brest dans le cas où la navigation à vapeur s'établirait d'un côté à l'autre de l'Atlantique. — Développement du réseau, mille vingt-quatre lieues.

Les grandes lignes de chemins de fer en faveur desquelles l'opinion publique et l'administration semblent maintenant se trouver d'accord, et sur lesquelles, abstraction faite des grandes questions d'administration publique et de politique que soulève l'entreprise d'un vaste réseau, il ne peut guère y avoir de débats qu'en ce qui concerne, soit les localités intermédiaires qu'elles doivent traverser, soit l'ordre dans lequel il convient de les entreprendre en totalité ou par parties, soit enfin le mode d'exécution par l'État ou par les compagnies, par les ponts et chaussées ou par les officiers du génie et de l'artillerie assistés de l'armée; ces grandes lignes, qu'on a avec raison dénommées politiques, sont au nombre de cinq, savoir:

1° Celle de Paris vers la Méditerranée, par Lyon et par Marseille;

2° Celle de Paris vers l'Angleterre, la Belgique et les provinces rhénanes;

3° Celle de Paris à la Péninsule espagnole, par Bordeaux et Bayonne, avec ramification sur Nantes;

4° Celle de Paris vers l'Allemagne centrale, vers Vienne et le Danube, par Strasbourg;

5° Celle de Paris à la mer, par Rouen.

A ces cinq lignes parisiennes il y aurait lieu d'en joindre deux autres dirigées, l'une du golfe de Gascogne vers la Méditerranée, ou de Bordeaux à Marseille, l'autre de la Méditerranée vers la mer du Nord, ou de Marseille au Rhin. Aboutissant à la Méditerranée, celle-ci serait, qu'on me passe l'expression, un Danube artificiel aussi utile à l'Allemagne, et surtout à celle du Nord, que l'est à l'Allemagne du Midi le Danube lui-même par sa liaison avec la mer Noire. Le chemin de fer de la Méditerranée à la mer du Nord n'est réellement possible que par la France. Pour aller de Gênes, de Venise ou de Trieste à Hambourg, il faudrait se frayer un passage à travers des chaînes de montagnes en présence desquelles l'art doit s'humilier. Au contraire, la ligne de Marseille au Rhin est une voie sûre et courte que la nature semble s'être plu à indiquer. On n'y rencontre ni Alpes du Tyrol, ni Alpes rhétiennes, ni faîtes de 3000 à 4000 mètres d'élévation; l'unique barrière à franchir est un contrefort du Jura, élevé de 350 mètres seulement au-dessus de la mer, contrefort qu'a déjà surmonté le canal du Rhône au Rhin, et qui serait de nouveau surmonté sans peine par un chemin de fer. Pour ouvrir cette communication il suffirait, sur le sol français, d'un chemin de fer partant de Strasbourg pour venir s'embrancher sur celui de Paris à la Méditerranée (1).

Si la navigation à vapeur prenait dans l'Atlantique le développement que d'audacieuses tentatives semblent faire pressentir (2), il deviendrait nécessaire d'exécuter une autre ligne dirigée de Paris vers notre port le plus occidental, c'est-à-dire vers Brest; car Brest deviendrait le point de départ pour les régions du Nouveau-Monde, avec lesquelles nous aurions alors des relations fort multipliées. Mais l'hypothèse

(1) Le réseau des chemins de fer, tel que l'administration le conçoit et qu'elle l'a fait connaître dans l'exposé des motifs de la loi présentée le 15 février, ne différait de ce qui est indiqué ici qu'en ce qu'il y avait une ligne de plus, celle de Paris à Toulouse, par le centre de la France. Cette ligne serait d'une exécution fort difficile et son utilité est fort contestable.

(2) On vient de construire, en Angleterre, trois bateaux à vapeur destinés à faire le service entre New-York et les ports anglais de Londres, de Liverpool et de Bristol. Le départ de celui de Londres a eu lieu le 28 mars.

L'opinion publique s'est occupée en Angleterre de la révolution qui surviendrait dans l'importance relative des divers ports nationaux lorsque la navigation à vapeur serait parvenue à s'organiser régulièrement et économiquement d'un bord de l'Atlantique à l'autre. Il a paru évident aux hommes les plus compétents, que les ports situés sur la côte occidentale de l'Irlande lutteraient alors avec un avantage marqué contre ceux du canal Saint-George, qui sépare l'Irlande de la Grande-Bretagne; et que, par exemple, tel petit port irlandais obscur aujourd'hui, comme celui de Valentia, éclipserait peut-être alors Liverpool lui-même.

sur laquelle se motiverait l'exécution de la ligne de Brest est encore exclusivement du domaine de la politique spéculative.

Il est difficile de dire exactement quel serait le développement total du réseau; cependant on peut l'évaluer à 1024 lieues, savoir :

Route de la Méditerranée. . . . . 220 lieues.

Route d'Angleterre et de la Belgique ou du Nord.

De Paris à Calais, par Lille . . . . . . 87 ⎫

Prolongement jusqu'à la frontière Belge, dans la direction de Gand, par Lille. . . . . . . 4 ⎬ 109

Embranchement sur Valenciennes et prolongement jusqu'à la frontière Belge, vers Mons et Bruxelles. . . . . 18 ⎭

Route d'Espagne, par Bordeaux et Bayonne. 200 ⎫ 247

Embranchement de Nantes. . . . . . . 47 ⎭

Route de Paris vers l'Allemagne centrale, par Strasbourg. 116

Route de Paris à la mer, en profitant de la partie du chemin du Nord, comprise entre Paris et Pontoise. 50

Route de la Méditerranée à la mer du Nord.

De Lyon (sur la route de la Méditerranée) à Lauterbourg, par Bâle et Strasbourg. 148

Route du golfe de Gascogne à la Méditerranée.

De Bordeaux à Beaucaire (sur la route de la Méditerranée). 134

　　　　　　　　　　　Total. . . . . . . 1,024 lieues.

II.

D'après l'exemple des chemins de fer anglais, les chemins de fer, exécutés
dans le système proposé par nos ingénieurs, ne coûteraient pas moins de
1,500,000 fr. par lieue en moyenne. — Énormité des frais qu'aurait à supporter le Trésor si on exécutait le réseau entier d'après ce système. — Examen des causes de la dépense des chemins de fer : 1° maximum des pentes;
2° minimum des rayons de courbure; 3° double voie. Les règles prescrites
par nos ingénieurs doivent être modifiées. — La dépense moyenne pourrait
être réduite à 800,000 fr. par lieue. — Observation sur certain raisonnement relatif aux capitaux, qui est fréquemment mis en avant.

Nos savants ingénieurs ont évalué à un milliard un
réseau de onze cents lieues, ce qui mettrait la lieue
à 900,000 francs en moyenne. Avec le système de construction proposé par les ingénieurs et adopté par l'administration des ponts et chaussées, cette évaluation est
inadmissible; car ce système a été emprunté aux Anglais; et en dépit de tous devis préalables, il exige en
Angleterre deux millions environ par lieue (1). Or, si
de l'autre côté du détroit les chemins de fer coûtent

(1) Voir la Note 7 à la fin du volume.

18

deux millions, nous ne comprendrions pas qu'en France, sur un sol ordinairement plus accidenté, avec les mêmes données de pentes, de rayons de courbure et de double voie, ils coûtassent moins de la moitié. En supposant que nos ingénieurs s'appliquent rigoureusement à construire dans un style simple et nullement monumental, il n'est ni impossible ni improbable que, tout en payant le fer plus cher que leurs émules d'Angleterre, ils parviennent à restreindre la dépense de ce système à 1,500,000 fr., par exemple. Mais il serait imprudent d'espérer un plus fort rabais, quelles que puissent être les promesses des devis. La réputation de véracité des devis n'est pas plus proverbiale que celle des bulletins; et ce qui se passe quotidiennement sous nos yeux prouve qu'en cela la voix publique n'a pas tort.

A raison de quinze cent mille francs par lieue, la dépense totale du réseau de mille vingt-quatre lieues serait de quinze cent trente-six millions.

Cette somme est plus que considérable, elle est effrayante. Il y aurait beaucoup d'inconvénients à ce que le gouvernement, cédant au louable désir de donner satisfaction à l'impatience du public qui veut jouir des chemins de fer, cherchât à se la procurer dans un bref délai, ou, ce qui, sous beaucoup de rapports et surtout sous celui du bon aménagement de la fortune publique, revient à peu près au même, à la faire consacrer aux chemins de fer par les compagnies. Distraire de propos délibéré une pareille masse de fonds des autres usages auxquels l'industrie applique le capital national, ce serait vouloir plonger le pays dans une perturbation commerciale semblable à celle dont l'Amérique a récemment été la victime. En fait de capitaux, quoique ce soit une matière naturellement douée d'une certaine élasticité, tout déplacement qui n'est pas ménagé est dangereux. Là aussi se vérifie cette loi de la mécanique rationnelle, que tout choc brusque occasionne une perte de forces vives.

L'un des moyens d'obvier à cette difficulté consisterait à diminuer les frais de premier établissement des chemins de fer, en adoptant un autre système de construction. Il y a donc lieu de se demander jusqu'à quel point il convient que nous nous tenions scrupuleusement dans la ligne des errements anglais, nous qui avons un territoire beaucoup plus vaste, et dont ainsi les lignes diamétrales seront beaucoup plus longues que celles de nos voisins d'outre-Manche ; nous qui disposons de beaucoup moins de capitaux ; nous qui aurons à transporter une population beaucoup moins riche, et par conséquent hors d'état de payer les places aux prix qu'il faut cependant établir, lorsque la mise de fonds a été extrêmement forte, si l'on veut que les chemins de fer s'entretiennent eux-mêmes et donnent quelque revenu. Ne conviendrait-il pas de pencher un peu vers le système de construction des Américains, système qui, comme l'atteste l'arbitre suprême de ce monde, l'expérience, n'entraîne pas d'accidents et n'a d'autres défauts que d'accroître, dans une proportion médiocrement considérable pourtant, les frais courants d'exploitation, et que de ralentir d'un tiers ou d'un quart la vitesse, mais qui a l'inappréciable avantage de coûter huit fois moins que le système anglais? Placés sous le rapport de l'étendue du territoire et sous celui de l'abondance des capitaux, dans le juste milieu entre l'Angleterre et les États-Unis, ne devrions-nous pas nous tenir également dans ce juste milieu en ce qui concerne le mode de construction de nos chemins de fer, à moins que nous ne voulions expérimenter sur la fortune publique après avoir épuisé les expériences sur les formes du gouvernement, ou que, dans un débordement d'abnégation et de longanimité, nous ne consentions à procéder à l'ouverture de ces communications rapides au travers de notre France, avec une lenteur qui permettrait à nos petits-enfants seuls d'en apprécier le bienfait?

La dépense excessive qu'entraînerait l'exécution des chemins de fer, si nous les établissions dans le système auquel l'Administration des ponts-et-chaussées a accordé la préférence, tiendrait à certaines règles que nos ingénieurs se sont imposées, et parmi lesquelles on en distingue trois surtout qui sont onéreuses. Ce sont :

1° Un *maximum* de pente qui n'est que le dixième ou même le vingtième du *maximum* fixé pour les routes ordinaires. De là la nécessité de combler les vallées et de trancher les montagnes ;

2° Un *minimum* très élevé pour le rayon de courbure à employer dans les tournants. De là l'obligation de ne tenir aucun compte des difficultés naturelles du sol, et encore une fois de combler les vallées et de trancher les montagnes au lieu de se conformer, jusqu'à un certain point, aux inégalités et aux contours du terrain ;

3° L'établissement d'une double voie tout le long du chemin, de manière à en avoir une exclusivement réservée aux transports qui s'opèrent dans un sens, et une seconde pour les trains qui vont en sens contraire.

Il serait bon d'examiner :

1° Si nous devons absolument et toujours nous imposer, pour les pentes, un maximum de 3 ou de 3 et 1/2 millièmes ;

2° Si nous devons nous interdire des rayons de courbure de moins de 1,000 mètres (1) ;

3° Si partout et toujours les grandes lignes ont besoin d'avoir deux voies, et s'il ne vaudrait mieux les réduire provisoirement à une seule, en construisant cependant les travaux d'art, et particulièrement les ponts, pour deux voies, et en établissant de distance en distance des places de croisement où les deux voies subsisteraient.

Je ne prétends aucunement déterminer avec quelque précision jusqu'à quel point il convient de s'écarter des règles que nos ingénieurs se sont tracées. Je me réduis à demander qu'avant de considérer ces règles comme devant être rigoureusement maintenues dans tous les cas, comme sacramentelles, on leur fasse subir au moins la formalité d'une enquête, non seulement mathématique, mais aussi commerciale, financière et administrative. Certes un chemin de fer où il aurait été possible de les observer, vaudrait mieux qu'un autre où on les aurait enfreintes ; mais deux chemins de fer, de cent lieues chacun par exemple, lors même qu'ils présenteraient, sous les rapports des pentes et des courbures, quelques imperfections, et, sous celui de la continuité des deux voies, quelques lacunes, valent mieux, ce me semble, qu'un seul chemin de fer de

(1) Il y a un an, l'administration admettait des pentes de cinq millièmes, et des rayons de courbure de 500 mètres.

cent lieues où sur ces trois points on se serait religieusement incliné devant les arrêts de la théorie
abstraite. Respectons profondément les sciences mathématiques ; consultons-les : c'est une excellente
pierre de touche. Mais les mathématiques ne peuvent
prétendre ni à gouverner ni même à administrer seules
l'État, et l'expérience, encore un coup, vaut tous les
$a + b$ du monde. Si donc l'expérience démontre que
la sécurité publique n'a rien à redouter de pentes de
cinq millièmes, et que, pour de courts intervalles,
on peut sans danger en admettre qui soient de sept
millièmes et plus (1); si elle déclare que l'on peut
très aisément guider des locomotives sur des courbes dont le rayon n'est que la moitié, le quart ou
même le dixième (2) du *minimum* recommandé par le
Conseil général des ponts-et-chaussées, il me semble
que le public profane peut, sans manquer aux égards
qu'il doit au savoir de nos ingénieurs, appeler de leur

(1) Il est très fréquent de rencontrer sur des chemins de fer américains, des-
servis par des machines locomotives, des pentes de 40 à 50 pieds par mille
anglais (7 1|2 à 9 4|10 millièmes). Dans quelques cas, on y établit des pentes
doubles où cependant le service a lieu par locomotives. Sur le chemin de Li-
verpool il y a une pente de 11 4|10 millièmes desservie par locomotives. Sur ce
même chemin, M. Minard mentionne une pente qui va à 22 millièmes,
mais qui est munie d'une machine fixe et traitée par conséquent comme un
plan incliné.

(2) Sur la plupart des chemins de fer américains, on admet des courbes de
moins de 1,000 pieds (300ᵐ) de rayon. Sur le chemin de Baltimore à l'Ohio
il y a beaucoup de courbes de 400 à 600 pieds anglais (120 à 180ᵐ). Il y en
a même une de moins de 300 pieds (90ᵐ). Cependant sur ce chemin on emploie
des locomotives. Il a fallu seulement rechercher pour ces machines quelques
dispositions particulières, et on en a trouvé qui remédient à tout danger.

Les expériences récentes de M. Laignel ont démontré que, par une combinaison simple et ingénieuse, il était possible de conserver une grande vitesse,
celle de neuf lieues à l'heure, par exemple, sur des courbes de 50ᵐ de rayon.

décision (1). L'économie publique est aussi en droit de réclamer voix délibérative en matière de chemins de fer, comme dans toutes les circonstances où il s'agit de grandes entreprises d'intérêt positif, et je doute fort qu'elle sanctionne les raisonnements de nos ingénieurs sur les capitaux (2).

(1) Voir la Note 16 à la fin du volume.

(2) En matière de devis il arrive fréquemment que l'on fasse un raisonnement tel que celui-ci : « Si l'on vise à l'économie du capital, on pourra « effectuer telle portion de chemin de fer avec une dépense de 1,200,000 fr. « au lieu de 1,500,000 ; mais alors la dépense de traction sera augmentée an- « nuellement de 20,000 fr. En déboursant, une fois pour toutes, 300,000 fr. de « plus pour frais de premier établissement, on éviterait donc un déboursé an- « nuel de 20,000 fr. Ainsi, en consentant à ajouter ces 300,000 fr. à la dépense « primitive, on se trouvera avoir placé 300,000 fr. à 6 2/3 pour 0/0, ce qui est « un excellent placement qu'il y aurait duperie à refuser. » Cette manière de raisonner est exacte quand il s'agit de petites sommes ; mais elle cesse de l'être lorsqu'il est question de 3 ou 400 millions, car elle suppose qu'il existe dans le pays une masse de capitaux indéfinis où il est possible de puiser *ad libitum*, comme dans l'Océan, sans qu'il en résulte de perturbation. Or, c'est une hypothèse tout-à-fait gratuite. La quantité de capitaux que l'on peut sans inconvénient tirer du marché financier, est bornée en tout pays ; elle l'est particulièrement là où, comme en France, les institutions de crédit existent à peine et où l'organisa- tion des capitaux est défectueuse.

Au surplus, l'augmentation des frais courants d'un chemin de fer, à laquelle on se soumettrait en adoptant sur quelques points des pentes supérieures à 3 ou même à 5 millièmes, et des courbes de moins de 1000ᵐ ou même de 500ᵐ de rayon, serait proportionnellement de beaucoup au-dessous de ce que j'ai supposé dans l'exemple ci-dessus. Avec des courbes d'un petit rayon, on est simplement astreint à ralentir la marche des convois pendant le court instant qu'on passe sur les courbes ; il paraît même qu'au moyen du procédé de M. Laignel on pourrait se dispenser de cette précaution. Avec des pentes de plus de cinq millièmes, qui seraient maintenues sur une certaine longueur, la dépense additionnelle se réduirait, au cas où l'on voudrait conserver partout la même vitesse, à celle d'une machine de renfort qu'on attacherait aux convois pour monter la rampe, tout comme les rouliers pren- nent un cheval de renfort quand ils ont une côte à gravir. Il y a même des combinaisons de service qu'il serait trop long de détailler ici, et qui dimi-

Quant au doublement de la voie, c'est un sujet sur lequel sans être un membre éminent de l'Académie des Sciences, on peut se former une opinion éclairée. Sur ce point, tout homme de sens est compétent, et j'écouterais plus volontiers l'avis d'un inspecteur des postes ou d'un directeur de messageries que celui du théoricien le plus versé dans les profondeurs du calcul infinitésimal. Que deux voies soient nécessaires à tout chemin de fer aboutissant à Paris, dans un rayon de dix ou quinze lieues, c'est ce que tout le monde accordera, parce qu'il faut, dans ce cas, un départ et une arrivée toutes les heures ou même toutes les demi-heures; et cependant disons qu'avec une seule voie on a eu, sur le chemin de fer de Saint-Germain, un service plus que passablement régulier et qu'aucun accident n'est venu troubler, soit pendant les jours de l'inauguration, soit depuis, malgré la foule qui s'y précipitait avec frénésie, et quoique, à l'origine, les employés, tous novices, ne fussent pas familiarisés avec leurs attributions. Mais entre Paris et Lyon, par exemple, il suffirait, chaque jour et dans chaque direction, de deux départs séparés l'un de l'autre de cinq ou six heures. Entre New-York et Philadelphie, villes de 250,000 âmes chacune, sur cette terre où les hommes ne tiennent pas en place, il n'y en a pas davantage, et un seul des deux est très couru. Sur chaque point du chemin il ne passerait donc que quatre trains de voitures chargées de voyageurs; en y en ajoutant un de plus dans chaque direction pour

neraient cette dépense dans une forte proportion. Telles sont celles que j'ai vu recommander à la compagnie du chemin de fer de New-York au lac Érié par une commission d'ingénieurs composée de MM. Robinson de Philadelphie, B. Wright de New-York, et J. Knight de Baltimore.

les marchandises, le nombre total des trains ne serait que de six. Dès lors avec une seule v̵ ̵ ̵ ̵istribuant, dans un ordre aisé à découvrir pour chaque cas, les heures de départ, et en déterminant d'avance elques points de station où l'un des convois devrait attendre l'autre, il serait possible d'assurer aux voyageurs une marche à peu près non interrompue, sans leur faire courir aucun risque, sans qu'un convoi fût exposé à se heurter contre un autre convoi allant en sens contraire. L'organisation du service deviendrait sous ce rapport très facile et exempte de tout embarras, si, d'espace en espace, et particulièrement aux abords des grandes villes, on doublait la voie sur un développement de deux ou trois lieues.

Avec deux trains pour les voyageurs dans chaque direction, l'on n'aurait à subir, entre Paris et Marseille, que deux moments d'arrêt, dont la durée ne dépasserait pas une demi-heure ; ce serait donc une heure seulement ajoutée au voyage. Le train des marchandises ne retarderait nullement ceux des voyageurs, parce qu'il leur céderait le pas et leur laisserait le champ libre en se tenant dans des gares d'évitement convenablement échelonnées sur toute la distance. Lors même que les délais qu'il subirait devraient, pour le plus grand avantage et la plus grande sécurité des hommes, être de quelques heures, il n'en résulterait aucun inconvénient. Au moyen de stationnements on pourrait même, sans entraver la circulation entre les points extrêmes, ajouter un autre train spécialement destiné aux voyageurs allant et venant entre les points intermédiaires. En un mot, ce n'est pas se faire illusion que d'espérer qu'au lieu d'établir une double voie partout sur une grande ligne, on pourrait, sans difficulté pour le service et sans danger pour le public, se borner à une seule pour la moitié ou les deux tiers du parcours. L'expérience des États-Unis, où l'on voyage plus que chez nous, et celle de la Belgique, qui est la portion la plus peuplée du continent européen, ne justifient-elles pas cette espérance?

Il est présumable également qu'il y aurait lieu à ce qu'on se relâchât de la rigueur avec laquelle on exige que toute route royale et départementale et même vicinale, ne soit traversée qu'au moyen d'un pont par dessus ou par dessous. Dans les environs de Paris et aux abords des grandes villes, cette précaution est indispensable. Au milieu des campagnes, ce serait fort souvent une sûreté tout-à-fait superflue que l'on donnerait au public, et une inutile dépense qu'on infligerait au Trésor ou aux compagnies. Avec un passage de niveau, une barrière et un gardien garantiraient amplement la sécurité publique dans un très grand nombre de cas.

Or, si à l'égard des pentes, des rayons de courbure et du doublement de la voie, et pour quelques autres faits moins essentiels, nous gardions le milieu entre les Anglais et les Américains, il est probable que la dépense de nos chemins de fer tiendrait le milieu entre celle des chemins de fer d'Angleterre et des *railroads* d'Amérique, et qu'elle serait environ de 700,000 fr. à 800,000 fr. par lieue, au lieu de 1,500,000 fr. qu'ils devront absorber si nous suivons la mode anglaise. En prenant pour base d'évaluation le chiffre de 800,000 fr., les 1024 lieues du réseau général coûteraient 819 millions, c'est-à-dire 717 millions de moins que si on les exécutait dans le système proposé par nos ingénieurs.

III.

DES MOYENS DE DIMINUER LA DÉPENSE EN DIMINUANT LA LONGUEUR DU RÉSEAU, TOUT EN AMÉLIORANT DANS UNE FORTE PROPORTION LES CONDITIONS DE LA VIABILITÉ.

—

Nécessité de créer de rapides moyens de déplacement pour les hommes. — Avec le régime représentatif, il est indispensable de les créer simultanément sur beaucoup de points; objection de la dépense. — La question est insoluble avec les chemins de fer seuls : elle est aisée à résoudre, si l'on combine les chemins de fer avec les lignes navigables. — Disposition de nos fleuves ; multiplication des bateaux à vapeur. — Les bateaux à vapeur peuvent suppléer provisoirement les chemins de fer. — Application de cette idée à plusieurs grandes lignes. — Ligne de Paris à la Méditerranée. — Ligne du Nord. — Ligne de Paris à la Péninsule. — Ligne de Paris à Strasbourg ; observation sur le système adopté pour la navigation de la Marne. — Ligne de Paris à la mer. — Lignes de la Méditerranée à la mer du Nord et au golfe de Gascogne. — Le réseau serait ainsi réduit de mille vingt-quatre lieues à six cent dix-huit lieues. — Nouvelle réduction à cinq cent cinquante-neuf lieues. — Réduction définitive à trois cent soixante-neuf lieues. — La dépense spéciale de ces lignes de choix serait de trois cent trente-huit millions.

Même en supposant que l'administration réduise la dépense des chemins de fer par l'adoption de règles autres que celles qui semblent aujourd'hui prévaloir près d'elle, l'exécution du vaste réseau projeté pour la France exigerait beaucoup d'argent, et, ce qui est plus fâcheux encore, beaucoup de temps. Il y a urgence cependant à mettre rapidement le pays en possession de moyens de transport qui permettent aux classes bourgeoises de se déplacer, suivant les principales directions, d'un bout à l'autre du territoire, avec une vitesse de plus de deux lieues à l'heure, et, s'il se peut, à moins de frais que 40 à 60 cent. par lieue. Telle est l'influence de la facilité des voyages sur le progrès de la richesse, et tel est le poids dont pèse aujourd'hui dans la balance politique la considération, toute matérielle pourtant, du bien-être, que ce n'est qu'au prix de pareils services que notre système politique méritera la qualification de gouvernement de bourgeoisie que beaucoup de ses amis lui donnent. A plus forte raison ceux qui regardent la dynastie nouvelle comme destinée à améliorer le sort de toutes les classes sans exception, qui pensent que l'épithète de populaire est la plus glorieuse que puisse ambitionner le trône de Juillet, ceux-là désirent avec raison la création prompte d'un vaste ensemble de communications à l'aide duquel l'immense majorité de nos concitoyens puisse voyager autrement qu'à pied au milieu de la boue qui borde nos chaussées. C'est là un des motifs pour lesquels ils se prononcent hautement en faveur des chemins de fer. Enfin la nature de notre régime représentatif semble exclure l'idée d'entamer le réseau des chemins de fer, si ce n'est sur une grande échelle et sur beaucoup de points à la fois; car comment obtenir le vote de la Chambre des députés en faveur des chemins de fer, si l'on ne fait jouir à peu près simultanément de la célérité magique qui les distingue, toutes les grandes divisions du territoire, le centre et les extrémités, l'Est et l'Ouest, le Nord et le Sud?

Que faire donc si, d'une part, la saine politique, les nécessités représentatives, l'intérêt de toutes les classes et celui du gouvernement, interdisent d'ajourner ou de pousser autrement qu'avec énergie et ensemble l'établissement de nouvelles voies transportant les voyageurs rapidement et à bas prix; et si, d'autre part, il semble impossible d'immédiatement entreprendre avec vivacité et de toutes parts l'exécution de notre réseau de chemins de fer, soit parce que les Chambres, malgré le désir qu'a chaque député d'en doter son arrondissement ou son département ou sa région de l'Est ou de l'Ouest, du Midi ou du Nord, se refuseraient à voter à brûle-pourpoint tous les fonds que ce réseau obligerait à dépenser, à la suite de toutes nos autres charges ordinaires et extraordinaires, soit parce que la question n'a pas été suffisamment élaborée et mûrie?

La question paraît donc insoluble, et elle l'est en effet si l'on se borne à mettre en jeu les chemins de fer seuls; mais elle devient moins inextricable si l'on combine les chemins de fer avec les lignes navigables qu'il faudrait exécuter ou améliorer dans tous les cas.

En compliquant ainsi la question, il arrive comme souvent qu'on la simplifie. Moyennant cette partie liée, il serait possible de combler, sans compromettre les finances du pays, un des désirs les plus ardents des populations, celui qui fait réclamer de toutes parts des moyens rapides de transport et des facilités nouvelles de déplacement pour les hommes. Moyennant l'alliance des bateaux à vapeur et des chemins de fer, on pourrait, sans effort surhumain, contenter à la

fois, dans un assez bref délai, toutes les grandes divisions de la France, en leur donnant un système de
communications qui les couvrirait toutes, qui rempli-
rait, je ne dis pas dans la perfection, je ne dis pas au
même degré que le réseau de chemins de fer commencé
en Angleterre, mais deux ou trois fois mieux que nos
routes ordinaires avec leurs diligences embourbées,
l'importante condition de la rapidité des voyages, et
qui, mieux que les ruineux *railways* de la Grande-
Bretagne, satisferait à la clause du bas prix des places,
clause plus importante encore pour les dix-neuf
vingtièmes de nos compatriotes qui sont pauvres, et
dont il faut que nous nous habituions à tenir compte
désormais dans toute entreprise nationale.

En menant de front la création de lignes praticables pour les bateaux à vapeur ou l'amélioration
de celles sur lesquelles déjà ces bateaux circulent,
et l'établissement de quelques chemins de fer, on
pourrait constituer en peu d'années un système provisoire de communications accélérées et économiques, dont toutes les parties, sans exception, malgré
le caractère transitoire de l'ensemble, rentreraient
sans modification dans le système général et définitif des communications et de la viabilité du pays, et
qui plus tard serait converti en un réseau complet de
chemins de fer non interrompus. Ce serait, en un mot,
un premier acte qui ne diminuerait pas notre désir
d'arriver au dénouement, mais qui, nous permettant
de l'entrevoir, et nous en faisant jouir à moitié en réalité et pleinement en espérance, grâce aux inépuisables
ressources de l'imagination française, modérerait
notre élan et nous déterminerait à prendre patience,

Pour la réalisation de ce *mezzo termine* la nature elle-même a beaucoup fait par l'admirable disposition de nos fleuves. Si, en effet, l'on prenait une à une les grandes lignes de chemins de fer, on verrait que nos grandes artères de navigation peuvent être avantageusement employées pour suppléer à la moitié du réseau, de telle sorte que provisoirement pour accroître dans une proportion énorme la facilité des rapports des hommes d'un bout à l'autre du pays, il suffirait d'améliorer nos fleuves, ce à quoi tout le monde est décidé, et de relier par des chemins de fer les points à partir desquels les fleuves sont ou peuvent devenir navigables pour de beaux bateaux à vapeur à grande vitesse, c'est-à-dire parcourant au moins quatre lieues à l'heure en eau morte. Ainsi, provisoirement, les chemins de fer s'arrêteraient là où commenceraient les bateaux à vapeur. Les bateaux à vapeur fournissent, je ne crois pouvoir trop le répéter, le moyen de voyager très vite; sous le rapport du bon marché, de l'agrément et de la commodité, il me semble résulter des faits cités plus haut qu'ils dépassent les chemins de fer. Déjà nous les voyons se multiplier, malgré le mauvais état de nos fleuves, sur la Saône et le Rhône, sur la Seine, la Garonne et la Loire, sur notre littoral de l'Océan et sur la Méditerranée. Là où la communication par bateaux à vapeur est déjà possible et facile, là où le cours des rivières peut être amélioré de manière à offrir aux bateaux à vapeur un chenal suffisamment profond pendant toute l'année, il y aurait de la précipitation à établir, dès aujourd'hui, de dispendieux chemins de fer. Ce n'est point par là qu'il faut entrer en matière, ce n'est pas ce qui presse le plus.

Ainsi, par exemple, de Paris à Marseille, l'espace qui doit être le premier comblé par un chemin de fer ne nous paraît point être la vallée du Rhône, quoique ce soit la partie du tracé à laquelle, dans le projet de loi du 15 février, on ait accordé la préférence. Le chemin de fer de Paris à Châlons-sur-Sâone doit passer bien avant celui de Lyon à Marseille, parce qu'il est déjà aisé de se rendre à très peu de frais, très commodément et en peu de temps, de Châlons à Marseille, ou au moins de Châlons à Arles. Les améliorations que l'on apporte au cours de la Saône et pour lesquelles les fonds sont votés, et celles qu'il est possible d'établir dans le lit du Rhône, justifient l'ajournement de tout chemin de fer entre Châlons et les environs d'Arles. Le chemin de Paris à Châlons mettra Lyon à 24 heures de Paris, ce qui lui importe plus que d'être à 12 heures de l'embouchure du Rhône; il contribuera, bien plus que celui de Lyon à Marseille, à multiplier les relations de Paris et des départements du Nord avec la Méditerranée. Sous le point de vue stratégique, le chemin de fer de Paris à Châlons ou à Lyon a une bien autre valeur que celui de Lyon à Marseille. En matière d'administration intérieure, il présente aussi bien plus d'avantages, car les localités qu'il rapproche de Paris sont bien plus nombreuses. A l'égard des relations avec Paris, il profiterait à tout ce qui est au midi de Lyon, au même degré que le chemin de Lyon à Marseille, et il desservirait de plus tout ce qui est situé entre Lyon et Paris. Il ne serait même pas impossible de diriger le chemin de Paris à Châlons, de manière à le faire servir, sur la moitié de son cours, aux communications entre Paris et l'Allemagne, tout comme à celles de Paris avec la Suisse et l'Italie, et à celles du Nord avec la Méditerranée et nos possessions africaines. Enfin, en temps de paix, il permettrait de diminuer, dans une proportion considérable, les forces militaires échelonnées dans le Midi; car la garnison de Paris serait alors en même temps la garnison de Lyon. De ce point de vue, le chemin de fer de Paris à Châlons économiserait à l'État, sur l'énorme budget du ministre de la guerre, par le fait seul de la réduction qu'il autoriserait dans le nombre des régiments stationnés à Lyon, une somme de quatre à cinq millions par an, représentant à peu près l'intérêt de la somme qu'il aurait coûté.

Il est même très probable, à cause de l'ample allocation dont la Saône a été l'objet en 1837, que la navigation à vapeur à grande vitesse pourrait partir d'un point situé en amont de Châlons, de Saint-Symphorien par exemple, de manière à desservir l'extrémité méridionale des deux canaux de Bourgogne et du Rhône au Rhin. Dans ce cas, il suffirait que le chemin de fer venant du nord fût poussé jusque là.

Marseille est le premier port de France. L'importance que la Méditerranée acquiert tous les jours, la civilisation qui renaît à Constantinople, à Smyrne et à Alexandrie, en Grèce comme sur les bords de la Mer Noire, et que nous devons ressusciter à Alger, tout promet à Marseille un immense avenir. Il ne peut donc entrer dans la pensée de personne de sacrifier Marseille. Mais un peu d'examen suffit pour reconnaître que le chemin de fer de Paris à Châlons, accouplé à l'amélioration du Rhône, serait bien autrement favorable à Marseille qu'un chemin de fer latéral au fleuve. Si l'on commençait en même temps le chemin de fer de Paris à la Méditerranée, du côté du midi, par un tronçon jeté entre Marseille et Arles ou Marseille et Avignon, ou plutôt Marseille et Beaucaire, les intérêts de Marseille seraient parfaitement satisfaits quant à présent. Dans l'intérêt exclusif du commerce de Marseille, on peut même citer plusieurs travaux locaux plus urgents que le chemin de fer de Lyon à Arles. Tels sont les docks et la nouvelle passe que les Marseillais attendent avec impatience; tel est le canal de Marseille à Bouc, qui complèterait la grande ligne ou plutôt les grandes lignes de navigation intérieure entre Marseille et Paris, Marseille et la Mer du Nord, Marseille et l'Océan; tel est le canal projeté depuis long-temps, qui amènerait de la Durance à cette grande cité l'eau dont elle est dépourvue. Tel serait un système général d'irrigation qui rendrait à la culture, sur le littoral de la Méditerranée, de vastes terrains que les Romains, dit-on, cultivaient jadis, et qui étaient, selon la tradition, d'une fertilité admirable, parce que le peuple-roi avait su les arroser. Tel serait aussi un système hydraulique qui renouvellerait sans relâche l'eau empestée du port de Marseille.

Ainsi le chemin de fer de Paris à la Méditerranée pourrait, quant à présent, être réduit à deux tronçons: l'un de Paris à Châlons, ou à Saint-Symphorien; l'autre de Marseille à Avignon, ou seulement à Beaucaire; car la navigation du Rhône n'est pas plus mauvaise entre Avignon et Beaucaire qu'au-dessus d'Avignon. Le Rhône conserve même, bien au-dessous de Beaucaire, un régime identique à celui qui le caractérise plus haut; il conviendrait cependant de choisir

Beaucaire pour point d'arrivée du chemin de fer parti de Marseille, tel qu'il devrait être exécuté dans le réseau provisoire. Beaucaire tend à devenir un carrefour de chemins de fer, et il le sera très prochainement. C'est là que le chemin d'Alais au Rhône va se terminer. C'est là aussi que le chemin de Cette au Rhône, premier tronçon, partiellement en construction aujourd'hui, du chemin venant de Toulouse et de Bordeaux, rencontrera le fleuve. Il est donc nécessaire que le chemin qui doit de Marseille se diriger vers le nord, afin d'éviter aux voyageurs la traversée en mer de Marseille à l'embouchure du Rhône, atteigne Beaucaire; mais il suffit que, jusqu'à nouvel ordre, il s'arrête là.

Il serait possible aussi de raccourcir du côté de Paris le chemin de la Méditerranée, en profitant de l'une des rivières qui affluent vers la capitale, c'est-à-dire de la Seine ou de la Marne. Nous reviendrons tout à l'heure sur ce sujet.

La ligne de Paris vers l'Angleterre, la Belgique et les provinces rhénanes, ne paraît pas susceptible d'être réduite par la substitution de la navigation à vapeur aux chemins de fer.

Celle de Paris à la Péninsule, par Bordeaux et Bayonne, avec ramification sur Nantes, s'y prêterait mieux. Il serait indispensable de construire un chemin de fer de Paris à Orléans. Au-delà d'Orléans jusqu'à Tours, et même un peu plus loin, la Loire convenablement améliorée dispenserait du chemin de fer. Pour tout le reste de la distance, jusqu'à Bayonne, il serait fort difficile de substituer les bateaux à vapeur aux machines locomotives, à moins de couper par un canal assez large pour que ces bateaux pussent s'y mouvoir, l'angle aigu qui est compris entre le cours de la Loire et celui de la Vienne, afin de rejoindre directement cette dernière rivière que l'on remonterait ensuite jusqu'à Châtellerault. Ce canal pourrait n'avoir que sept à huit lieues de long. Ce serait un ouvrage dont la largeur et la profondeur dépasseraient les bornes que l'on s'impose pour les canaux ordinaires. Il n'aurait cependant rien d'insolite à côté de quelques canaux aujourd'hui existants; il pourrait même être sur de moindres dimensions que le canal Calédonien ou le canal d'Amsterdam au Helder ou le canal latéral au Saint-Laurent (1). Il serait possible aussi de se servir, d'Orléans à Châtellerault, du canal latéral à la Loire, prolongé, comme nous l'avons dit plus haut, jusqu'aux environs de cette dernière ville, et sur lequel on emploierait des bateaux-rapides analogues à ceux des canaux d'Écosse.

Sur une bonne partie du trajet, au-delà de Châtellerault, c'est-à-dire entre Bayonne et Bordeaux, le chemin de fer serait fort peu dispendieux. Le sol des Landes est naturellement nivelé, les bois y abondent. Les Landes offrent une ressemblance frappante avec la région sablonneuse, couverte de pins et inhabitée, qui forme le littoral de l'Atlantique dans l'Amérique septentrionale, au midi de la Chésapeake. Il semble évident qu'un chemin de fer pourrait y être établi aux prix

---

(1) Le canal latéral au Saint-Laurent a 42ᵐ50 de large à la ligne d'eau et 3 mètres d'eau; les écluses ont 61 mètres de long et 16ᵐ70 de large. Le canal Calédonien a 37 mètres de large et 6ᵐ80 de profondeur; les écluses ont 52ᵐ40 de long et 12ᵐ20 de large. Le canal d'Amsterdam au Helder a 38 mètres de large et 6ᵐ20 de profondeur.

américains, c'est-à-dire à raison de 200,000 ou 250,000 francs par lieue.

Quant à l'embranchement sur Nantes, la Loire suffisamment perfectionnée en autoriserait l'ajournement.

La ligne de Paris vers l'Allemagne centrale, par Strasbourg, pourrait pareillement être remplacée en partie par la navigation à vapeur. La Marne coule dans une direction qui serait à peu près celle du chemin de fer. Douze millions ont été votés, l'an dernier, pour le perfectionnement de cette rivière; il serait possible d'effectuer les travaux de telle sorte qu'un bateau à vapeur à grande vitesse pût remonter jusqu'à Châlons ou même jusqu'à Saint-Dizier (1). Le chemin de Paris à Strasbourg pourrait aussi se confondre pendant une cinquantaine de lieues, à partir de Paris, avec celui de la Méditerranée, en adoptant pour l'un

___

(1) L'administration voulait établir les écluses nécessaires à la canalisation de la Marne sur de belles dimensions, afin que les grands bateaux de la basse Seine pussent parcourir la Marne canalisée. Elle proposait, dans le projet de loi de 1837, de leur donner 7^{m}80 de largeur. La commission de la Chambre des Députés n'approuva pas ce plan, et, conformément à sa proposition, l'allocation demandée par le Ministre des travaux publics fut réduite à ce qu'il fallait pour construire des écluses larges seulement de 5^{m}20. On serait encore à temps de revenir à l'idée des ponts-et-chaussées, puisque les travaux ne sont pas en cours d'exécution.

D'après le plan adopté, la Marne sera remplacée, sur un développement assez étendu, par un canal latéral. Si l'on voulait faire de cette rivière une ligne praticable pour de beaux bateaux à vapeur, il faudrait creuser le canal sur une plus grande largeur. La construction d'un canal de 25^m de largeur n'a rien dont on doive s'effrayer. Nous avons déjà dit que la province du Haut-Canada, qui n'a pas une seule grande ville, où les capitaux sont fort rares, et dont la population totale est à peine égale à la population moyenne d'un seul de nos quatre-vingt-six départements (400,000 âmes), avait entrepris et avancé l'exécution d'un canal dont la largeur va à 42^{m}50.

et pour l'autre une direction moyenne qui allongerait d'une heure seulement le voyage de Marseille, et qui ajouterait moins encore au voyage de Strasbourg. Enfin, il serait possible de remplacer temporairement en totalité ou en majeure partie ce tronc commun au chemin de fer de la Méditerranée et à celui de l'Allemagne, par la Marne ou par la Seine, rendues navigables en amont de Paris pour des bateaux à vapeur à grande vitesse.

L'exécution complète d'un chemin de fer de Paris au Havre serait indispensable. C'est la seule solution possible de la grande question de Paris port de mer. La circulation des hommes est d'ailleurs extrêmement animée dans la riche vallée de la Seine.

On concevrait cependant que le chemin de fer ne fût voté immédiatement dès cette année qu'entre Paris et Rouen, sauf à pourvoir dans un très bref délai à l'achèvement de la ligne. La navigation à vapeur est très perfectionnée entre Rouen et le Havre. *La Normandie* n'emploie que sept heures quinze minutes moyennement, pour faire à la descente ce trajet de trente-cinq lieues. Elle met moins de temps à la remonte, ainsi qu'il arrive sur d'autres fleuves sous l'influence de la marée; la durée moyenne du trajet est alors de six heures vingt minutes. Ainsi, avec un chemin de fer entre Paris et Rouen, on se rendrait de Paris au Havre en onze heures environ, et l'on en reviendrait en dix heures. Ce serait une amélioration sensible sur ce qui est, car en diligence le trajet dure vingt heures.

Quelques personnes ont même pensé que le chemin de fer de Paris à Rouen n'était pas un de ces travaux

urgents pour lesquels aucun délai n'est admissible.
« N'est-il pas plus pressant, disent-elles, de rendre
» parfait le régime de cette belle Seine qui déjà, dans
» l'état de nature, est sous le rapport de la navigabilité
» le premier des fleuves de France? Et cette perfection
» est-elle donc pour la Seine si difficile à atteindre?
» Faudrait-il de si grands efforts pour faire disparaître
» les bancs de sable qui y gênent la navigation, et
» pour réduire, par quelques coupures, les coudes
» qu'imposent ses détours multipliés? Si, moyennant
» 12 ou 15 millions, il est possible d'assurer en toute
» saison, sur la Seine, la circulation rapide des plus
» grands bateaux à vapeur et de tous les autres bateaux,
» de diminuer de trente pour cent, ou même de moitié,
» les frais et la durée du transport des marchandises,
» n'est-on pas fondé à soutenir que l'amélioration
» de ce fleuve magnifique doit précéder l'établisse-
» ment d'une voie entièrement nouvelle qui coûte-
» rait trois ou quatre fois autant et ne satisferait pas
» aux mêmes conditions de transport économique? A
» l'aide des bateaux à vapeur et d'un chemin de fer
» partant de Paris pour aboutir à Poissy, par exemple,
» ne parviendrait-on pas à conduire promptement et
» à peu de frais les voyageurs de Paris à Rouen? »

Mais, eu égard aux nombreuses sinuosités de la
Seine, qui de Poissy à Rouen décrit un parcours de
41 lieues, tandis qu'il n'y en a que 25 par la route de
terre, l'avantage des bateaux à vapeur serait, dans ce
cas, presque annulé. En supposant le fleuve amélioré,
il faudrait huit heures pour aller ainsi de Paris à Rouen,
et onze pour remonter de Rouen à Paris. Il serait difficile d'établir au travers des coteaux qui bordent la

Seine quelques coupures qui abrégeassent sensiblement le voyage. A cause du voisinage de Paris, de la
richesse de la vallée, du nombre des voyageurs qui la
sillonnent, et de l'immense mouvement de marchandises et de denrées qui se dirigent par le fleuve, il y a
lieu à mener de front le chemin de fer et le perfection
nement de la Seine, perfectionnement qui n'entraînerait que des frais médiocres, dont, si l'on y tenait
absolument, le Trésor pourrait aisément se couvrir au
moyen d'un péage momentané. A partir de Pontoise,
où il pourrait s'embrancher sur le chemin du Nord,
le chemin de fer de Rouen n'aurait que vingt-cinq
lieues de développement.

Mais le chemin de Paris à Rouen ne suffirait pas.
Quoique moins sinueuse en aval de Rouen qu'en
amont, la Seine décrit bien des courbes entre Rouen et
le Havre. La distance de ces deux villes est de 35 lieues
par eau; elle n'est que de 21 par la route royale. D'ailleurs, pour entrer au Havre ou pour passer du Havre
en Seine, le bateau à vapeur est obligé de choisir le
moment de la marée, ce qui occasionne une mobilité
perpétuelle dans les heures de départ et d'arrivée.
Le problème de Paris port de mer ne sera résolu que
lorsque, entre le lever et le coucher du soleil, le né-
gociant parisien pourra aller au Havre, y faire ses
affaires et rentrer dans sa famille. Il faut pour cela que
le chemin de fer soit complet de Paris à la mer.

Le chemin de la Méditerranée à la Mer du Nord, au
lieu de venir chercher jusqu'à Lyon celui de Paris à
la Méditerranée, devrait se terminer, du côté du sud,
sur la Saône, au point jusques auquel de beaux bateaux à vapeur pourraient la remonter, une fois amé-

liorée : nous avons supposé que ce serait Saint-Symphorien. Du côté du nord, il devrait s'arrêter à Strasbourg, si le gouvernement Badois réalisait son projet d'en exécuter un parallèle au Rhin jusqu'à Manheim et passant par Kehl. Comme une compagnie s'est chargée du chemin de fer de Bâle à Strasbourg, il n'y aurait plus à entreprendre qu'une ligne venant de Saint-Symphorien s'embrancher sur celui-ci à Mulhouse.

Le chemin de fer de la Méditerranée au golfe de Gascogne ou de Marseille à Bordeaux devrait de même, du côté de l'Ouest, ne pas dépasser Moissac sur la Garonne, et du côté de l'Est, s'arrêter à la ville de Cette qui infailliblement sera avant peu reliée à Beaucaire par des chemins de fer appartenant à des compagnies.

Moyennant ce système, au lieu de mille vingt-quatre lieues, le réseau général des chemins de fer pourrait être provisoirement considéré comme réduit à six cent dix-huit lieues, savoir :

1º *Ligne de la Méditerranée par Lyon et Marseille.*
Chemin de Paris à Saint-Symphorien. . . . . . . 83 } 108 lieues.
   Id.   de Marseille à Beaucaire . . . . 25 }

2º *Ligne de Paris vers l'Angleterre, la Belgique et les provinces rhénanes.* 109

3º *Ligne de Paris à la Péninsule, par Bordeaux et Bayonne.*
Chemin de Paris à Orléans. 29
   Id.   de Tours à Bordeaux. . . . . . , . . 85 } 164
   Id.   de Bordeaux à Bayonne. . . . . 50 }

4º *Ligne de Paris vers l'Allemagne, par Strasbourg.*
Chemin de Châlons ou de Vitry (1) à Strasbourg. . . 75

             A reporter. . . . 456 lieues.

(1) Il serait possible qu'au lieu d'être dirigée par la vallée de la Marne, cette ligne dût remonter la vallée de la Seine, et se confondre ainsi, sur une certaine distance, avec celle de Paris à la Méditerranée. Dans ce cas l'économie resterait à peu près la même.

	Report. . . .	456 lieues.
5° *Ligne de Paris à la mer.*		
Chemin de fer de Paris au Havre, à partir de Pontoise.		47
6° *Ligne directe de la Méditerranée à la Mer du Nord.*		
Chemin de Saint-Symphorien à Mulhouse		51
7° *Ligne directe de la Méditerranée au golfe de Gascogne.*		
Chemin de Moissac à Cette		64
	Total.	618 lieues.

qui coûteraient, au prix de 800,000 fr. par lieue, la somme de 494 millions.

Il y aurait donc une réduction de 406 lieues sur l'étendue du réseau et de 325 millions sur la dépense.

Mais ce n'est pas tout.

Dans le calcul précédent je crois avoir accepté sur plusieurs points l'hypothèse la moins favorable aux réductions. Et, par exemple, je n'ai pas tenu compte de la facilité qu'il y aurait probablement à se servir de la Seine pour la communication de Paris à Marseille, ni de l'éventualité d'un canal jeté transversalement de la Loire à la Vienne, près de l'embouchure de celle-ci, canal qui permettrait de continuer le trajet par eau au-delà de Tours jusqu'à Châtellerault. En tenant compte de ces circonstances diverses, on aurait, pour le développement réduit du réseau, le chiffre de 559 lieues (1), et pour la dépense probable, toujours dans le cas où l'on se déciderait en faveur d'un mode économique de construction, la somme de 447 millions.

Répétons que la dépense du réseau entier serait,

(1) En retranchant du chiffre précédent de 618 lieues 1° la distance de Tours à Châtellerault qui forme 19 lieues sur le chemin de fer de Paris à la Péninsule; 2° 40 lieues sur le chemin de Paris à la Méditerranée, pour la distance comprise entre Paris et Troyes.

avec le même mode de construction, de 819 millions;
et qu'avec le mode adopté par l'administration, elle
s'élèverait à 1,536 millions.

Ce n'est pas tout encore.

Sans doute il conviendrait que le réseau réduit des
chemins de fer fût décidé en masse. Toutefois, pendant quelques années, on pourrait différer l'ouverture des travaux sur quelques portions du territoire,
qui recevraient en compensation et dès à présent, des
canaux destinés à en changer la face, et dans quelques
directions où le besoin d'un chemin de fer est moins
pressant qu'ailleurs. Ainsi puisqu'il est décidé que l'on
établira un magnifique canal de Paris à Strasbourg,
le chemin de fer qui doit relier Strasbourg à Paris
n'est pas d'une extrême urgence. Les populations
intéressées comprendraient aisément que l'on en re-
tardât la construction, s'il leur était solennellement
promis pour un prochain avenir; il en résulterait une
diminution de 75 lieues. Si l'on dotait la France de
l'Ouest des grands ouvrages de navigation qui lui
sont nécessaires, l'ouverture des travaux du chemin
de fer de la Méditerranée au golfe de Gascogne pourrait aussi être remise. On pourrait également ajourner
l'entreprise du chemin de fer de la Méditerranée à la
Mer du Nord. De là encore 115 lieues à défalquer.

Il semble aussi que le chemin de fer du Nord, pourrait n'avoir, provisoirement au moins, qu'une entrée
en Belgique. Il faudrait alors opter entre la direction
de Valenciennes et celle de Lille. La supériorité commerciale et manufacturière de Lille et du pays qui
l'entoure, et la facilité qu'il y aurait à rejoindre Calais

à peu de frais avec un embranchement partant de Lille, sont de puissants motifs de préférence que la ligne de Lille peut invoquer. Mais d'un autre côté, à cause des détours qu'elle imposerait aux voyageurs de Paris à Bruxelles, puisqu'elle obligerait à passer par Malines, elle a un grand désavantage sur le tracé rival; elle allongerait, en effet, le trajet de vingt lieues au moins, c'est-à-dire de plus de deux heures. On n'attache aucun prix à économiser deux heures dans un voyage de longue haleine. Il est même presque indifférent de rester en route deux heures de plus ou de moins quand il s'agit d'un trajet, tel que celui de Paris à Londres, qui ne peut être effectué qu'une fois dans la journée; tout ce qui est nécessaire alors, c'est que le voyage soit aisément praticable, en temps ordinaire, entre le lever et le coucher du soleil, c'est-à-dire qu'alors quatorze heures et douze se valent. Mais toutes les fois que la distance est telle qu'il soit facile, moyennant certaines combinaisons, de la franchir deux fois du matin au soir, l'hésitation n'est plus possible entre deux systèmes dont l'un permet ainsi l'aller et le retour dans le même jour, tandis que l'autre interdirait le double voyage. Il est donc indispensable que le chemin de Paris à Bruxelles passe par Valenciennes (1). Mais Lille mérite un embranchement, et l'on ne saurait le lui refuser s'il veut concourir à la dépense; d'ailleurs l'embranchement dirigé des envi-

---

(1) De ce point de vue, le tracé par Saint-Quentin présenterait un léger avantage sur celui qui passe par Amiens. Suivant M. Vallée, en admettant que les deux tracés se confondissent entre Paris et Creil, la différence serait d'une lieue et demie au moins dans un cas, et de trois lieues dans une autre hypothèse.

rons de Douai sur Lille ferait partie de la route de Paris à Londres (1), ligne de premier ordre.

Le chemin de fer de Bordeaux à Bayonne semble, au premier abord, être l'un des tronçons dont l'ajournement serait le plus naturel; car quelle urgence y a-t-il à établir les communications les plus perfectionnées dans une région aussi misérable? Pourquoi créer ces rapides moyens de transport pour les hommes là où il n'y a pas d'hommes à transporter? Mais ce chemin de fer importe aux bonnes relations de la France et de l'Espagne; il hâterait le jour où le défrichement des Landes sera opéré dans la limite où il est possible; il coûterait incomparablement moins que tout autre chemin de fer. Enfin, considération qui me paraît décisive, il dispenserait le Trésor d'établir ou d'entretenir à très grands frais une route royale au travers des Landes. On sait que dans ces plaines sablonneuses il n'y a de bonnes routes que moyennant un pavage, et il faut y charroyer les pavés de fort loin.

Moyennant les nouvelles réductions qui viennent d'être signalées, le chiffre du réseau tomberait à trois cent soixante-neuf lieues, dont la dépense, à raison de 800,000 fr. par lieue, serait de 295 millions.

(1) En établissant un embranchement direct d'Amiens sur Boulogne et Calais, le trajet de Paris à Boulogne serait plus court que par Lille de vingt-trois lieues, c'est-à-dire d'environ deux heures et demie. Celui de Paris à Calais serait par là raccourci de quatorze lieues, c'est-à-dire d'une heure et demie. Le chemin de fer d'Amiens à la mer aurait, jusqu'à Calais, quarante lieues; jusqu'à Boulogne, trente-deux et demie. Celui de Lille à Calais aurait vingt-six lieues. Mais moyennant une nouvelle ramification de six lieues et demie, le chemin de fer de Calais à Lille desservirait le port important de Dunkerque; il pourrait même être tracé de manière à passer par Dunkerque sans être allongé de plus de deux lieues.

Mais il devrait être bien entendu qu'il ne s'agit que d'un ajournement à courte échéance, et qu'on ne s'y détermine qu'en vue d'éviter des embarras au Trésor, et d'épargner au monde financier une perturbation qui réagirait fatalement sur toutes les branches de l'industrie nationale.

Les 369 lieues de chemins de fer seraient réparties comme il suit :

1° *Ligne de la Méditerranée par Lyon et Marseille.*
 Chemin de fer de Troyes à Saint-Symphorien 43   } 68
  Id.   de Marseille à Beaucaire. 25   }
2° *Ligne de Paris vers l'Angleterre, la Belgique et les provinces rhénanes.* 109
3° *Ligne de Paris à la Péninsule, par Bordeaux et Bayonne.*
 Chemin de Paris à Orléans. 29   }
  Id.   de Châtellerault à Bordeaux. 66   } 145
  Id.   de Bordeaux à Bayonne 50   }
4° *Ligne de Paris vers l'Allemagne, par Strasbourg.* . . . . . . »
5° *Ligne de Paris à la mer.*
 Chemin de Paris au Hâvre, à partir de Pontoise. 47
6° *Ligne directe de la Méditerranée à la Mer du Nord.* . . . . . »
7° *Ligne directe de la Méditerranée au Golfe de Gascogne.* . . . . »

            Total. . . . 369

Si l'on y ajoutait, pour la ligne de Paris vers l'Allemagne par Strasbourg, le chemin de fer de Vitry à Strasbourg par Metz, dont la longueur serait d'environ 75

Et, pour la ligne directe de la Méditerranée à la Mer du Nord, le chemin de fer de St-Symphorien à Mulhouse, dont la longueur serait de 51

         On aurait un total de 495

Il faut reconnaître que, pour un réseau réduit ainsi à un petit nombre de lignes de choix, 800,000 fr. par lieue ne suffiraient pas. Sur la tige principale du chemin du Nord, sur celui d'Orléans et sur celui de Paris à la mer, au moins jusqu'à Rouen, le service serait trop actif pour qu'une seule voie pût y satisfaire. Les terrains et la main-d'œuvre y coûteraient plus cher qu'ailleurs. Enfin ces trois chemins devraient être établis de manière à comporter une grande vitesse. Cependant, avec une économie bien entendue et en tenant compte de diverses circonstances favorables, telles que la configuration aplanie du sol entre Paris et Orléans, le nivellement parfait des Landes et les bois qu'on y trouve à vil prix et que l'on utiliserait pour la construction du chemin de fer, le réseau, ramené à sa plus simple expression, devrait être construit pour 338 millions, savoir :

	lieues.		fr.	fr.
1º Ligne de la Méditerranée . . .	68	à	800,000	54,400,000
2º Ligne d'Angleterre et de Belgique.	109	à	1,200,000	130,800,000
3º Ligne de Paris à la Péninsule.				
Chemin d'Orléans.	29	à	1,000,000	29,000,000
Id. de Châtellerault à Bordeaux.	66	à	800,000	52,800,000
Id. de Bordeaux à Bayonne . .	50	à	300,000	15,000,000
4º Ligne de Paris à la mer.				
Chemin de Pontoise au Havre . .	47	à	1,200,000	56,400,000
Total. . . .	369			338,400,000
Si l'on ajoutait pour le chemin				
De Vitry à Strasbourg. . . .	75	à	800,000	60,000,000
De St-Symphorien à Mulhouse. .	51	à	800,000	40,800,000
On aurait le total de. .	495			439,200,000

Rappelons que le réseau entier, exécuté dans un système dont j'ai essayé d'établir la praticabilité, coûterait, au lieu des 338 millions qu'exigerait le réseau réduit. . . . . 819 millions; et que dans le système de construction proposé par le gouvernement, la dépense serait d'au moins . . . . 1,500 millions.

IV.

DE L'ÉCONOMIE DE TEMPS ET D'ARGENT QUI RÉSULTERAIT DU SYSTÈME DE VIABI-
LITÉ OBTENU PAR LA COMBINAISON DU RÉSEAU RÉDUIT DES CHEMINS DE
FER AVEC LES BATEAUX A VAPEUR.

—

Durée du voyage d'une extrémité à l'autre de la France, dans les principales
directions au moyen de ce système, 1° en supposant une très grande vitesse
et pas de perte de temps, 2° en supposant une vitesse plus modérée et
divers moments d'arrêt. — Du temps nécessaire alors, comparé à celui
qu'exige aujourd'hui le voyage en diligence. — Comparaison des frais de
voyage. — Comparaison de ce mode de voyage avec celui que le pays possède aujourd'hui, sous les rapports combinés de la célérité et du prix des
places.

Évaluons le temps qui serait nécessaire pour traverser le pays d'une extrémité à l'autre au moyen du
réseau provisoire *minimum* de trois cent soixante-
neuf lieues, combiné avec un service de bateaux à vapeur, sur les lignes navigables convenablement perfectionnées.

En admettant, ce que rigoureusement les faits déjà
accomplis autorisent, sur les chemins de fer une vitesse de dix lieues à l'heure, sur les rivières une vitesse
de six lieues à la descente et de quatre à la remonte,
excepté pour le Rhône où il n'est pas possible d'espérer
à la remonte plus de trois lieues, même après que le

fleuve aura été amélioré, on trouve que le voyage d'une extrémité à l'autre de la France, suivant les principales directions, durerait (1) :

	heures.	minutes.
Du Havre à Marseille.	42	52
De Marseille au Havre.	51	32
De Lille à Bayonne.	34	06
De Bayonne à Lille.	34	06
De Lille à Nantes.	25	32
De Nantes à Lille.	28	27
De Strasbourg à Bayonne (2).	73	47
De Bayonne à Strasbourg.	79	42
De Strasbourg à Nantes.	65	16
De Nantes à Strasbourg.	76	06
De Strasbourg à Marseille.	50	50
De Marseille à Strasbourg.	66	00
De Bordeaux à Marseille (3).	52	33
De Marseille à Bordeaux.	48	28
De Paris à la mer.	5	24
De Paris à Calais.	8	18
De Paris à Londres.	13	18

Voici quelle est en ce moment, dans les circonstances les plus favorables, la durée du voyage par les di-

(1) Voir les tableaux de la première série, Note 17 à la fin du volume.

(2) En supposant que les chemins de fer de Vitry à Strasbourg, et de Mulhouse à Saint-Symphorien fussent exécutés, le trajet sur les lignes aboutissant à Strasbourg serait raccourci et deviendrait :

	heures.	minutes.
De Strasbourg à Bayonne.	47	17
De Bayonne à Strasbourg.	53	12
De Strasbourg à Nantes.	38	46
De Nantes à Strasbourg.	47	36
De Strasbourg à Marseille.	29	52
De Marseille à Strasbourg.	54	02

(3) En supposant un chemin de fer complet de Cette à Beaucaire, ce qui ne peut manquer d'être effectué, car le chemin de fer de Cette à Montpellier se construit ; celui de Nimes à Beaucaire fait partie du chemin d'Alais à Beaucaire actuellement en construction ; et celui de Nimes à Montpellier fait l'objet d'une demande en concession, de la part de capitalistes sérieux.

ligences, sur les mêmes lignes, en supposant que dans
la vallée du Rhône on profite du bateau à vapeur, à
la descente entre Châlons et Arles, à la remonte
entre Lyon et Châlons, et non compris le temps que
l'on passe dans les villes où l'on change de voiture ou
de véhicule, telles que Paris, Bordeaux et Lyon :

Du Havre à Marseille.	108 heures.
De Marseille au Havre.	13t
De Lille à Bayonne, et *vice versâ* . .	110
De Lille à Nantes — . . .	65
De Strasbourg à Bayonne. — . . .	150
De Strasbourg à Nantes. — . . .	105
De Strasbourg à Marseille	75
De Marseille à Strasbourg.	103
De Bordeaux à Marseille, et *vice versâ*.	86
De Paris à la mer, — . .	20
De Paris à Calais, — . . .	25
De Paris à Londres, — . ?	36

Mais, je le répète, ce sont là des *minima* que, sur
presque toutes les lignes, les diligences atteignent à
peine pendant quelques semaines chaque année, et où
rien n'est compté pour les stations obligées dans les
centres intermédiaires, c'est-à-dire à Paris, à Bordeaux
et à Lyon. Il s'écoulera des années encore avant
que l'état de nos routes et de nos voitures permette de
réduire à ces chiffres la durée habituelle des voyages
en diligences, même déduction faite de ces stations.
Dans tous les cas, il convient de porter 24 ou 12 heures
en sus, selon les diverses lignes, pour les temps d'arrêt
qu'il faut ainsi subir dans les villes où les messageries
se correspondent, c'est-à-dire 12 heures pour les lignes
aboutissant à Nantes, et 24 pour les autres, ce qui
donne les résultats suivants :

Du Havre à Marseille	132 heures ou 5 jours et 12 heures.		
De Marseille au Havre	155	6	11
De Lille à Bayonne, et *vice versâ*. . .	134	5	14
De Lille à Nantes. . . — . . .	77	3	5
De Strasbourg à Bayonne — . . .	174	7	6
De Strasbourg à Nantes. — . . .	117	4	21
De Strasbourg à Marseille	99	4	3
De Marseille à Strasbourg	127	5	7
De Bordeaux à Marseille, et *vice versâ*.	110	4	14

On peut cependant penser que les vitesses sur lesquelles sont basés les calculs présentés plus haut, pour les voyages par bateaux à vapeur et par chemins de fer, seront très difficiles à atteindre dans la réalité comme résultats moyens et continus. Il n'est donc pas inopportun d'établir parallèlement d'autres calculs en adoptant des hypothèses moins favorables.

Si l'on suppose une vitesse effective de 8 lieues à l'heure sur les chemins de fer (1); de 5 lieues à la descente, et de 3 et demie à la remonte sur les rivières, en maintenant cependant pour le Rhône 6 lieues à la descente avec 3 à la remonte; si l'on admet que dans la vallée de la Loire jusqu'à l'embouchure de la Vienne, ainsi qu'entre Tours et Châtellerault, le voyage ait lieu sur un canal latéral à la Loire prolongé de la Loire à la Vienne, à raison de 3 lieues et demie dans les deux sens, rapidité que maintenant l'on dépasse notablement sur les canaux d'Écosse; si enfin l'on compte un quart d'heure d'arrêt pour chaque transition de la navigation au chemin de fer et réciproquement (2),

(1) Pour le Havre et pour le Nord nous supposerons cependant que le service soit organisé spécialement sur le pied de dix lieues à l'heure. A cause des temps d'arrêt à Calais et à Douvres, le trajet de Paris à Londres se ferait alors en quatorze heures.

(2) Un quart d'heure serait plus que suffisant pour le passage des voyageurs

et, en outre, deux heures perdues par jour pour les repas ou autres causes, on arrive aux résultats suivants (1) :

Du Havre à Marseille.	55 heures 3o minutes.	
De Marseille au Havre.	67	45
De Lille à Bayonne.	41	45
De Bayonne à Lille.	45	-

d'un bateau à vapeur au chemin de fer, et *vice versâ*, et pour le transbordement de leur bagage. En Amérique cette combinaison des bateaux à vapeur et des chemins de fer se présente sur plusieurs lignes très fréquentées, telles que celles de New-York à Philadelphie et à Boston, et de Philadelphie à Baltimore. On va de New-York à Philadelphie, au moyen de deux bateaux à vapeur, l'un dans la baie de New-York, l'autre sur la Délaware, et d'un chemin de fer jeté de South-Amboy (baie de New-York) à Bordentown sur la Délaware. De même entre Philadelphie et Baltimore les voyageurs sont transportés par deux bateaux à vapeur allant et venant, l'un sur la Délaware, l'autre sur la Chésapeake, et aboutissant aux deux extrémités d'un chemin de fer traversant l'isthme qui sépare la Chésapeake de la Délaware. Chacun des changements de véhicule ne prend ordinairement que huit à dix minutes tout compris, et quelquefois moins, quoiqu'il y ait chaque fois de 3oo à 6oo voyageurs. Tout s'opère cependant sans précipitation et dans le plus grand ordre. Avant de se rendre du bateau à vapeur au chemin de fer, chaque voyageur reçoit un billet indiquant le numéro de la voiture et de la section de voiture qui lui est destinée. Quant au bagage, il se transporte du bateau au chemin de fer, et *vice versâ*, sans embarras, sans chance de perte, et en un clin-d'œil au moyen d'une disposition bien simple : au départ de New-York, par exemple, les effets des voyageurs qui vont à Philadelphie sont réunis dans un ou deux grands coffres ; quand le bateau est arrivé à sa destination à South-Amboy, une grue plantée au bord de l'eau, sur le débarcadère, enlève les coffres un à un, et les place chacun sur une plate-forme munie de roues et se mouvant comme un wagon sur le chemin de fer. Ailleurs on se dispense de cette grue ; les coffres sont, au bord du bateau, posés sur une plate-forme que l'équipage du bateau fait rouler, sur un plancher établi à cet effet sur le débarcadère, jusqu'au chemin de fer, lequel est immédiatement contigu au rivage.

Le bagage des voyageurs, toujours en petit nombre, qui doivent s'arrêter aux points intermédiaires, est casé à part.

(1) Voir les tableaux de la seconde série, Note 17 à la fin du volume.

De Lille à Nantes.	29 heures	30 minutes.
De Nantes à Lille	33	30
De Strasbourg à Bayonne (1). . .	89	"
De Bayonne à Strasbourg. . . .	102	"
De Strasbourg à Nantes	77	15
De Nantes à Strasbourg	91	"
De Strasbourg à Marseille (1) . .	59	"
De Marseille à Strasbourg. . . .	71	"
De Bordeaux à Marseille	61	15
De Marseille à Bordeaux. . . .	57	15

Pour se faire une idée exacte de l'économie de temps qui résulterait de l'établissement du réseau provisoire de trois cent soixante-neuf lieues de chemins de fer, combiné avec l'amélioration des lignes navigables et un service de bateaux à vapeur à grande vitesse, il n'y a qu'à comparer ces derniers nombres avec ceux précédemment cités pour les diligences, c'est-à-dire à déterminer le rapport qui existe entre la durée du voyage par les moyens actuels pour les diverses grandes lignes telle qu'elle est évaluée au tableau ci-dessus (page 308), et le nombre d'heures nécessaire par chemins de fer et lignes navigables dans l'hypothèse la moins avantageuse, c'est-à-dire tel qu'il vient d'être exposé. Ce rapport est tel que, si l'on représente par

(1) En supposant un chemin de fer entre Strasbourg et Vitry, sur la Marne, et un autre de Saint-Symphorien à Mulhouse, le trajet sur les lignes aboutissant à Strasbourg deviendrait :

De Strasbourg à Bayonne . .	60 heures	" minutes.
De Bayonne à Strasbourg . .	69	40
De Strasbourg à Nantes. . .	45	40
De Nantes à Strasbourg. . .	55	30
De Strasbourg à Marseille. .	36	"
De Marseille à Strasbourg. .	49	30

le même nombre 100 le temps de chaque voyage en
diligence, le temps suffisant pour parcourir par le
système proposé chacune des grandes lignes corres-
pondantes, se trouvera représenté par les nombres
suivants :

*Tableau comparatif pour les diverses lignes de la vitesse du service
actuel des messageries, et de celle que l'on obtiendrait avec le
système proposé de chemins de fer et de bateaux à vapeur* (1).

1re ligne :	du Havre à Marseille.	42
	de Marseille au Havre	44
2e ligne :	de Lille à Bayonne.	31
	de Bayonne à Lille	33
3e ligne :	de Lille à Nantes.	38
	de Nantes à Lille.	43
4e ligne :	de Strasbourg à Bayonne. . . .	51
	de Bayonne à Strasbourg. . . .	58
5e ligne :	de Strasbourg à Nantes. . . .	66
	de Nantes à Strasbourg. . . .	78
6e ligne :	de Strasbourg à Marseille. . . .	60
	de Marseille à Strasbourg. . .	56
7e ligne :	de Bordeaux à Marseille. . . .	56
	de Marseille à Bordeaux. . . .	52

C'est-à-dire que, pour la ligne de Lille à Bayonne,

(1) Pour les lignes aboutissant à Strasbourg et à Marseille, nous avons supposé que le chemin de fer de Vitry à Strasbourg, et celui qui, partant de
Saint-Symphorien, irait rejoindre à Mulhouse le chemin de fer de Bâle à Strasbourg, ne seraient pas exécutés. Avec ces deux chemins, le temps nécessaire
pour parcourir les lignes nos 4, 5 et 6, diminuerait, et les nombres proportionnels correspondant à ces lignes deviendraient :

4e ligne :	de Strasbourg à Bayonne. . . .	35
	de Bayonne à Strasbourg. . . .	40
5e ligne :	de Strasbourg à Nantes. . . .	39
	de Nantes à Strasbourg. . . .	47
6e ligne :	de Strasbourg à Marseille . . .	35
	de Marseille à Strasbourg. . .	39

le temps du trajet serait réduit des deux tiers. Pour celle du Havre à Marseille, des trois cinquièmes.

Établissons la même comparaison pour les prix, en distinguant deux sortes de places.

Nous adopterons, pour les divers modes de transport, les moyennes diverses des prix indiqués au tableau de la page 251. Voici ce que coûterait le trajet par le système mixte de viabilité proposé, pour chacune des grandes lignes :

Tableau du prix des premières et des secondes places, suivant les diverses diagonales tracées d'une extrémité à l'autre de la France, par chemins de fer et lignes navigables (1).

	Premières.	Secondes.
1re ligne. — Du Havre à Marseille, et *vice versâ*	69 f. 00 c.	36 f. 10 c.
2e ligne. — De Lille à Bayonne —	71 40	45 45
3e ligne. — De Lille à Nantes —	44 40	26 75
4e ligne. — De Strasbourg à Bayonne —	100 40	67 35
5e ligne. — De Strasbourg à Nantes —	73 40	48 65
6e ligne. — De Strasbourg à Marseille —	62 90	37 45
7e ligne. — De Bordeaux à Marseille —	40 25	40 15

(1) Les prix indiqués dans ce tableau supposent que les chemins de fer de Vitry à Strasbourg et de Saint-Symphorien à Mulhouse ne seraient pas exécutés, et que le trajet pour ces portions de la route se ferait en diligence.

Si les chemins de fer de Mulhouse à Saint-Symphorien et de Strasbourg à Vitry étaient construits, les prix sur les lignes nos 4, 5 et 6 deviendraient :

	Premières.	Secondes.
De Strasbourg à Bayonne, et *vice versâ*	87 fr. 00	55 fr. 00 c.
De Strasbourg à Nantes, —	60 00	36 30
De Strasbourg à Marseille, —	51 60	28 35

Par les moyens actuels les prix seraient :

Tableau du prix des places par les moyens actuels de transport sur les diverses grandes lignes (1).

DÉSIGNATION DES LIGNES.	PLACES :	
	PREMIÈRES.	SECONDES.
	fr. c.	fr. c.
Du Havre à Marseille.	107 75	81 00
De Marseille au Havre.	123 25	92 70
De Lille à Bayonne, et *vice versâ.*	132 00	99 00
De Lille à Nantes —	76 00	57 00
De Strasbourg à Bayonne —	162 75	121 90
De Strasbourg à Nantes —	106 75	79 90
De Strasbourg à Marseille —	85 50	64 15
De Marseille à Strasbourg	101 00	75 20
De Bordeaux à Marseille, et *vice versâ.*	86 00	64 50

En représentant successivement par le même nombre 100 les divers prix des diverses places par les moyens actuels de transport, on trouve que les prix des places par chemins de fer et bateaux à vapeur seraient représentés par les nombres suivants :

(1) Entre le Havre et Marseille et entre Strasbourg et Marseille, nous avons supposé que les voyageurs iraient, par bateau à vapeur, à la descente, de Châlons à Arles, et à la remonte, de Lyon à Châlons. C'est ce qu'a lieu aujourd'hui.

Valeurs comparatives des prix des places par le système mixte pro-
posé, les prix correspondants par les moyens actuels étant figurés
par 100 (1).

DÉSIGNATION DES LIGNES.	PLACES :	
	PREMIÈRES	SECONDES.
Du Havre à Marseille, et *vice versá*	64	44
De Lille à Bayonne , —	54	46
De Lille à Nantes, —	58	47
De Strasbourg à Bayonne , —	62	55
De Strasbourg à Nantes , —	69	61
De Strasbourg à Marseille , —	73	55
De Bordeaux à Marseille , —	70	62

Ainsi, la réduction du prix des places serait considérable pour les voyageurs de toutes les classes;
elle le serait surtout pour les classes peu aisées.

Pour comparer numériquement avec exactitude le
système de viabilité proposé avec celui que nous possédons aujourd'hui, il faut tenir compte à la fois et
de la vitesse et du prix. Si l'on admet que les titres
respectifs des deux systèmes soient géométriquement
proportionnels au degré de vitesse et au degré de bon
marché qui leur sont propres, on trouvera qu'en
adoptant le nombre 100 pour représenter successivement dans chacune des directions et à chaque sorte
de places, les avantages du mode de voyager actuelle-

(1) Si les chemins de fer de Strasbourg à Vitry et de Mulhouse à Saint-
Symphorien étaient exécutés, les nombres proportionnels deviendraient, pour
les lignes qui aboutissent à Strasbourg :

De Strasbourg à Bayonne, et *vice versá*	53	45
De Strasbourg à Nantes, — . . .	56	50
De Strasbourg à Marseille , — . . .	60	44

ment en usage, le système résultant de la combinaison
du réseau *minimum* de chemins de fer de 369 lieues
avec les bateaux à vapeur sera représenté pour la série
des lignes et aux deux places par la série des nombres suivants qui sont bien autrement considérables :

Tableau indiquant, pour chacune des grandes lignes et pour cha-
cune des deux sortes de places, les nombres qui représentent le
degré de supériorité du système mixte proposé, le mode de
voyager actuellement en usage soit pour les mêmes lignes et les
places étant représenté par 100 (1).

DÉSIGNATION DES LIGNES.	PLACES :	
	PREMIÈRES.	SECONDES.
1re ligne : { du Havre à Marseille	370	540
{ de Marseille au Havre	360	510
2e ligne : { de Lille à Bayonne.	600	700
{ de Bayonne à Lille.	550	650
3e ligne : { de Lille à Nantes.	450	560
{ de Nantes à Lille.	390	480
4e ligne : { de Strasbourg à Bayonne	320	340
{ de Bayonne à Strasbourg	280	310
5e ligne : { de Strasbourg à Nantes.	220	250
{ de Nantes à Strasbourg.	190	210
6e ligne : { de Strasbourg à Marseille	230	300
{ de Marseille à Strasbourg	240	320
7e ligne : { de Bordeaux à Marseille	260	290
{ de Marseille à Bordeaux.	280	310

(1) Si les chemins de fer de Mulhouse à Saint-Symphorien et de Strasbourg
à Vitry étaient exécutés, ces nombres changeraient pour les lignes 4, 5 et 6,
et deviendraient :

	Premières	Secondes
{ De Strasbourg à Bayonne	540	640
{ De Bayonne à Strasbourg	460	550
{ De Strasbourg à Nantes.	460	510
{ De Nantes à Strasbourg.	360	410
{ De Strasbourg à Marseille.	460	510
{ De Marseille à Strasbourg.	420	330

V.

DE QUELQUES AVANTAGES MATÉRIELS, ADMINISTRATIFS ET POLITIQUES DE CE
RÉSEAU PROVISOIRE COMBINÉ AVEC LES BATEAUX À VAPEUR.

—

La vitesse de déplacement ainsi obtenue serait suffisante, eu égard aux dimensions de notre territoire. — Différence sous ce rapport entre la France et
les États-Unis. — Différence entre la France et l'Angleterre sous le rapport
de la richesse et sous celui de l'avancement des autres voies de communication.—L'exécution du réseau réduit grèverait très peu le Trésor; elle
n'exigerait qu'un septième, pendant dix ans, du budget des travaux publics. — De l'économie de temps qui en résulterait; de la valeur du temps
en France. — Avantages administratifs; perfectionnement de la centralisation. — Paris port de mer. — Avantages politiques; les limites réelles
de la France se trouveraient reculées, et cependant la paix de l'Europe se
trouverait affermie.

Le réseau des chemins de fer réduit, comme nous
l'avons dit, à trois cent soixante-neuf lieues, procurerait à la France des avantages assez grands pour
que provisoirement elle pût s'en contenter. La France
n'a pas une étendue telle qu'une vitesse moyenne de
cinq à six lieues à l'heure ne soit suffisante pour faciliter, dans une proportion énorme, le rapprochement des hommes et des choses, à l'intérieur aussi
bien qu'entre nous et nos voisins immédiats. Par les

dimensions de leur territoire, la France et les autres peuples de l'Europe n'offrent aucune analogie avec les États-Unis, et ont, quant à présent, un bien moindre intérêt à préférer les chemins de fer à tout autre mode de communication. Il n'y aura, à cet égard, parité entre l'Europe et l'Amérique que lorsque sera venu le moment d'une monarchie unique en Europe, fait que les philosophes peuvent prévoir, mais en vue duquel les hommes d'État et les administrateurs ne sauraient disposer des finances publiques. Si, sous ce rapport, nous différons beaucoup de l'Union américaine, sous le rapport de la richesse générale et individuelle, et sous celui de l'état et du développement présent des anciennes voies de transport, routes et lignes navigables, nous différons autant des Anglais. Nous n'en sommes pas encore à n'avoir plus comme eux qu'à nous donner des communications de luxe : nous devons être moins pressés de tracer d'une extrémité à l'autre du pays de dispendieux chemins de fer.

Il est raisonnable d'espérer que prochainement il sera possible de porter le budget extraordinaire des travaux publics à une centaine de millions, en laissant le budget ordinaire au chiffre actuel de cinquante millions à peu près, ce qui élèverait à cent cinquante millions par an l'allocation totale des travaux publics. Il suffirait pour achever le réseau réduit que l'État y consacrât, pendant dix ans, le septième de cette somme de cent cinquante millions (1). Dès lors,

_____

(1) Nous avons vu que le réseau entier coûterait 338 millions. Il est incontestable que l'on trouverait aujourd'hui des concessionnaires sérieux qui exécuteraient à leurs frais le chemin de Paris à Orléans, et celui de Paris à Rouen,

pendant le même intervalle, nous pourrions achever nos routes, terminer la grande entreprise de la navigation du pays, creuser nos ports, les doter de bassins et de docks; puis, au bout de cette œuvre vaste et féconde, nous aborderions les chemins de fer avec une grande masse de ressources et d'efforts. Et comme alors enfin, à force de pratique, nous devrions avoir acquis, en matière de travaux publics, un talent qui nous distingue au plus haut degré, en une autre matière moins productive mais qui nous est plus familière, celle des révolutions, c'est-à-dire, l'art de faire vite, nous arriverions en un nombre restreint d'années à parfaire le réseau tout entier.

Ainsi le mode provisoire de viabilité qui a été décrit ici, en même temps qu'il offrirait une ample satisfaction au goût des voyages tel qu'il existe aujourd'hui chez nous, n'exigerait de la part de l'État aucun

Il me semble même certain qu'eu égard aux brillants résultats qu'on est fondé à se promettre du chemin de fer de Paris à Orléans, les compagnies l'accepteraient encore avec reconnaissance, lors même que l'administration déclarerait qu'elle entend le concéder indissolublement avec celui de Beaucaire à Marseille. Cette dernière ligne doit être assez profitable; elle sera très fréquentée; car Beaucaire est, répétons-le, destiné à être prochainement un carrefour de chemins de fer, puisque les chemins de fer d'Alais à Beaucaire et de Montpellier à Cette sont en construction, et que celui de Montpellier à Nîmes, qui avec les précédents formera un chemin de fer sans solution de continuité entre Beaucaire et Cette, ne peut manquer d'être bientôt entrepris. De même une compagnie qui aurait obtenu la ligne de Rouen se déciderait à pousser une voie jusqu'au Havre, si on lui accordait une subvention de quelques millions. Dans ce cas, le concours des compagnies abaisserait de 338 à 233 millions la somme à débourser par l'État. Le concours des départements et des villes, qu'il serait bon de réclamer pour l'exécution de ces communications exceptionnelles, devrait réduire à 200 millions la dépense au compte de l'État. Ce serait un peu moins du septième du budget entier des travaux publics, pendant dix ans, à 150 millions par an.

sacrifice au-dessus de ses forces, et laisserait disponibles tous les fonds que réclame l'achèvement de travaux indispensables dès long-temps commencés.

L'économie de temps qu'il nous vaudrait serait considérable et au moins égale à ce que nous sommes en droit de réclamer aujourd'hui. Chez nous, comme sur tout le reste du continent européen, excepté autour des capitales et dans un très petit nombre de localités privilégiées, le temps n'a encore, il faut en convenir, qu'assez peu de valeur. On peut juger nettement du prix que nous attachons au temps par le taux des salaires des ouvriers et par celui des appointements des fonctionnaires. Là où la journée d'un manœuvre vigoureux n'est estimée qu'à vingt-cinq ou trente sous, et où le travail d'un homme éclairé, occupant un emploi difficile, n'est payé qu'à raison de 4 à 5,000 fr. par an, il est clair que le temps est compté pour très peu, et qu'il n'y a pas urgence à dépenser des sommes énormes, afin d'épargner à la masse des citoyens un délai de quelques heures, ou même d'un jour ou deux. Nous serions insensés si, au lieu de compléter nos routes et de creuser les canaux qui doivent enrichir le pays, et par suite augmenter le prix de notre temps, nous nous appliquions avant tout, avec une prédilection exclusive, à créer à grands frais des moyens de transport à raison de dix lieues à l'heure, dans le but d'économiser quoi ? notre temps qui ne vaut presque rien.

Voici un fait qui est propre à montrer à quel point le temps est peu apprécié en France. Dans les malles-postes qui se dirigent vers le Midi, il arrive fréquemment qu'il y ait des places inoccupées, pendant que les diligences sont pleines de voyageurs dont une bonne partie se compose de négociants et autres gens d'affaires. Or, voici le temps que l'on perd et l'argent que l'on économise en prenant la diligence :

Il y a de Paris à Toulouse 181 lieues, coûtant par la malle-poste . . . . . . **136 fr.**

Par la diligence la place est d'environ 85 et on fait huit repas de plus, à 2 fr. ou à 3 fr., disons 2 fr. 50 c. . . . . 20 } 105

Différence. . . . 31

En outre, par la diligence, les voyageurs sont taxés pour tout bagage en sus de 40 livres, tandis que par la malle-poste il y a, à cet égard, une grande tolérance. Cependant ne tenons pas compte de ce surcroît de charge qu'ont à supporter les voyageurs en diligence. — L'économie d'argent est donc de 31 fr. Or, on reste, au plus bas mot, deux jours de plus en route. — Ne résulte-t-il pas de là que le plus grand nombre des voyageurs, de ceux-là mêmes qui se déplacent pour affaires, estiment leur journée à moins de seize francs ?

Sous le rapport de la haute administration du pays, ce réseau provisoire nous rendrait le service de perfectionner la centralisation de la France, non seulement parce qu'il abrégerait les relations de la circonférence avec le centre, mais aussi parce qu'il rendrait plus centrale la position de Paris, en portant les faubourgs de la capitale jusqu'à la Loire ; que serait en effet Orléans alors, sinon un faubourg de Paris ?

Il résoudrait la question de Paris port de mer,

question d'une immense portée commerciale et politique.

Sous le rapport de la politique générale, il nous délivrerait, en fait, du poids dont pèsent sur tous les cœurs français les traités de 1815; car alors, en dépit de la lettre des traités, la France irait jusqu'au Rhin. Les forteresses de la Belgique bâties contre nous avec notre argent seraient pour nous. En nous unissant intimement à l'Angleterre, il consoliderait la paix du monde et nous assurerait dans les affaires de l'Europe un degré de prépondérance auquel nous avons droit, et dont cependant nous restons depuis vingt-quatre ans honteusement dépossédés.

En conscience, si, pour nous assurer des avantages de cette taille, il faut que l'État débourse deux cents millions en dix ou douze ans, est-ce trop cher?

CONCLUSION.

DÉPENSE D'UN PLAN GÉNÉRAL DE TRAVAUX PUBLICS A RÉALISER
EN DOUZE ANS.

—

Routes. — Lignes navigables. — Chemins de fer. — Ports. — Travaux d'irrigation. — La dépense totale, à la charge du Trésor, serait de 1,170 millions. — Ce que serait la dépense si l'on adoptait les plans de l'administration. — Doit-on s'effrayer du chiffre de 1,200 millions en douze ans ? —
Politique du passé ; politique de l'avenir. — Comment les dynasties peuvent
se fonder aujourd'hui. — Du principe monarchique en France. — A quelle
condition la monarchie peut s'assurer l'avenir. — Des droits politiques du
plus grand nombre. — Liste civile du peuple. — Intérêts du fisc. — Facilité
avec laquelle on trouve des milliards pour la guerre ou pour satisfaire des
passions de parti. — Il faut que désormais les ressources prodiguées à des
querelles de peuple à peuple ou de faction à faction soient appliquées à
enrichir le pays, à affranchir les classes pauvres, et à garantir les classes
aisées des plus grands dangers. — Comparaison de la dépense proposée
pour le royaume de France, avec celle qu'a supportée une des républiques
de la Confédération américaine.

Récapitulons maintenant la dépense des divers travaux que nous avons passés en revue.

Pour porter toutes nos routes royales à l'état d'entretien, pour les rendre parfaitement praticables en toute

21

saison pour les piétons comme pour les voitures, le Trésor aurait à débourser une somme d'environ   200 ^{millions} (1)

L'achèvement du réseau de nos canaux et rivières canalisées, tel que nous l'avons supposé plus haut, exigerait . . . .   537 ¼ (2)

L'amélioration de nos fleuves et de quelques unes de nos principales rivières dans leur lit, là où ces cours d'eau font partie des grandes lignes navigables tracées d'un bout du territoire à l'autre, et là où ils doivent servir au transport des hommes en bateau à vapeur, absorberait environ 100   (3)

Le réseau des canaux et rivières canalisées, qui a été esquissé plus haut, et l'amélioration de nos fleuves et grandes rivières, telle que nous l'avons proposée, ne comprennent pas plusieurs rivières en faveur desquelles une loi fut votée en 1837. Cette loi leur alloua 64,590,000 f., dont 2,475,000 f. pour l'exercice alors courant; il reste donc à subvenir à une allocation de   62

Le réseau provisoire des chemins de fer coûterait 338 millions. Mais la coopération des compagnies (4) et le concours des départements et de quelques grandes

à reporter.   .   .   .   .   899 ¼

(1) Voir page 33.
(2) Voir page 151.
(3) Voir page 190.
(4) Voir la note au bas de la page 316.

report . . . 899 ¾

villes (1), concours que l'on est autorisé
à espérer, réduirait, selon toute apparence, les sommes à fournir par l'État à   200

Total nécessaire aux voies de communication 1,100

A ces travaux divers il est indispensable de joindre le
perfectionnement de nos ports, dont la condition est déplorable. Les ports obtinrent, l'an passé, une somme de
22,440,000 fr. dont 2,585,000 fr. pour l'exercice 1837.
Le Trésor est donc encore engagé pour 19,855,000 fr.
Mais la loi des ports de 1837 ne fait mention d'aucun
de nos ports principaux. Marseille et le Havre, Bordeaux et Nantes, et, dans la Méditerranée, Cette, qui,
quoique de second ordre encore, grandit rapidement,
n'y sont pas nommés. Il est évident que l'on ne peut faire
attendre à ces grands entrepôts de notre commerce
extérieur, la faveur qui a été octroyée à Honfleur,
à Cannes ou à Saint-Gilles. Les améliorations qu'ils
exigent sont considérables. Il leur faut des docks et des
bassins à flots; quelques uns, Nantes, par exemple,
sont séparés de la pleine mer par un fleuve comblé de
sables et par une barre où il est nécessaire de creuser
et de maintenir un chenal; le Havre aurait besoin

(1) On se rappelle que la ville de Dieppe avait offert à l'État une
somme de quatre millions, ou plutôt une redevance annuelle égale à l'intérêt
à 3 pour cent de cette somme, pour obtenir un embranchement du chemin de
fer de Paris à la mer. Si la ville de Paris contribuait pour vingt-cinq millions à
l'exécution du chemin de fer du Nord, elle retrouverait, par la seule augmentation du produit de son octroi, qui résulterait de cette liaison avec l'Angleterre et avec les plus riches régions de l'Europe continentale, la somme d'un
million représentant l'intérêt à 4 pour cent de cette souscription. Elle parti-
ciperait d'ailleurs au revenu du chemin de fer.

d'être mis en rapport direct avec la Seine : c'était la pensée de Vauban ; Marseille réclame une passe nouvelle et l'assainissement de son bassin ; dans l'intérêt de Bordeaux, il est urgent de prendre un parti décisif pour empêcher la mer de poursuivre ses empiètements menaçants sur la pointe de Grave ; nous avons aussi à terminer Cherbourg. Les travaux maritimes sont très dispendieux. Il est probable qu'une somme de cent millions serait requise pour doter nos grands ports de tout ce qui distingue ceux de la Grande-Bretagne ; mais la moitié au moins de la dépense serait supportée, soit par les compagnies qui entreprendraient les docks, par exemple, soit par les villes qui seraient empressées de concourir avec l'État à des entreprises destinées à les élever à une haute prospérité, soit par le commerce qui ne demanderait pas mieux que de payer, pendant quelques années, des taxes spéciales qui se résoudraient pour lui en de grosses économies. A ce compte l'État aurait encore à fournir 70 millions pour les ports, y compris les 19,855,000 fr. déjà votés.

Il conviendrait aussi de pourvoir à des irrigations qui accroîtraient, dans une forte proportion, la richesse de nos départements voisins de la Méditerranée. Mais ces entreprises ne grèveraient nullement le Trésor ; elles sont de nature à être abordées par les compagnies et par les localités, soit départements, soit villes. Ainsi la Compagnie générale de desséchement est prête aujourd'hui à continuer le canal des Alpines (Bouches-du-Rhône), et la ville de Marseille sollicite la permission d'exécuter à ses frais un canal d'une vingtaine de lieues qui lui amènerait les eaux de la Durance.

La dépense à la charge de l'État, pour les divers

travaux à accomplir d'ici à un certain nombre d'années sur le sol français, peut donc être évaluée à 1,170 millions, savoir :

Routes	200 millions.
Lignes navigables . . .	700
Chemins de fer. . . .	200
Ports.	70
Total . . .	1,170

A raison de cent millions par an, qui formeraient le budget extraordinaire des Ponts-et-Chaussées, indépendamment de leur budget ordinaire, qui est maintenant de 45 millions et qui bientôt sera porté à 50, l'exécution de tous ces ouvrages absorberait une douzaine d'années (1).

Douze cents millions, c'est beaucoup d'argent. Au premier abord, on se sent effrayé de chiffres pareils, lorsqu'on songe à la parcimonie et à l'indifférence qu'ont rencontrées jusqu'à ce jour les projets les plus propres à développer la prospérité nationale. A cet égard cependant, il est aisé de se rassurer avec

___

(1) D'après les plans présentés par l'administration, la dépense des travaux publics à effectuer, tels qu'elle les concevait au commencement de 1838, eût été de 2 milliards 794 millions; savoir :

Routes, d'après ce qui a été dit plus haut	200 millions.
Canalisation, 955 lieues à ouvrir et 470 à terminer, total 1,425 lieues (*exposé des motifs du 15 février*) qui, sur le pied de 500,000 fr. par lieue, exigeraient. . . .	712
Fleuves et grandes rivières, d'après ce qui précède. . . .	162
Chemins de fer, 1,100 lieues à 1,500,000 fr. la lieue . . .	1,650
Ports, d'après ce qui précède	70
Total.	2,794

A 100 millions par an, la réalisation de ce système de travaux demanderait vingt-huit ans.

un peu de réflexion. Lorsqu'on sent quel est le génie du siècle, on conçoit que, si énorme qu'à la première vue paraisse ce chiffre, l'on ne doit rien en rabattre par motif d'économie pure, car ce serait de l'économie mal entendue. En pareille matière, le gouvernement le plus économe n'est pas celui qui dépense le moins, c'est celui qui dépense le mieux.

Douze cents millions en faveur des travaux publics, c'est insolite, mais ce n'est pas exorbitant, surtout s'ils doivent se répartir sur un délai de douze années. C'est en dehors des errements du passé, mais c'est conforme aux instincts du présent et aux nécessités de l'avenir. Respectons le passé en tant que passé; en masse, le passé de la France est noble et généreux ; mais n'est-il pas vrai pour les gens sensés de tous les partis, que les maximes de gouvernement et les règles d'administration qui conviennent à notre époque, et qui conviendront à la génération qui déjà nous presse, ne sont pas celles qui ont pu être bonnes il y a deux siècles, ou seulement il y a cinquante ans? Autrefois, ce qui faisait la gloire et la grandeur des princes, ce qui fondait ou affermissait des dynasties, c'était de gagner des batailles, de conquérir des provinces et d'ériger, durant les entr'actes de la guerre, des monuments démesurément fastueux, comme Versailles. C'était fort bien alors que le prince pouvait dire : «L'État c'est moi, et avec moi la noblesse militaire qui m'entoure»; c'était parfait alors que le Tiers-État, c'est-à-dire la réunion des classes qui s'adonnent à l'agriculture, au commerce et aux manufactures, n'était compté pour rien. Mais c'est par d'autres procédés aujourd'hui que les trônes se consolident, et que les dynasties jettent des racines dans le

sol profondément remué par les révolutions. « J'ai
trouvé Rome de boue, disait Auguste, et je la laisse
de marbre; » et Auguste par là, non moins que par
sa modération et sa clémence, fonda sur le roc la dynastie des Césars. La dynastie nouvelle, et la sagesse
du Roi l'a deviné depuis long-temps, doit, pour se
rendre définitivement maîtresse de l'avenir, ouvrir
largement la voie de l'aisance et du bien-être, comme
celle de la dignité morale et des lumières, à cette
France dont elle a trouvé l'immense majorité profondément pauvre et ignorante. Pour être inébran-
lablement assise, elle doit remplir le paternel programme de la poule au pot. Jusque là, pourquoi ne
le dirions-nous pas? elle aura obstinément debout
devant elle, comme un épouvantail, le fantôme du
programme de l'Hôtel-de-Ville.

Je crois fermement à l'avenir monarchique de la
France, parce que j'ai la conviction que la monarchie
de Juillet a la volonté et la puissance de doter le pays de
tous les biens que quelques hommes ont supposés et
supposent encore inhérents au seul régime démocratique. J'y crois, parce que la monarchie me paraît la
forme de gouvernement la meilleure pour multiplier
sur notre sol toutes les créations merveilleuses que la
république a enfantées sur le sol américain; et parmi
ces créations, il faut compter celle d'un vaste système
de communications par eau et par terre. Les États-
Unis, qui ne se sont lancés dans la carrière des travaux
publics qu'en 1817 (1), ont exécuté depuis lors trois

_____

(1) Le grand canal Érié ne fut commencé que le 4 juillet 1817. C'est par
lui qu'a commencé la canalisation de l'Amérique du Nord.

mille lieues de car. ux et de chemins de fer, c'est-
à-dire tout autant qu'il y en a dans l'Europe entière.
Par là ils ont acquis un levier admirable d'énergie
pour l'unité du pays et pour le bien-être des classes
laborieuses. Voilà les garanties matérielles, civiles
et morales qu'il faut, chez nous, accorder à pleines
mains aux masses; voilà des bienfaits qu'elles accueil-
leront avec une vive reconnaissance. C'est ainsi qu'on
leur fera une belle part de droits vraiment politiques;
car je ne sache rien qui mérite mieux ce nom que ce
qui assure au plus grand nombre l'indépendance
réelle sur la place publique avec le calme et le bonheur dans la famille.

Voilà l'hommage qu'il est urgent de rendre chez nous
à la souveraineté populaire; voilà la liste civile à lui
voter, et qu'elle aspire à gagner à la sueur de son front.
Pour empêcher que le drapeau de l'anarchie n'attire
quelque jour à lui la foule innombrable de nos prolétaires des champs et des villes, il faut désormais d'autres
précautions que la menace du Code pénal, d'autres arguments que la baïonnette ou que la mitraille; il est indispensable que notre jeune monarchie s'impose la mission
de leur donner ce qui fait l'objet de leurs ardents désirs;
ce qu'ils sont autorisés à réclamer hautement depuis
que le principe de l'égalité a été écrit en tête de nos
lois; ce que nous-mêmes nous leur apprenons tous les
jours à vouloir, en répandant parmi eux l'instruction,
en les initiant à la science du bien et du mal; ce que les
partis aujourd'hui vaincus leur promettaient avec les
plus pompeuses hyperboles; ce que le régime démocratique a eu puissance de verser à pleines mains aux
ouvriers et aux paysans d'au-delà l'Atlantique, et ce

que, il faut le dire, l'ancien système monarchique n'a su procurer aux paysans et aux ouvriers d'aucune nation de la terre.

Et, après tout, que sont douze cents millions en douze ans pour un pays tel que notre belle France? Qu'est-ce en comparaison des trois cents millions par an que nous consacrons sans effort, ou du moins sans murmure, à notre état militaire? Qu'est-ce, lorsqu'on songe que ces fonds doivent réaliser la plus féconde des entreprises, et que la régénération matérielle des quatre-vingt-six départements en masse doit en être le prix? Qu'est-ce, lorsqu'il s'agit de consolider l'ordre public et la liberté, et d'affermir sur sa base la monarchie gardienne de l'un et de l'autre? Qu'est-ce donc, lorsque le fisc, l'avare fisc doit lui-même y trouver son profit; car, indépendamment de tout droit de péage (1), il est incontestable que l'accroissement des consommations et des transactions de toute sorte qui résulterait sur toute la France de l'exécution de ce système de travaux, produirait au Trésor un accroissement de revenu de plus de 48 millions, c'est-à-dire supérieur à l'intérêt de 1,200 millions à 4 pour cent (2).

Si demain l'Autriche ou la Prusse nous provoquaient ou nous assaillaient, nous n'hésiterions certes

(1) Les droits de péage sur les canaux de l'État de New-York rapportent au Trésor de l'État, nous l'avons déjà dit, la somme de huit millions par an. L'État de Pensylvanie retire maintenant de ses canaux et chemins de fer une somme égale à l'intérêt à 5 pour cent de ce qu'ils ont coûté.

(2) En treize ans, sous la Restauration, d'après le compte rendu publié par M. de Chabrol en 1830, le revenu public s'était accru de 212 millions. Le produit des contributions indirectes a augmenté de 90 millions pendant les six années closes au 1er janvier 1837. Que serait-ce donc si l'on favorisait l'industrie nationale, y compris l'agriculture, par de vastes créations de travaux publics?

pas à ramasser le gant ; tout amis de la paix que nous sommes, nous nous résignerions cependant à combattre et à vaincre, puisqu'il le faudrait pour sauver l'honneur de notre étendard, pour maintenir l'indépendance nationale. Les Chambres voteraient alors avec empressement, aux acclamations des contribuables, tout l'argent nécessaire à la guerre, et, en pareil cas, c'est par centaines et centaines de millions qu'il faut compter. La courte guerre des Cent Jours nous a coûté des milliards, et nous avons su les découvrir dans notre France alors tant épuisée. L'Angleterre a trouvé vingt milliards pour faire la guerre à la révolution française et soudoyer l'Europe contre nous. Sous la Restauration, nous avons dépensé sans y regarder 400 millions pour rendre au roi Ferdinand les prérogatives du pouvoir absolu. Il fallut un milliard pour indemniser les émigrés ; le gouvernement fut-il embarrassé pour se le procurer? Tout récemment l'affranchissement des nègres dans les colonies anglaises a exigé 500 millions ; n'ont-ils pas été votés comme s'il se fût agi de la plus insignifiante bagatelle ?

Ainsi, lorsqu'il s'agit de se battre, de dévaster le monde, de verser des torrents de sang, ou de satisfaire à des exigences de partis, ou de libérer des noirs qui sont à deux mille lieues de nous, nos hommes d'État d'Europe n'ont qu'à frapper la terre du pied pour en faire sortir des milliards ; les peuples leur apportent docilement leur dernier écu ! Serait-il donc impossible de disposer, pour des travaux destinés à civiliser le pays et à l'enrichir, d'une parcelle de ce qu'on accorde si libéralement toutes les fois qu'il s'agit de ruiner, d'asservir ou d'exterminer des peuples voisins, d'apaiser quelques coteries, ou d'emplir les coffre-forts de quelque minorité privilégiée? Puisqu'il y a des millions pour élever des bastions et bâtir des citadelles, il y en aura aussi, il y en a déjà, pour construire des écluses, pour percer des canaux, pour ouvrir des chemins de fer; puisqu'il y en a pour couler des canons et forger des baïonnettes, il y en aura pour employer les métaux à des usages plus productifs et plus civilisateurs. Les peuples continueront à creuser la terre, à tailler la pierre, à façonner le bois, le fer et le cuivre; mais ce sera à leur bénéfice, et non à celui d'aveugles intérêts de parti, de déplorables haines nationales. Les dépenses extraordinaires en faveur du travail créateur peuvent invoquer l'appui de sentiments tout aussi philanthropiques, tout aussi libéraux que ceux qui ont inspiré aux Anglais l'émancipation de leurs nègres. Car en favorisant l'industrie par de grandes voies de communication ou autrement, en lui imprimant, par une protection de tous les instants, une allure ferme et régulière, on affranchira les populations de la misère qui est une autre servitude, ainsi que des vices que la misère enfante, et qui constituent le plus lourd, le plus abrutissant des esclavages; on affranchira les classes bourgeoises des crises commerciales, des dangers et des soucis rongeurs auxquels les expose trop souvent la condition actuelle des ouvriers.

Et ce n'est point un avenir éloigné qui verra s'installer cette politique éminemment conciliante : c'est l'avenir le plus proche, c'est le présent. Il s'agit ici non d'un Eldorado imaginaire tel que les poëtes ont le privilége d'en apercevoir à travers le prisme enchanté qu'ils ont devant les yeux, mais d'une carrière dans laquelle la France est au moment de se précipiter, dans laquelle elle est déjà entrée. Depuis 1830, le combat de la France contre la féodalité, ou plutôt contre l'ombre impuissante de l'ancien régime, est définitivement terminé; les classes qui vivent de l'industrie agricole, manufacturière ou commerciale, sont aujourd'hui maîtresses du terrain. Tant qu'il existait en France une classe supérieure vouée au métier des armes, soit par goût, soit par tradition de famille, et pleine de dédain pour tout ce qui n'était pas elle, il était tout simple que les manufactures, l'agriculture et le commerce ne remplissent qu'une faible place dans les préoccupations du gouvernement. Aujourd'hui l'État, c'est la nation tout entière, riches et pauvres, avec ses habitudes industrieuses, avec la soif du bien-être et de la civilisation par le travail, par l'étude, par la moralité; c'est la nation avec un prince qui s'honore d'en être le premier représentant, et qui fait consister son ambition non à mettre l'univers en feu, mais à satisfaire les légitimes espérances de tous, bourgeois et ouvriers, en accélérant le progrès des lumières et des beaux-arts qui élèvent l'âme, et celui des arts utiles qui font la force matérielle des peuples, et qui doivent assurer à l'ordre et à la liberté une nouvelle garantie jusqu'ici inconnue. Aussi désormais les intérêts de l'agriculture, des manufactures et du commerce doivent-ils jouer dans la politique un rôle éclatant, et obtenir au budget une part toujours croissante. Dans un pareil état de choses, est-ce donc se bercer de vaines illusions que d'admettre qu'il serait juste, simple naturel et facile d'allouer cent millions par an à l'amélioration de notre territoire? Que serait-ce sinon continuer sur une échelle moitié moindre ce que nous fîmes l'an passé, ce que nous répèterons probablement cette année encore (1)? Pour revenir à un terme de comparaison qu'il est essentiel aux amis de la monarchie de ne pas perdre de vue, disons que le petit État de Pensylvanie, qui ne comptait en 1824 que douze cent mille habitants, décréta alors un système de travaux publics qui, depuis cette époque, lui a absorbé, avec les accessoires, 15 millions par an en moyenne. C'est comme si, en France, l'État consacrait annuellement 420 millions aux canaux et aux chemins de fer.

(1) En 1837, les Chambres ont voté pour les travaux publics extraordinaires, indépendamment du budget ordinaire des Ponts-et-Chaussées, une somme totale de 193 millions. Cette année, si, comme il est permis de l'espérer, elles votent le canal latéral à la Garonne, le canal de la Marne au Rhin et le chemin de fer du Nord, elles engageront le Trésor pour une somme égale. Sur les 193 millions de 1837, 159 sont affectés à des travaux dont la dépense est comprise dans le total de 1,170 millions auquel nous sommes arrivé (page 325), ce qui réduirait à un milliard onze millions les sommes à voter encore dans un délai de douze ans, à partir du 1er janvier 1838, pour la réalisation complète du plan d'ensemble que nous avons exposé.

NOTES.

NOTES.

NOTE 1 (page 32).

DE LA DISTRIBUTION DES ROUTES ROYALES, DÉPARTEMENTÁLES ET VÍCINALES, DANS LES DIVERS DÉPARTEMENTS.

Il n'est pas sans intérêt d'examiner comment les routes royales et départementales sont réparties sur le territoire, et à quel prix ces utiles voies de communications peuvent être multipliées. La longueur des routes royales était au 1er janvier 1836 de 8,628 lieues(1), y compris les parties à réparer et les lacunes; la moyenne par département est donc de 100 lieues. Chaque département ayant une superficie de 610,000 hectares, ce qui équivaut à un parallélogramme de 20 lieues de long sur 19 de large . il en résulte que, lorsque nos routes seront achevées, chac' d'eux aura, y compris les détours qu'on estime à un qua ., 'équivalent de quatre routes royales qui le traverse-raient de part en part, savoir : deux de haut en bas, et deux de

(1) Il n'est question ici, comme dans le reste du volume, que de lieues de poste de 4 kilomètres, ou 4,000 mètres.

22

droite à gauche. Mais, en réalité, la répartition est loin d'être
aussi égale. Le département de Seine-et-Oise a 179 lieues 1/2 de
routes; le Pas-de-Calais, 170; la Côte-d'Or, 162 1/2; Ille-et-
Vilaine, 158; l'Aisne, 153. Le département du Nord, si fertile, si industrieux, si peuplé, en a seulement 146. En superficie,
il n'est cependant que de 30,000 hectares au-dessous de la
moyenne ; mais ce qui manque sous le rapport des routes
royales à sa population pressée, à ses manufactures multipliées
et à sa belle culture, il le possède avec large compensation en
canaux et rivières navigables. Douze départements ont de 125 à
150 lieues de routes royales ; vingt-deux en ont de 100 à 125;
trente-deux de 75 à 100; douze de 50 à 75. Ceux de la Seine et
des Basses-Alpes sont entre 50 et 25 ; et Vaucluse n'en a que
22 1/2. Mais en prenant de grandes divisions, le partage est
peu inégal. Sur les quarante-trois départements qui forment
la France du Nord, c'est-à-dire de beaucoup la plus peuplée
et la plus riche, vingt-quatre seulement sont au-dessus de la
moyenne générale de 100 lieues. Il reste pour la France du
Midi seize départements dépassant cette moyenne.

  La disproportion eût été bien plus forte si le gouvernement
n'eût senti l'influence civilisatrice des routes, et s'il ne se fût
appliqué à les multiplier aussi bien dans les provinces les moins
avancées que dans les plus riches, les plus éclairées, les plus
populeuses. Ainsi, Ille-et-Vilaine figure parmi les quatre départements les plus favorisés, quoique sa superficie ne soit que
peu supérieure à la moyenne. Le Morbihan et le Gers sont
amplement dotés aussi. La Gironde, qui a fourni tant de mi-
nistres à la France, n'en a pas tiré grand profit sous le rapport des communications; son chiffre est de 103 lieues, ce
qui est faible relativement à sa superficie, car la Gironde est le
plus étendu de nos départements. En général, les départements
dont le chiffre est le moindre sont ou très petits, comme la
Seine et le Rhône, ou très montagneux et peu habités, comme
les Basses-Alpes ; quelques uns seulement, comme les Bouches-
du-Rhône, le Lot, les Pyrénées-Orientales, Vaucluse et la
Corse, sont en droit de se plaindre d'avoir été négligés. On sait
quelle ample compensation la Corse vient enfin d'obtenir. Vaucluse, qui n'a que les deux cinquièmes de la superficie moyenne,

est, même en tenant compte de cette circonstance, le plus mal-traité après la Corse.

Les parties à réparer et les lacunes sont comprises dans les chiffres précédents. Les lacunes sont des parties de routes dont l'existence est toute fictive. Elles occupent un espace total de 986 lieues, réparties entre 75 départements et 135 routes. Les 11 départements qui n'ont pas de lacunes figurent presque tous parmi ceux qui, proportionnellement à leur étendue, possèdent le plus de routes. Ce sont l'Aube, la Côte-d'Or, la Meurthe, le Pas-de-Calais, le Bas-Rhin, le Haut-Rhin, la Sarthe, la Seine, Seine-et-Marne, la Vendée et les Vosges. Il conviendrait d'y en joindre huit autres qui, à proprement parler, n'ont pas de lacunes, mais où il y a lieu à quelques redressements de moins de deux lieues; ce sont ceux des Côtes-du-Nord, de l'Eure, d'Eure-et-Loir, de la Manche, de la Haute-Marne, de la Meuse, du Nord et de la Seine-Inférieure. La Corse et la Lozère en ont au contraire plus de 50 lieues; l'Ardèche, l'Aveyron, le Cher, le Doubs, le Finistère, les Landes, le Morbihan, le Puy-de-Dôme et les Pyrénées-Orientales en ont plus de 25 et moins de 40; 23 départements en ont moins de 25 et plus de 10; 15, moins de 10 et plus de 5; 13 en ont de 2 à 5.

Les frais annuels des 6,179 lieues qui étaient à l'état d'entretien au 1ᵉʳ janvier 1836, s'élèvent à 13 millions 632,625 fr., ou moyennement à 2,200 fr. par lieue de 4,000 mètres; mais certaines routes pavées des abords de Paris coûtent 12 à 14,000 f. Comme l'entretien du pavé coûte beaucoup moins que celui des empierrements, ces mêmes routes en empierrement exigeraient 20 à 25,000 fr. La qualité des matériaux, les influences atmosphériques, et surtout l'activité de la circulation font varier ces frais d'entretien entre des limites assez écartées. Il y a trois départements où la moyenne des frais d'entretien est de plus de 4,000 fr. par lieue, et sept où elle est de plus de 3,000 fr. : ce sont généralement des départements voisins de Paris. Dans seize autres la dépense varie de 1,040 fr. à 1,360 fr. ; mais si ces derniers coûtent peu à l'État pour l'entretien de leurs routes, ils lui rapportent peu par l'ensemble de leurs contributions. Il suffit de citer les Hautes-Alpes, la Haute-Loire ;

l'Aveyron, le Lot, le Cantal, l'Ariége, la Corrèze, la Lozère, le Morbihan, la Dordogne, pour démontrer que le Trésor n'a pas à se féliciter de la conservation facile des routes qui les sillonnent.

Le prix moyen de construction des routes royales est, en pavé, de 176,000 fr. par lieue, et en empierrements de 72,000 fr., y compris tous les travaux d'art, et particulièrement quelques grands ponts fort dispendieux.

Les routes départementales sont établies dans d'autres conditions que les routes royales ; elles coûtent moins à construire et à entretenir. La différence est du simple au double pour la construction, elle n'est pas tout-à-fait aussi forte pour l'entretien. 5,513 lieues de routes départementales en bon état absorbaient en 1835 6 millions 894,704 fr., ou 1,240 fr. par lieue. Il en existe aujourd'hui 7,000 lieues qui, au même taux, coûteraient 8 millions 766,000 fr., ou 1,252 fr. par lieue. Mais c'est surtout sous le rapport de leur distribution qu'il est curieux d'étudier ces voies de transport. Une route royale est un don gratuit de l'État ; une route départementale est un présent qu'un département se fait à lui-même à ses propres dépens. Il n'est pas toujours aisé de tirer une induction de l'existence des routes royales ; au contraire, il est certain qu'on peut mesurer les idées d'amélioration dont est animé un département ou tout au moins un conseil-général, y compris le préfet, par le nombre et le bon ordre de ses routes départementales. Mais ici la question est complexe. Tout récemment on a inventé des routes départementales déguisées sous le nom de chemins vicinaux. Les chemins de grande vicinalité ne sont que des routes départementales soustraites à la centralisation, exécutées, sous la direction du préfet, par des agents voyers, au lieu de ressortir du directeur-général et des ingénieurs des ponts-et-chaussées. Cela posé, si l'on passe en revue les départements, on verra que quelques uns, qui se sont occupés de leurs communications antérieurement à la dernière loi des chemins vicinaux, sont riches principalement en routes départementales ; que d'autres, qui ont commencé tard, et qui ont tenu à faire eux-mêmes leurs affaires, à l'exclusion de l'administration centrale, n'ont guère que des chemins de grande vicinalité.

D'autres ont combiné les deux systèmes. Quelques uns, en petit nombre heureusement, sont restés jusqu'à présent au sein d'une apathie funeste, et n'ont ni routes départementales ni chemins vicinaux.

Le tableau suivant réunit les vingt-neuf départements qui possèdent le plus de communications départementales et de grande vicinalité. A eux seuls ils possèdent à peu près la moitié des routes départementales et vicinales classées :

DÉPARTEMENTS	ROUTES départementales	CHEMINS vicinaux	TOTAL des deux sortes de routes	DÉPARTEMENTS	ROUTES départementales	CHEMINS vicinaux	TOTAL des deux sortes de routes
Dordogne. . .	177	274	451	Indre-et-L. . .	276	»	276
Gironde. . . .	149	213	362	Landes. . . .	83	192	275
Vosges. . . .	163	199	362	Maine-et-L..	142	128	270
Charente.. .	62	295	357	Saône-et-L..	200	68	268
Manche . . .	145	189	334	Loiret. . . .	102	154	256
B.-Pyrénées.	154	146	300	Pas-de-Cal..	87	168	255
Morbihan. .	78	220	298	Char.-Infér.	102	150	252
Seine-et-Oise	171	125	296	Corrèze. . .	50	200	250
Lozère. . . .	150	144	294	Meuse. . . .	92	158	250
Seine-Infér..	226	62	288	H.-Pyrénées	49	199	248
Basses-Alpes	204	80	284	H.-Vienne. .	74	165	239
Aveyron. . .	115	168	283	Meurthe. . .	94	136	230
Côtes-du-N..	122	161	283	Ardèche. . .	196	27	223
Eure-et-L..	195	85	280	H.-Garonne.	197	»	»
Yonne. . . .	135	144	279				

Cette liste révèle un fait intéressant, c'est que les départements pauvres, qui désirent améliorer leur condition au moyen d'une bonne viabilité, sont fort nombreux, et qu'ils y travaillent sur une grande échelle. Ainsi, en tête de la liste, figure la Dordogne. Seine-et-Oise, qui est riche, est entre le Morbihan et la Lozère qui sont nécessiteux. Les Basses-Alpes et l'Aveyron égalent presque la Seine-Inférieure. La Corrèze surpasse la Meuse et la Meurthe; et trois départements vendéens ou bretons sont en avant du Pas-de-Calais. C'est là un résultat très encourageant. Il est clair que les efforts du gouvernement et les votes de fonds consentis par les Chambres, en faveur de la viabilité du territoire, viennent maintenant à point, et que les localités sont dignes d'être aidées puisqu'elles s'aident elles-mêmes. On peut remar-

quer encore, à la louange des départements, que la répartition
des routes départementales et vicinales réunies est plus égale
que celle des routes royales ; il y a très peu de départements
qui n'en possèdent pas 150 lieues. Il existe cependant quelques
retardataires ; les Hautes-Alpes n'ont que 44 lieues de communications locales ; les Pyrénées-Orientales n'en ont que 65, qui
même n'existent que sur le papier, car on n'y trouve qu'une
demi-lieue de route départementale à l'état d'entretien sur
32 lieues nominales. Le chiffre de l'Indre n'est que de 88
lieues , celui du Cantal de 98. Les Deux-Sèvres et la Vienne
n'ont pas imité l'exemple de plusieurs de leurs voisins moins
aisés. Les bonnes voies de transport ne paraissent pas très populaires autour de Marseille. Seine-et-Marne, sous ce rapport,
se ressent médiocrement de sa proximité du foyer de la civilisation. Enfin, fait digne d'être relevé , deux riches départements
à forges, la Haute-Marne et les Ardennes, sont au nombre de
ceux qui s'occupent le moins de percer leur territoire. Ignore-
raient-ils encore que le bon marché de la fabrication anglaise
tient avant tout à ce qu'il n'y a pas en Angleterre une forge ou
un haut-fourneau qui ne soit près d'un canal ou d'un chemin
de fer, ou même qui n'ait son canal ou son *milway* d'embranchement, recevant les produits des mains du fondeur ou
du forgeron, littéralement à la porte de l'atelier ?

NOTE 2 (page 46).

Tableau, par ordre de bassins, des fleuves et rivières navigables de la France, indiquant les Départements traversés et l'étendue totale de la navigation (1).

NOMS des FLEUVES ET RIVIÈRES.	DÉPARTEMENTS que parcourent LES FLEUVES ET RIVIÈRES.	LONGUEUR TOTALE de la navigation de chaque fleuve ou rivière.
	I. BASSIN DU RHIN.	*mètres.*
Rhin.	Haut-Rhin, Bas-Rhin.	221.800
Ill.	Idem idem.	99,000
Moder.	Bas-Rhin.	3,000
Moselle.	Vosges, Meurthe, Moselle.	115,840
Meurthe.	Vosges, Meurthe.	11,000
Sarre.	Meurthe, Bas-Rhin, Moselle.	35,000
	II. BASSIN DE LA MEUSE.	
Meuse.	Haute-Marne, Vosges, Meuse, Ardennes	261,394
Chiers.	Moselle, Meuse, Ardennes.	25,000
	A reporter.	771,534

(1) Dans ce tableau, les fleuves et rivières sont rangés, pour ceux qui se déchargent directement dans la mer, suivant l'ordre où se présentent leurs embouchures lorsque l'on fait le tour de la France, à partir du Rhin par le Nord, l'Ouest et le Sud; et, pour ceux qui sont de simples affluents, suivant l'ordre d'affluence. A chacun des sept grands bassins, sont annexés les petits bassins qui sont situés sur leurs côtés.

NOMS des FLEUVES ET RIVIÈRES.	DÉPARTEMENTS que parcourent LES FLEUVES ET RIVIÈRES.	LONGUEUR TOTALE de la navigation de chaque fleuve ou rivière.
		mètres.
	Report.	771,534
Bar (1)	Ardennes	»
Semoy	Idem	14,500
Sambre	Aisne, Nord	86,442
	III. BASSIN DE L'ESCAUT.	
Escaut	Aisne, Nord	61,384
Scarpe	Pas-de-Calais, Nord	77,776
Lys	Idem　　idem	65,470
Law	Idem　　idem	16,250
	Bassin de l'Aa.	
Aa	Pas-de-Calais, Pas-de-Calais et Nord	31,015
	Bassin de la Cunche.	
Canche	Pas-de-Calais	12,000
	Bassin de la Somme.	
Somme (2)	Aisne, Somme	»
Avre	Oise, Somme	18,000
Luce	Somme	1,000
	IV. BASSIN DE LA SEINE.	
Seine	Côte-d'Or, Aube, Marne, Aube (bis), Seine-et-Marne, Seine-et-Oise, Seine, Seine-et-Oise (bis), Eure, Seine-Inférieure	557,804
Aube	Haute-Marne, Côte-d'Or, Haute-Marne (bis), Aube, Marne	34,275
Villenauxe ou canal de Courlavent (3)	Marne, Aube	»
Yonne	Nièvre, Yonne, Seine-et-Marne	119,870
Loing (4)	Loiret, Seine-et-Marne	»
Marne	Haute-Marne, Marne, Aisne, Seine-et-Marne, Seine-et-Oise, Seine	347,177
	A reporter	2,183,997

(1) La navigation de cette rivière se lie à celle du canal des Ardennes ; on n'en donne pas ici la longueur pour éviter un double emploi.

(2) La navigation de cette rivière se lie avec celle du canal de la Somme.

(3) La longueur de la partie navigable de cette rivière est mentionnée au canal de Courlavent.

(4) La navigation de cette rivière se confond avec celle du canal de Loing.

NOMS des FLEUVES ET RIVIÈRES.	DÉPARTEMENTS que parcourent LES FLEUVES ET RIVIÈRES.	LONGUEUR TOTALE de la navigation de chaque fleuve ou rivière.
		mètres.
	Report.	2,183,997
Ourcq.	Aisne, Oise, Seine-et-Marne.	36,500
Grand-Morin.	Marne, Seine-et-Marne.	14,000
Oise.	Aisne, Oise, Seine-et-Oise.	158,000
Aisne.	Meuse, Marne, Ardennes, Aisne, Oise.	113,750
Andelle..	Seine-Inférieure, Eure.	1,500
Eure.	Orne, Eure-et-Loir, Eure.	86,160
Rille..	Orne, Eure.	28,000
Bassin de la Toucques.		
Toucques.	Orne, Calvados	29,000
Bassin de la Dive.		
Dive..	Orne, Calvados.	26,000
Vie.	Idem idem.	2,400
Bassin de l'Orne.		
Orne,	Orne, Calvados.	17,000
Bassin de la Vire.		
Vire..	Calvados, Manche, Calvados (bis).	18,000
Aure.	Calvados.	17,000
Bassin de la Douve.		
Douve.	Manche.	28,000
Merderet.	Idem.	6,000
Sève.	Idem.	5,080
Taute.	Idem.	23,000
Terette.	Idem.	6,000
Madelaine.	Idem.	8,000
Bassin de la Sienne.		
Sienne.	Manche.	8,000
Bassin de la Sée.		
Sée.	Manche.	6,000
Bassin de la Sélune.		
Sélune.	Manche.	8,000
	À reporter.	2,829,307

NOMS des FLEUVES ET RIVIÈRES.	DÉPARTEMENTS que parcourent LES FLEUVES ET RIVIÈRES.	LONGUEUR TOTALE de la navigation de chaque fleuve ou rivière.
		mètres
	Report.	2,820,307
	V. BASSIN DE LA LOIRE.	
	Bassin du Couesnon.	
Couesnon.	Ille-et-Vilaine, Manche.	16,000
	Bassin de l'Arguenon.	
Arguenon. . . .	Côtes-du-Nord.	6,000
	Bassin du Gouet.	
Gouet.	Côtes-du-Nord.	5,000
	Bassin du Trieux.	
Trieux.	Côtes-du-Nord.	15,000
Eppe.	Idem.	3,000
	Bassin du Tréguier.	
Tréguier. . . , .	Côtes-du-Nord.	21,000
	Bassin du Guer.	
Guer	Côtes-du-Nord.	6,560
	Bassin de l'Aune.	
Aune.	Finistère.	
	Bassin du Scorf.	
Scorf.	Morbihan	15,000
	Bassin du Blavet.	
Blavet.	Côtes-du-Nord, Morbihan. . . .	14,000
	Bassin de la Vilaine.	
Vilaine.	Ille-et-Vilaine, Morbihan. . . .	140,864
Meu.	Côtes-du-Nord, Ille-et-Vilaine . .	5,000
Cher.	Loire-Inférieure, Ille-et-Vilaine . .	5,000
Don.	Loire-Inférieure. . . .	9,000
Oust (1). . . .	Côtes-du-Nord, Morbihan. . . .	»
	A reporter. . . .	3,090,871

(1) La navigation de cette rivière se confond avec celle du canal de Nantes à Brest.

NOMS des FLEUVES ET RIVIÈRES.	DÉPARTEMENTS que parcourent LES FLEUVES ET RIVIÈRES.	LONGUEUR TOTALE de la navigation de chaque fleuve ou rivière.
		mètres
	Report.	3,090,671
Aff.	Ille-et-Vilaine, Ille-et-Vilaine et Morbihan.	6,000
Arz.	Morbihan.	4,000
Isac (1).	Loire-Inférieure.	»
	Bassin de la Loire proprement dite.	
Loire.	Ardèche, Haute-Loire, Loire, Saône-et-Loire et Allier, Nièvre et Cher, Loiret, Loir-et-Cher, Indre-et-Loire, Maine-et-Loire, Loire-Inférieure.	824,059
Arroux.	Côte-d'Or, Saône-et-Loire.	20,110
Allier.	Lozère, Haute-Loire, Puy-de-Dôme, Allier, Nièvre.	252,000
Loiret.	Loiret.	3,760
Cher (2).	Creuse, Allier, Cher, Loir-et-Cher, Indre-et-Loire.	»
Vienne.	Creuse, Corrèze, Haute-Vienne, Charente, Vienne, Indre-et-Loire.	89,555
Creuse.	Creuse, Indre, Indre-et-Loire, Indre-et-Loire et Vienne.	8,400
Thouet.	Deux-Sèvres, Maine-et-Loire.	17,020
Dive.	Vienne et Deux-Sèvres, Maine-et-Loire	27,500
Authion.	Indre-et-Loire, Maine-et-Loire.	42,000
Mayenne.	Orne, Mayenne, Maine-et-Loire.	95,960
Oudon.	Mayenne, Maine-et-Loire.	17,560
Sarthe.	Orne, Sarthe, Maine-et-Loire.	128,221
Loir.	Eure-et-Loir, Loir-et-Cher, Sarthe, Maine-et-Loire.	120,000
Layon.	Maine-et-Loire.	59,844
Sèvre-Nantaise.	Deux-Sèvres, Vendée, Loire-Inférieure.	16,000
Erdre (3).	Loire-Inférieure.	»
Acheneau.	Idem.	12,000
Boulogne.	Vendée, Loire-Inférieure.	8,000
Ognon.	Idem.	6,000
Tenu.	Loire-Inférieure.	16,000
Brivé.	Idem.	25,000
	Bassin de la Vie.	
Vie.	Vendée.	8,000
	A reporter.	4,904,686

(1) La navigation de l'Isac se confond avec celle du canal de Nantes à Brest.
(2) La partie navigable de cette rivière se lie au canal de Berry.
(3) La navigation de l'Erdre se confond avec celle du canal de Nantes à Brest.

NOMS des FLEUVES ET RIVIÈRES.	DÉPARTEMENTS que parcourent LES FLEUVES ET RIVIÈRES.	LONGUEUR TOTALE de la navigation de chaque fleuve ou rivière.
		mètres.
	Report.	4,904,666
	Bassin de la Lay.	
Lay.	Vendée	33,000
	Bassin de la Sèvre-Niortaise.	
Sèvre-Niortaise. .	Deux-Sèvres, Charente-Inférieure.	82,800
Mignon.	Idem. Idem.	15,000
Autise.	Idem. Vendée .	9,000
Vendée	Vendée	25,000
	Bassin de la Charente.	
Charente. . . .	Haute-Vienne, Charente, Vienne, Charente (bis), Charente-Inférieure.	133,098
Boutonne. . . .	Deux-Sèvres, Charente-Inférieure.	35,227
	Bassin de la Seudre.	
Seudre.	Charente-Inférieure.	22,000
	VI. BASSIN DE LA GARONNE.	
Garonne. . . .	Haute-Garonne, Tarn-et-Garonne, Lot-et-Garonne, Gironde	473,074
Salat.	Ariége, Haute-Garonne	16,500
Ariége	Idem idem	30,000
Tarn.	Lozère, Aveyron, Tarn, Haute-Garonne, Tarn-et-Garonne. . .	145,259
Gers	Hautes-Pyrénées, Gers, Lot-et-Garonne	1,800
Baïse.	Idem idem idem. .	24,800
Lot.	Lozère, Aveyron, Lot, Lot-et-Garonne.	306,430
Dropt. . . .	Dordogne, Lot-et-Garonne, Dordogne (bis), Lot-et-Garonne, Gironde .	83,200
Dordogne. . . .	Puy-de-Dôme, Corrèze, Lot, Dordogne, Gironde. . . .	292,628
Vézère. . . .	Corrèze, Dordogne	47,000
Isle.	Haute-Vienne, Dordogne, Gironde. .	144,969
Dronne	Idem. idem idem .	1,500
	Bassin de l'Adour.	
Adour.	Hautes-Pyrénées, Gers, Landes, Landes et Basses-Pyrénées	124,800
Midouze. . . .	Landes	42,955
Luy.	Basses-Pyrénées, Landes . . .	7,500
Gave-de-Pau. .	Hautes-Pyrénées, Basses-Pyrénées, Landes.	10,000
	A reporter. . . .	7,067,206

NOMS des FLEUVES ET RIVIÈRES.	DÉPARTEMENTS que parcourent LES FLEUVES ET RIVIÈRES.	LONGUEUR TOTALE de la navigation de chaque fleuve ou rivière.
		mètres.
	Report.	7,067,206
Bidouze.	Basses-Pyrénées.	20,000
Laran.	Idem	14,998
Ardanabia.	Idem	10,000
Nive.	Idem	19,000
	Bassin de la Nivelle.	
Nivelle.	Basses-Pyrénées.	9,998
	Bassin de la Bidassoa.	
Bidassoa.	Basses-Pyrénées.	6,000
	VII. BASSIN DU RHÔNE.	
	Bassin de l'Orb.	
Orb.	Hérault.	5,000
	Bassin de l'Hérault.	
Hérault.	Gard, Hérault.	12,192
	Bassin de l'Étang de Mauguio.	
Mosson	Hérault.	3,000
Salaison.	Idem.	1,650
	Bassin du Rhône proprement dit.	
Rhône.	Aisne, Ain et Isère, Rhône, Rhône et Isère et Ardèche, Ardèche et Drôme, Vaucluse et Gard, Gard et Bouches-du-Rhône, Bouches-du-Rhône.	503,225
Foran.	Ain.	10,000
Ain.	Jura, Ain.	97,000
Bienne	Id. id.	5,000
Saône.	Vosges, Haute-Saône, Côte-d'Or, Saône-et-Loire, Rhône.	265,000
Doubs.	Doubs, Jura, Saône-et-Loire.	14,000
Saille.	Jura, Saône-et-Loire.	39,500
Reyssouse	Ain.	5,000
Isère.	Isère, Drôme.	139,500
Ardèche.	Ardèche et Gard.	8,000
	Total général.	mètres. 8,225,269
	Ou en lieues de 4,000 mètres.	2061

(Extrait de la *Statistique de la France* publiée par le Ministre des Travaux publics et du Commerce, 1837, tome I, page 16.)

NOTE 3 (page 46).

DÉVELOPPEMENT ET DÉPENSE DE LA NAVIGATION ARTIFICIELLE ET DES CHEMINS DE FER DE LA FRANCE.

I.

Tableau par ordre alphabétique des Canaux de navigation de la France, indiquant les Départements qu'ils traversent et leur étendue totale.

NOMS DES CANAUX.	DÉPARTEMENTS QU'ILS TRAVERSENT.	LONGUEUR TOTALE.
		mètres.
Canal d'Aire à la Bassée.	Pas-de-Calais, Nord.	40,800
— d'Aire à St-Omer (1)	» »	» »
— des Ardennes.	Ardennes, Aire.	103,315
— d'Ardres.	Pas-de-Calais.	4,700
— d'Arles à Bouc.	Bouches-du-Rhône.	47,200
— de Beaucaire.	Gard.	50,354
— de Bergues à Dunkerque.	Nord.	8,701
— de Bergues à Furnes ou de la Basse-Colme	Id.	13,860
— du Berry.	Allier, Cher, Loir-et-Cher, Indre-et-Loire.	320,000
— du Blavet.	Morbihan.	59,500
— de Bourbourg.	Nord.	21,032
— de Bourgidou.	Gard.	9,710
— de Bourgogne.	Côte-d'Or, Yonne.	241,469
— de la Bourre.	Nord.	7,794
— de Briare.	Loiret.	55,801
— de Brouage.	Charente-Inférieure.	15,870
	A reporter.	999,606

(1) Voir le canal de Neuffossé.

NOMS DES CANAUX.	DÉPARTEMENTS QU'ILS TRAVERSENT.	LONGUEUR TOTALE.
		mètres.
	Report.	999,606
Canal de la Brusche..	Bas-Rhin.	21,121
— de Calais à St-Omer.	Pas-de-Calais.	29,542
— de Carcassonne .	Aude.	7,064
— du Centre.	Saône-et-Loire.	116,812
— de Cette.	Hérault.	1,530
— de la Colme	Nord	24,785
— de la Basse-Colme (1)	»	»
— de Condé .	Nord .	6,400
— de Cornillon .	Seine-et-Marne.	370
— de Courtavent.	Aube .	10,000
— de Crozat (2) .	»	» »
— de la Deule.	Nord, Pas-de-Calais.	65,669
— de Dunkerque à Furnes .	Nord .	14,090
— des Étangs.	Hérault.	27,546
— de Givors .	Loire, Rhône.	16,177
— du Grau-du-Lez.	Hérault.	1,560
— du Grau-du-Roi.	Gard .	6,000
— de Graves.	Hérault.	10,000
— de Guines.	Pas-de-Calais	6,120
— d'Hazebrouk .	Nord	5,686
— d'Ille et Rance..	Ille-et-Vilaine, Côtes-du-Nord.	84,794
— Canal latéral à l'étang de Maugulo.	Hérault.	10,640
— latéral à la Loire, de Digoin à Briare .	Saône-et-Loire, Allier, Nièvre, Cher, Loiret.	198,000
— latéral à l'Oise.	Aisne, Oise.	30,000
— du Lez (3).	»	» »
— de Loing.	Loiret, Seine-et-Marne .	52,934
— de Luçon.	Vendée.	14,185
— de Lunel.	Hérault.	13,188
— de Manicamp.	Aisne.	4,851
— du Midi.	Haute-Garonne, Aude, Hérault.	244,092
— de Nantes à Brest.	Loire-Inférieure, Ille-et-Vilaine, Morbihan, Côtes-du-Nord, Finistère.	374,000
— et Robine de Narbonne.	Aude.	27,278
— de Neuffossé .	Pas-de-Calais.	10,500
— de la Nieppe.	Nord	9,218
— de Niort à La Rochelle	Deux-Sèvres, Charente-Inférieure	78,000
— du Nivernais.	Nièvre, Yonne.	176,186
	A reporter.	2,707,924

(1) Voir le canal de Bergues à Furnes.
(2) Voir le canal de Saint-Quentin.
(3) Voir le Canal de Graves.

NOMS DES CANAUX.	DÉPARTEMENTS QU'ILS TRAVERSENT.	LONGUEUR TOTALE.
	Report.	mètres. 2,707,924
Canal de Nogent	Aube	382
— d'Orléans	Loiret	73,304
— de l'Ourcq	Oise, Seine-et-Marne, Seine-et-Oise, Seine	93,922
— de la Peyrade	Hérault	3,043
— de Préaven	Nord	1,948
— de la Radelle	Gard, Hérault	8,900
— du Rhône au Rhin	Côte-d'Or, Jura, Doubs, Haut-Rhin, Bas-Rhin	349,363
— de Roanne à Digoin	Loire, Saône-et-Loire, Allier	55,272
— de la robine de Vic	Hérault	2,850
— de Roubaix	Nord	23,000
— de Saint-Denis	Seine	6,600
— de Saint-Martin	Id.	4,632
— de Saint-Maur	Id.	1,100
— de Saint-Michel	Pas-de-Calais	374
— de Saint-Pierre	Haute-Garonne	1,430
— de Saint-Quentin	Nord, Aisne	94,381
— de Sainte-Lucie	Aude	5,845
— de la Sambre à l'Oise	Nord, Aisne	70,000
— de Sédan	Ardennes	577
— de la Sensée	Nord	26,700
— de Silvéréal	Gard	11,490
— de la Somme	Somme	156,894
	Total	mètres. 3,699,931

Ou 9,245 lieues de 4,000 mètres.

(Extrait de la *Statistique de la France* publiée par le Ministre des Travaux publics et du Commerce, 1837, tome I, page 31.)

La France possède aussi une petite étendue de chemins de fer, dont voici le détail en comptant tous ceux qui sont achevés ou en construction:

Chemins de fer exécutés.

D'Andrezieux à la Loire	5 lieues	1/2
De Lyon à Saint-Étienne	14	1/2
A reporter	20	

Report.	20	
D'Andrezieux à Roanne.	16	3/4
D'Épinac au canal de Bourgogne.	7	
De Paris à Saint-Germain.	4	3/4

Chemins de fer en construction.

De Paris à Versailles, rive droite (1).	4	1/2
— — rive gauche.	4	1/2
De Cette à Montpellier.	6	3/4
D'Alais à Beaucaire.	17	1/2
De Mulhouse à Thann.	5	
De Saint-Waast-là-Haut à Denain.	2	1/4
D'Abscond à Denain.	1	1/2
De Villers-Cotterets au Port aux perches.	2	
Total.	92 lieues 1/2	

Le chemin de Saint-Étienne à Lyon a coûté, y compris quelques acquisitions accessoires, 15,300,000 fr., soit par lieue 1,120,000 fr. Pour être mis en excellent état il exige une dépense additionnelle qui en portera la dépense totale à 20 millions, soit 1,380,000 fr. par lieue.

Le chemin de fer de Saint-Germain, avec une belle entrée dans Paris, un grand atelier de construction et diverses propriétés accessoires, aura coûté environ 15 millions, soit 3,330,000 fr. par lieue.

II.

DÉPENSE DES OUVRAGES DE NAVIGATION EN FRANCE.

Les sommes dépensées pour la navigation du territoire sont

(1) À partir d'Asnière où il s'embranche sur celui de Paris à Saint-Germain.

difficiles à évaluer sans omission. On peut cependant assurer que la dépense des travaux effectués ou votés s'élève à sept cents millions au moins, ainsi qu'il résulte du relevé suivant :

Dépenses d'anciens canaux, savoir : ceux de
Briare, de Loing, d'Orléans, du Midi, du
Centre, de Saint-Quentin, de l'Ourcq. . . 93,000,000

Dépenses des travaux de canalisation ou
d'amélioration des rivières, entrepris ou continués en vertu des lois de 1821 et 1822, savoir:
1. Dépense antérieure à 1821. . 52,993,275
2. Dépenses sur les fonds d'emprunt, y compris 800,000 fr.
   pour la navigation du Tarn. 129,400,000
3. Dépenses sur les fonds du Trésor, depuis l'épuisement des
   emprunts, jusqu'au 31 décem-   } 278,536,691
   bre 1834 44,682,959
4. Supplément spécial pour le
   Tarn 460,457
5. Fonds alloués par la loi du 27
   juin 1833. . ε 44,000,000
6. Supplément accordé en faveur
   des mêmes ouvrages par la loi
   du 12 juillet 1837 7,000,000

7. Loi du 30 juin 1835. . . . 8,750,000 ⎞
8. Loi du 18 juillet 1836 . . . 3,250,000 ⎟
9. Loi des rivières du 18 juill. 1837. 38,940,000 ⎬ 76,090,000
       Dᵒ   19   22,050,000 ⎟
       Dᵒ   Dᵒ   3,100,000 ⎠

A reporter. . . 447,626,691

Canaux exécutés par les compagnies autres

Report. . . . 447,626,000

que ceux énoncés ci-dessus ; 211 lieues,
savoir :

Petits canaux du Nord et du Pas-de-Calais.
— d'Aire à la Bassée—d'Aire à
St-Omer—d'Ardres—de Ber-
gues à Dunkerque—de Bergues
à Furnes — de Bourbourg—
de la Bourre — de Calais à St-
Omer—de la Colme—de Condé
— de la Deule — de Guines —
d'Hazebrouck — de Neuffossé
— de la Nieppe — de Préaven.
— de Roubaix — de St-Michel
— de la Sensée — 82 lieues à
raison de 500,000 fr. par lieue.   41,000,000

Petits canaux du littoral de la Méditerranée.
— de Beaucaire — de Bourgidou
— de Carcassonne — de Cette
— des Étangs — du Grau du
Lez — du Grau du Roi — de
Graves — latéral à l'étang de
Mauguio — de Lunel — de la
Robine de Narbonne — de la
Peyrade—de la Radelle — de
la Robine de Vic—de Ste-Lucie
— de Silvéréal. — 52 lieues,
à raison de 600,000 fr. la
lieue.   31,200,000

Canaux divers.
—de Brouage — de la Brusche
— de Courlavent — de Dun-
kerque à Furnes — de Givors
—de l'Ourcq—de Niort— de
St-Denis — de St-Martin — de
St-Maur — de Sédan — de la
Sambre à l'Oise — de Roanne
à Digoin — 77 lieues 1/4 à
raison de 600,000 fr. la lieue.   46,350,000

Total général. . . .   566,176,691

En outre des sommes déjà allouées, il faudra une nouvelle allocation d'une dizaine de millions, ce qui porte la dépense des travaux à. . 576,000,000

Ce total ne comprend que les frais de construction proprement dits, l'entretien n'y est pas compté au-delà du temps consacré à l'établissement des canaux. Les frais de direction des travaux n'y sont pas portés; en les évaluant à un vingtième de la dépense, ce serait un supplément de déboursé de vingt-neuf millions, d'où résulterait un total de. 605,000,000

En outre des frais d'établissement, le Trésor a eu à supporter d'autres charges, celles, par exemple, résultant des intérêts et annuités à payer en vertu du système financier adopté en 1821 et 1822, et qui, à la fin de 1837, avaient nécessité un déboursé de . . . . 89,340,940[1]

(1) Savoir :

Intérêts et annuités à la charge du Trésor pour les canaux de 1821 et 1822, jusqu'à la fin de 1837.

Canal latéral à la Loire.	8,084,400
— du Berry.	8,269,200
— du Nivernais	5,317,600
Canaux de Bretagne	22,932,000
Canal du Rhône au Rhin.	7,808,750
— de Bourgogne.	14,627,300
— d'Arles Bouc.	4,121,690
— des Ardennes	7,100,000
— de la Somme.	5,527,500
Amélioration de l'Isle :	3,312,500
— l'Oise.	1,740,000

89,340,940

Ce qui élèverait le total des charges des contribuables et des compagnies à. . . . . 695,000,000 non compris diverses allocations comprises dans le budget ordinaire des ponts-et-chaussées et qui sont assez considérables.

La longueur totale des canaux proprement dits, exécutés par l'État en vertu des lois de 1821 et 1822, est de 525 1/2 lieues, non compris les améliorations proprement dites des rivières dans leur lit.

Ces canaux avaient coûté au 31 décembre 1836 une somme de 252,642,000 fr. En y ajoutant celle de 25,000,000 que pourra coûter leur achèvement, on a une somme totale de 277,642,000 fr., ce qui donne, par lieue, une dépense de 527,000 fr.

La moyenne générale des frais de canalisation et d'amélioration des rivières, qui résulte des comptes des travaux entrepris par l'État, en vertu des lois de 1821 et 1822, serait de 483,000 fr. par lieue, le développement total étant de 600 1/4 lieues, la dépense au 31 décembre 1836 étant de 264,236,860 fr., et une somme de 25,000,000 étant alors supposée nécessaire pour parfaire les travaux.

Aujourd'hui l'on devrait obtenir les mêmes résultats aux mêmes frais, malgré la hausse de la main-d'œuvre, parce que la lenteur avec laquelle les ouvrages précédents ont été conduits, et les circonstances défavorables dans lesquelles l'acquisition des terrains a eu lieu pour quelques uns, en a très notablement élevé la dépense.

Cependant, pour éviter tout mécompte, nous avons pris, pour évaluation moyenne de divers travaux, soit canaux, soit améliorations en lit de rivière, le chiffre de 500,000 fr. la lieue.

Les tableaux suivants donnent quelques détails sur la dépense de divers ouvrages.

I.

Principaux Canaux qui étaient achevés en 1820.

	LONGUEUR EN LIEUES de 4,000 mètres.		DÉPENSES
Canaux de Briare, de Loing et d'Orléans (1).	45	1/4	21,000,000
Canal du Midi.	60		33,000,000
— du Centre (2).	29	1/4	11,000,000
— de Saint–Quentin (3)	24	3/4	13,000,000
— de l'Ourcq.	23	1/2	15,000,000
Total.	182	3/4	93,000,000

(1) Double jonction de la Seine à la Loire.

(2) De la Saône à la Loire.

(3) Y compris le canal Crozat et le canal Manicamp, qui à 4,851 mètres.

II.

Système des Canaux entrepris ou continués en vertu des lois de 1821 et 1822.

	LONGUEUR en lieues de 4,000 mètres.	DÉPENSES au 31 décembre 1836.
Canaux de bassin à bassin.		
Canal du Rhône au Rhin (1)	87 1/4	27,760,000
— des Ardennes (2)	25 3/4	14,106,000
— de Bourgogne (3). . . . . . . ,	60 1/4	52,825,000
— de Nantes à Brest.	93 1/2	43,784,000
— d'Ille et Rance (4).	21 1/4	14,105,000
— du Blavet (5)	15 »	5,061,000
— du Berry (6)	80 »	18,068,000
— du Nivernais (7)	44 »	26,854,000
Total.	427 »	202,563,000
Canaux latéraux, ou remplaçant des rivières, etc.		
Canal de la Somme (8)	39 1/4	13,087,000
— latéral à la Loire.	49 1/2	25,795,000
— d'Arles à Bouc.	11 3/4	11,197,000
Total.	100 1/2	50,079,000

(1) Par la Saône et le Doubs.
(2) De l'Aisne à la Meuse.
(3) Du Rhône à la Seine par la Saône et l'Yonne.
(4) De l'Océan à la Manche par le cours de la Vilaine, Rennes et Saint-Malo.
(5) De Lorient à Pontivy sur le canal de Nantes à Brest.
(6) De la Loire à la Loire, entre le bec d'Allier et Tours.
(7) De la Loire à la Seine par l'Yonne.
(8) Du canal de Saint-Quentin à la mer.

III.

Canaux commencés après 1822 jusqu'en 1830 et actuellement en construction.

	LONGUEUR EN LIEUES de 4,000 mètres.		DÉPENSES.
Canal de la Sambre à l'Oise.	17	1/2	» »
— de Roanne à Digoin (1)	13	3/4	10,000,000
Total.	31	1/4	10,000,000

IV.

Perfectionnement des Rivières.

Isle.	36	1/4	4,935,000
Oise	29	1/2	5,401,000
Tarn.	7		1,260,500
Total.	72	3/4	11,596,500
C'est par lieue 159,400 fr.			

Presque tous nos canaux français ont au moins 14^m de largeur au niveau de l'eau, et 1^m 50 à 1^m 60 de profondeur, avec des écluses de 33 à 38^m de longueur sur 5^m 20$\frac{1}{2}$ de largeur.

Un peu plus de la moitié des canaux anglais est ouverte en grande navigation, c'est-à-dire avec une profondeur de 1^m 20 à 1^m 80, plus habituellement de 1^m 20, avec une largeur de

(1) Continuation en amont du canal latéral à la Loire.

12^m et avec des écluses de 23 à 26^m de long sur 4^m 50 de large.

Sur les autres canaux anglais qui sont de petite navigation, la profondeur reste à peu près la même, ainsi que la longueur des écluses, mais la largeur est beaucoup réduite, d'un tiers ou même de moitié ; leurs écluses n'ont que 2^m 30 de large.

La plupart des canaux américains ont 12^m de large et 1^m 20 de profondeur, avec des écluses de 27^m de long sur 4^m 50 de large.

NOTE 4 (page 92).

DU MEILLEUR MODE DE DIVISION DE LA FRANCE EN DEUX PARTIES.

Il y a un mode de division qui serait plus propre que celui ici adopté, à faire ressortir l'oubli dans lequel, sous le rapport de la répartition des travaux publics, ont été laissées diverses portions de la France ; il consisterait à partager le territoire en France du Nord et France du Sud. Si j'ai préféré la division en France de l'Est et France de l'Ouest, c'est qu'elle a l'avantage de se prêter beaucoup mieux à l'exposé d'un ensemble bien coordonné de voies de communication pour tout le pays.

Le relevé suivant constate au reste l'injustice de répartition dont nous venons de parler, non seulement entre les deux grandes fractions du Nord et du Sud, mais aussi entre leurs subdivisions (1).

Le Nord a obtenu en 1821 et 1822 :

	lieues.	dépenses en fr.
Le canal de la Somme	39 1/4	18,615,000
— des Ardennes.	25 3/4	21,206,000
Le perfectionnement de l'Oise. . .	29 1/2	7,141,000
	94 1/2	46,962,000

(1) Les sommes portées ici comprennent les frais de construction, tels qu'ils étaient au 31 décembre 1836, et les intérêts et annuités comptés aux capitalistes qui avaient avancé les fonds. (Voyez p. 356.)

Le *Nord-Ouest*,

	lieues.	dépenses.
Le canal de Bretagne, et ses ramifications du Blavet et d'Ille–et–Rance.	129 3/4	85,881,000

L'*Est*,

Le canal de Bourgogne.	60 1/4	67,452,000
— du Rhône au Rhin . . .	87 1/4	35,568,000
	147 1/2	103,020,000

Le *Centre*,

Le canal du Nivernais.	44	32,671,000
— du Berry	80	26,337,000
— latéral à la Loire. . . .	49 1/2	33,880,000
	173 1/2	92,888,000

Le *Sud-Est*,

Le canal d'Arles à Bouc.	11 3/4	15,319,000

Le *Sud-Ouest*,

L'amélioration de l'Isle.	36 1/4	8,248,000
— du Tarn	7	1,260,000
	43 1/4	9,508,000

Ainsi le partage a été effectué ainsi qu'il suit :

Nord.	94 1/2	46,902,000
Nord-Ouest	129 3/4	85,881,000
Est	147 1/2	103,020,000
Centre.	173 1/2	92,888,000
Sud-Est.	11 3/4	15,319,000
Sud-Ouest.	43 1/4	9,508,000
Total. . . .	600 1/4	353,578,000

Si maintenant l'on répartit entre les deux grandes divisions *Nord* et *Sud* les travaux de canalisation et d'amélioration de rivières portés ci-dessus, on obtient les résultats suivants :

Le *Nord* a eu :

	lieues.	dépenses.
Le canal de la Somme	39 1/4	18,615,000
— des Ardennes.	25 3/4	21,206,000
Le perfectionnement de l'Oise. . .	29 1/2	7,141,000
Les canaux de Bretagne.	129 .3/4	85,881,000
Le canal de Bourgogne.	60 1/4	67,452,900
— du Rhône au Rhin . . .	87 1/4	35,568,000
— du Nivernais	44	32,671,000
Total pour le *Nord*. .	415 3/4	268,534,000

Le *Sud* a eu :

	lieues.	dépenses.
Le canal du Berry	80	26,337,000
— d'Arles à Bouc.	11 3/4	15,319,000
L'amélioration de l'Isle et du Tarn .	43 1/4	9,508,000
Total pour le *Sud* . .	135	41,164,000

On n'a pas compris dans cette répartition le canal latéral à la Loire, attendu la position intermédiaire qu'il occupe entre le Nord et le Sud.

La même inégalité se retrouve dans une loi fort récente, celle des ports, qui fut votée l'an dernier. Cette loi a consacré aux ports une somme de 22,440,000 fr. Les ports du Nord, c'est-à-dire ceux de Dunkerque, Calais, Boulogne, Saint-Valéry, le Hourdel, le Crotoy, Dieppe, Honfleur, Caen, le Tréport, Fécamp, Granville, Saint-Malo, Saint-Servan, Landerneau, Lorient, Vannes et Saint-Palais ont obtenu 19,290,000 fr. Les ports du Midi, c'est-à-dire ceux de Saint-Gilles, la Ciotat, Cannes et Port-Vendres n'ont eu que 3,150,000 fr.

NOTE 5 (page 161.)

POPULATION, SUPERFICIE, ET VOIES DIVERSES DE COMMUNICATION DE LA FRANCE DE L'EST ET DE LA FRANCE DE L'OUEST.

I.

POPULATION.

Divisés en France de l'Est et en France de l'Ouest, et déduction faite de la Seine et de la Corse, les départements se répartissent ainsi :

France de l'Est,

Ain, Aisne, Alpes (Basses-), Alpes (Hautes-), Ardèche, Ardennes, Aube, Bouches-du-Rhône, Côte-d'Or, Doubs, Drôme, Gard, Hérault, Isère, Jura, Loire, Loire (Haute-), Lozère, Marne, Marne (Haute-), Meurthe, Meuse, Moselle, Nièvre, Nord, Oise, Pas-de-Calais, Puy-de-Dôme, Rhin (Bas-), Rhin (Haut-), Rhône, Saône (Haute-), Saône-et-Loire, Seine-et-Marne, Seine-et-Oise, Seine-Inférieure, Somme, Var, Vaucluse, Vosges et Yonne.

France de l'Ouest,

Allier, Ariége, Aude, Aveyron, Calvados, Cantal, Charente, Charente-Inférieure, Cher, Corrèze, Côtes-du-Nord, Creuse, Dordogne, Eure, Eure-et-Loir, Finistère, Garonne (Haute-), Gers, Gironde, Ille-et-Vilaine, Indre, Indre-et-Loire, Landes, Loir-et-Cher, Loire-Inférieure, Loiret, Lot, Lot-et-Garonne, Maine-et-Loire, Manche, Mayenne, Morbihan, Orne, Pyrénées (Basses-), Pyrénées (Hautes-), Pyrénées-Orientales, Sarthe, Sèvres (Deux-), Tarn, Tarn-et-Garonne, Vendée, Vienne et Vienne (Haute-).

Ainsi l'Est a 41 départements, l'Ouest en a 43.

La population totale de ces 84 départements s'élevait au 31 décembre 1836 :

$$\left.\begin{array}{l}\text{Pour les 41 de l'Est, à} \quad 16,374,792\\ \text{Pour les 43 de l'Ouest, à} \; 15,851,338\end{array}\right\} 32,226,130.$$

C'est-à-dire que si l'on représente la population de l'Est par 100, celle de l'Ouest le sera par 96 8/10.

En 1801 il y avait égalité ; l'Est avait 13,280,000 habitants, et l'Ouest 13,273,000.

L'accroissement de 1801 à 1836 a été :

$$\left.\begin{array}{l}\text{Pour l'Est, de} \quad 3,094,776\\ \text{Pour l'Ouest, de} \quad 2,577,832\end{array}\right\} 5,672,608.$$

C'est à-dire qu'il a été de 24 pour cent dans l'Est, et de 19 4/10 pour cent dans l'Ouest.

En 1801, l'Est avait 54,205 habitants par 100,000 hectares, et l'Ouest 48,608.

En 1836, ces nombres respectifs étaient devenus 66,835 pour l'Est, et 58,062 pour l'Ouest.

Des villes de plus de 10,000 âmes, qui existent en France, y compris les chefs-lieux, quelle qu'en soit la population.

France de l'Est (1).

Bourg, Laon, Digne, Gap, Privas, Mézières, Troyes, Marseille, Aix, Arles, Dijon, Beaune, Besançon, Valence, Nîmes, Alais, Montpellier, Béziers, Grenoble, Lons-le-Saunier, Montbrison, Saint-Étienne, Le Puy, Mende, Châlons-sur-Marne, Reims, Chaumont, Nancy, Lunéville, Bar-le-Duc, Verdun, Metz, Nevers, Lille, Douai, Dunkerque, Cambrai, Valenciennes, Beauvais, Arras, Saint-Omer, Boulogne, Clermont-Ferrand, Riom, Strasbourg, Colmar, Mulhouse, Lyon, Vesoul, Mâcon, Autun, Châlons-sur Saône, Melun, Versailles, Rouen, Dieppe, Le Havre, Amiens, Abbeville, Draguignan, Grasse, Toulon, Avignon, Épinal et Auxerre.

France de l'Ouest.

Moulins, Foix, Carcassonne, Narbonne, Castelnaudary, Rhodez, Milhau, Caen, Lisieux, Aurillac, Angoulême, La Rochelle, Rochefort, Bourges, Tulle, Saint-Brieuc, Guéret, Périgueux, Évreux, Chartres, Quimper, Brest, Toulouse, Auch, Bordeaux, Rennes, Châteauroux, Tours, Mont-de-Marsan, Blois, Nantes, Orléans, Cahors, Agen, Angers, Saint-Lô, Laval, Vannes, Alençon, Pau, Tarbes, Perpignan, Le Mans, Niort, Alby, Montauban, Bourbon-Vendée, Poitiers et Limoges.

Ainsi le nombre des villes de plus de 10,000 âmes, chefs-lieux compris, se répartit actuellement ainsi :

L'Est en a   65 }
L'Ouest en a 49 } 114.

(1) On a classé les villes suivant l'ordre alphabétique des départements.

La population totale de ces villes s'élevait, au 31 décembre 1836,

Pour l'Est, à 1,636,763 } 2,642,879 habitants.
Pour l'Ouest, à 1,006,116 }

C'est-à-dire que si on la représente par 100 pour l'Est, elle sera représentée pour l'Ouest par 61 5/10.

La population moyenne de ces villes est :

Dans l'Est, de 25,107 habitants.
Dans l'Ouest, de 20,533

En 1801, la population de ces mêmes villes et chefs-lieux était :

Pour l'Est, de 1,318,548 } 2,135,531 habitants.
Pour l'Ouest, de 816,983 }

De sorte que si pour l'Est cette population était représentée par 100 en 1801, elle'était alors, pour l'Ouest, de 62.

L'accroissement de population dans ces villes a été, de 1801 à 1836,

Dans l'Est, de 326,268, ou de 24 7/10 pour 100.
Dans l'Ouest, de 192,276, ou de 23 5/10 pour 100.

II.

SUPERFICIE.

La superficie totale de la France (départements de la Seine et de la Corse non compris) est de 51,858,674 hectares

Qui se répartissent ainsi :

France de l'Est, (41 départ".) 24,511,995 } 51,858,674 hect.
France de l'Ouest, (43 départ".) 27,346,679 }

Ainsi la superficie de l'Est étant représentée par 100, celle de l'Ouest sera de 111 6/10.

III.

TRAVAUX PUBLICS.

Tableau par Départements, des communications de la France, au moyen des canaux, rivières et routes, en 1836 (1).

DÉPARTEMENTS DE L'EST.

DÉPARTEMENTS.	ROUTES ROYALES.	ROUTES DÉPARTEM.	TOTAUX.	RIVIÈRES NAVIGABL.	CANAUX de NAVIGAT.	TOTAUX.
	kilom.	kilom.	kilom.	kilom.	kilom.	kilom.
Ain.	419	404	823	263	»	263
Aisne.	612	637	1,249	145	135	280
Alpes (Basses-).	176	817	993	»	»	»
— (Hautes-).	353	25	378	»	»	»
Ardèche.	482	783	1,265	157	»	157
Ardennes.	375	96	471	216	102	318
Aube.	377	346	723	45	10	55
Bouches-du-Rhône.	239	368	607	82	47	129
Côte-d'Or.	649	670	1,319	63	155	218
Doubs.	287	462	749	»	134	134
Drôme.	311	150	461	183	»	183
Gard.	483	677	1,160	98	79	177
Hérault.	367	485	852	22	140	162
Isère.	541	567	1,108	252	»	252
Jura.	332	545	877	12	40	52
Loire.	310	372	682	142	26	168
Loire (Haute-).	291	412	703	17	»	17
Lozère.	384	600	984	»	»	»
Marne.	585	530	1,115	184	»	184
Marne (Haute).	407	267	674	12	»	12
Meurthe.	420	376	796	46	»	46
Meuse.	510	367	877	85	»	85
Moselle.	444	347	791	115	»	115
Nièvre.	415	496	911	157	192	339
Nord.	584	312	896	259	251	510
Oise.	583	500	1,088	136	36	172
Pas-de-Calais.	680	350	1,030	92	108	200
Puy-de-Dôme.	447	359	806	94	»	94
Rhin (Bas-).	331	660	991	231	73	304
Rhin (Haut-).	346	387	733	93	117	210
Rhône.	226	273	499	113	9	122
Saône (Haute-).	290	405	695	24	»	24
Saône-et-Loire.	553	800	1,353	283	139	422
Seine-et-Marne.	515	383	898	259	102	361
Seine-et-Oise.	718	683	1,401	192	9	201
Seine-Inférieure.	572	906	1,478	156	»	156
Somme.	583	194	777	19	157	176
Var.	360	583	943	»	»	»
Vaucluse.	90	475	565	55	»	55
Vosges.	237	652	939	»	»	»
Yonne.	526	559	1,085	104	144	248
	17,485	19,280	36,745	4,906	2,195	7,601

(1) Les documents qui ont servi à former ce tableau, sont : 1o pour les Canaux et Rivières, la *Statistique de la France*, publiée par le ministre du Commerce en 1837, pages 28 et 34 ; 2o pour les Routes, le *Recueil des documents statistiques*, publié en 1837, par l'Administration des Ponts-et-Chaussées, tome Ier, page 523. On a compris exceptionnellement pour les routes départementales, dans ce tableau, celles qui ont été classées eu 1836, telles qu'elles sont indiquées dans le *Recueil* précité.

DÉPARTEMENTS DE L'OUEST.

DÉPARTEMENTS.	ROUTES ROYALES	ROUTES DÉPARTEM.	TOTAUX.	RIVIÈRES NAVIGABL.	CANAUX de NAVIGAT.	TOTAUX.
	kilom.	kilom.	kilom.	kilom.	kilom.	kilom.
Allier	497	232	729	213	92	305
Arriége	276	298	574	»	»	»
Aude.	369	627	996	»	180	180
Aveyron.	569	459	1,028	87	»	87
Calvados.	406	541	947	96	»	96
Cantal	373	146	519	»	»	»
Charente.	350	246	596	88	»	88
Charente-Inférieure.	429	452	881	209	46	255
Cher	481	607	1,088	137	250	387
Corrèze	364	200	564	»	»	»
Côtes-du-Nord	386	487	873	57	74	131
Creuze	337	407	744	»	»	»
Dordogne	361	707	1,068	266	»	266
Eure.	446	779	1,225	182	»	182
Eure-et-Loir. . . .	376	454	830	»	»	»
Finistère.	400	459	859	»	85	85
Garonne (Haute-). .	334	789	1,123	181	53	234
Gers.	418	541	959	»	»	»
Gironde	415	596	1,011	427	»	427
Ille-et-Vilaine . . .	634	249	883	123	74	197
Indre	400	197	597	»	»	»
Indre-et-Loire . . .	310	1103	1,413	147	40	187
Landes.	462	334	796	185	»	185
Loir-et-Cher . . .	305	408	713	52	75	127
Loire-Inférieure. .	481	332	813	213	97	310
Loiret	432	451	883	134	164	298
Lot	273	611	884	163	»	163
Lot-et-Garonne. . .	360	441	801	240	»	240
Maine-et-Loire . . .	396	569	965	377	»	377
Manche.	365	580	945	119	»	119
Mayenne	253	286	539	47	»	47
Morbihan	559	312	871	81	189	270
Orne	328	488	816	»	»	»
Pyrénées (Basses-)	421	714	1,135	104	»	104
Pyrénées (Hautes-)	257	196	453	»	»	»
Pyrénées-Orientales	325	130	455	»	»	»
Sarthe.	399	377	776	158	»	158
Sèvres (Deux-). . .	289	292	581	59	48	107
Tarn.	333	780	1.113	60	»	60
Tarn-et-Garonne. .	254	560	814	142	»	142
Vendée	332	233	565	75	14	89
Vienne.	252	236	588	56	»	56
Vienne (Haute-). .	381	296	677	»	»	»
	16,518	19,202	35,720	4,406 (1)	1,481	5,950

(1) Du chiffre qui représente le total des nombres portés à la colonne des rivières navigables, il y a à faire des déductions pour double emploi.

Pour les départements de l'Est, la déduction s'élèverait à 466 kilom., savoir : 1° Partie du Rhône, limitrophe d'un côté aux départements de l'Isère, de Vaucluse et des Bouches-du-Rhône, et de l'autre côté à ceux de l'Ain, du Rhône,

Ce tableau montre que l'Ouest ne s'épargne pas pour égaler l'Est, car les routes départementales qu'il exécute à ses frais égalent celles de l'Est.

L'égalité approximative qui existe entre l'Est et l'Ouest, sous le rapport des routes et des rivières, disparaît quand il s'agit des canaux.

On peut résumer ce qui précède, par le tableau suivant de répartition :

de la Loire, de l'Ardèche, de la Drôme et du Gard. . . .	379 kilom.	1/2
2° Partie de la Saône qui sépare Saône-et-Loire de l'Ain . .	86	1/2
Total à déduire.	466	»

Ce qui réduit le développement total de la navigation fluviale de l'Est à 3,940 kilom., au lieu de 4,406, qui résulterait de l'addition des nombres portés dans la colonne.

Quant aux départements de l'Ouest il y aurait à déduire de leur total :

1° La partie de la Loire qui est située entre la Loire-Inférieure et Maine-et-Loire.	37	1/2
2° La partie de la Dordogne qui est entre le département de la Dordogne et celui de la Gironde.	35	
Total à déduire.	72	1/2

Ce qui réduit le développement total de la navigation fluviale de l'Ouest à 4,406 kilom., au lieu de 4,478, qui résulterait de l'addition des nombres portés dans la colonne.

Enfin il y a une portion de navigation fluviale commune aux départements de l'Ouest et à ceux de l'Est.

Elle se compose :

1° De la partie du cours de la Loire qui sépare les départements de la Loire et de Saône-et-Loire de celui de l'Allier, et celui de la Nièvre de celui du Cher.	134	1/2
2° De la partie de l'Allier qui sépare la Nièvre de l'Allier et du Cher.	37	1/2
Total commun à l'Est et à l'Ouest. . . .	172	»

Répartition entre l'Est et l'Ouest des diverses voies de communication.

DÉSIGNATION des voies DE COMMUNICATION.	EST.		OUEST.	
	par 100,000 hectares.	par 100,000 habitants.	par 100,000 hectares.	par 100,000 habitants.
	kilom.	kilom.	kilom.	kilom.
Routes royales. . . .	71	106	60 5	104 5
— départementales	78	117	73	121
Rivières.	16	24	16	27 9
Canaux..	9	13	5 5	9 3
Totaux. . .	174	260	155	262 7

En prenant pour base la superficie, l'étendue totale des routes, rivières et canaux de l'Est étant représentée par 100, celle des routes, rivières et canaux de l'Ouest le sera par 89.

NOTE 6 (page 131.)

DES PLANS INCLINÉS SUR LES CHEMINS DE FER ET LES CANAUX.

Aux États-Unis on a, dans plusieurs circonstances, réduit de beaucoup les frais de premier établissement des canaux et des chemins de fer, en introduisant dans l'exécution de ces ouvrages une innovation remarquable qui a été à peine essayée dans les travaux de même genre exécutés en France (1), qu'on n'a même jamais tentée sur nos canaux, et sur laquelle cependant l'attention des hommes de l'art doit se diriger pour tous les cas où il s'agit de communications à établir dans des régions montagneuses. Cette innovation consiste dans l'usage des *plans inclinés* qui permettent d'éviter soit des détours souvent considérables, soit des travaux longs et coûteux, tels que des percements de montagnes, soit, quand il s'agit spécialement de canaux, de longues files d'écluses, dispendieuses à construire, longues et incommodes à traverser. Parmi les chemins de fer où les plans inclinés ont été mis en usage, on peut citer celui de *Carbondale* à *Honesdale* faisant partie d'une ligne tracée entre l'Hudson et la haute Délaware; celui du *Portage* qui réunit les deux portions du canal de Pensylvanie, situées l'une à l'est, l'autre à l'ouest des Alléghanys; et surtout celui de *Pottsville* à *Sunbury*.

(1) Il existe un plan incliné sur le chemin de fer d'Épinac au canal de Bourgogne, il en existe aussi sur le chemin de fer d'Andrezieux à Roanne. Plusieurs sont projetés pour le chemin de fer concédé en 1837, qui est destiné à relier Épinac au canal du Centre.

Ces plans inclinés, pour les canaux comme pour les chemins de fer, ne sont autre chose qu'un chemin de fer, à deux voies ordinairement, disposé en pente au lieu d'être sur un terrain à peu près de niveau, et muni d'un mécanisme qui sert, soit à hisser au moyen d'une corde ou d'une chaîne les objets qu'il s'agit de remonter, soit à modérer la vitesse de ceux qui descendent. Ce mécanisme consiste habituellement dans une machine à vapeur qui a l'inconvénient de coûter plus ou moins cher pour premier établissement, et d'exiger d'assez grands frais d'entretien et de service courant. Chacun des plans inclinés du chemin de fer du *Portage* est ainsi muni de deux machines à vapeur. Les plans inclinés de ce chemin de fer sont au nombre de dix, ils franchissent le col de Blair, élevé de 427 mètres au-dessus d'une de ses extrémités, et de 358 mètres au-dessus de l'autre.

Voici quelles sont la longueur, la hauteur et l'inclinaison relatives de chacun de ces plans, à partir de Johnstown.

DÉSIGNATION des plans.	LONGUEUR HORIZONTALE en mètres.	HAUTEUR VERTICALE en mètres.	INCLINAISON en centièmes.	
1	488	46	10	
2	537	40	8	
3	450	40	9	50
4	667	57	8	
5	799	61	10	25
6	824	81	10	25
7	806	79	10	25
8	946	94	10	25
9	828	58	7	25
10	698	55	8	25

Le chemin de fer de Pottsville à Sunbury, dans les Alléghanys, construit par M. Robinson, est un des ouvrages les plus curieux qu'il y ait dans le Nouveau-Monde; il franchit la montagne appelée *Broad-Moutain*, qui s'élève de 317 mètres au-dessus de la ville de Sunbury, au moyen de six plans inclinés, dont quatre sur le versant du Schuylkill, et deux sur celui de la Susquéhannah. Cinq de ces plans ont pour profil une ligne droite, un seul a pour profil une courbe; cependant, comme ils sont très rapides, on a adouci la pente au pied de chacun d'eux, sur une étendue très peu considérable; le profil des plans présente ainsi par le bas une portion polygonale dont on raccorde les divers côtés de manière à avoir une courbe continue. Voici les dimensions de ces plans, en commençant par le plus voisin de Pottsville.

	LONGUEUR horizontale EN MÈTRES.	HAUTEUR verticale EN MÈTRES.	INCLINAISON en CENTIÈMES.
	m.	m.	
Plan incliné, n° 1.	203,43	33,56	16,50
— — n° 2.	246,13	61,77	25,09
— — n° 3.	167,75	48,79	29,08
— — n° 4.	262,60	44,89	17,09
— — n° 5.	495,62	105,22	21,21
— — n° 6.	269,62	50,63	18.71

Le mécanisme au moyen duquel les chariots ou wagons se meuvent sur les plans inclinés de ce chemin de fer est fort simple : chacun de ces plans est muni d'une chaîne sans fin qui s'enroule dans la gorge de deux roues horizontales, placées l'une en haut, l'autre en bas du plan (1). Ces roues sont formées chacune de deux plateaux de fonte, séparées par une couronne en bois de chêne dans laquelle est creusée la gorge; chaque roue est installée dans une petite chambre maçonnée et recouverte d'un plancher sur lequel passe le chemin de fer; la roue du sommet du plan est munie d'un *frein* de forme ordinaire, destiné à modérer et à arrêter le mouvement; en outre, au sommet des plans n°° 2 et 3, qui sont les plus rapides, on a établi un régulateur à éventail qui prévient, avec le plus grand succès,

(1) A cause de la courbure du profil du plan incliné n° 5 on n'a pu y employer une chaîne sans fin; descendant d'un côté du plan incliné et remontant de l'autre; on s'y sert de deux cordes fixées à un tambour horizontal, autour duquel l'une s'enroule tandis que l'autre se déroule.

l'accélération du mouvement. On attache les chariots à l'extrémité de la chaîne sans fin, et au moyen du régulateur qui
opère tout seul et qu'un gardien aide au besoin, en faisant
jouer le frein, ils descendent d'un train doux et très uniforme ;
comme d'ailleurs, au bas de chaque plan la pente a été di-
minuée, les chariots qui, grâce au régulateur, y arrivent avec
peu de vitesse, s'arrêtent en ce point presque d'eux-mêmes ;
alors on les détache de la chaîne sans fin et ils continuent leur
route.

On peut faire descendre à la fois sur chaque plan quatre
wagons portant chacun trois tonneaux (3,000 kilog.) de charbon, et pesant par eux-mêmes chacun un tonneau. Le chemin
de fer de Pottsville à Sunbury étant spécialement destiné à
transporter du charbon de terre dans la direction de l'ouest
à l'est, le mouvement a lieu presque constamment en descendant sur les quatre premiers plans. Pour remonter les
objets généralement de faible poids, qui se présentent au bas
de ces plans, lorsqu'on veut qu'ils passent immédiatement sans
attendre qu'il vienne des wagons chargés de charbon, lesquels,
attachés comme eux à la chaîne sans fin, mettraient cette chaîne
en mouvement et les feraient remonter en descendant eux-mêmes, on supplée aux wagons de charbon par un ou deux
wagons remplis de pierres qui sont réservés pour cet emploi
et qu'on appelle *ballast-cars*. Ces *ballast-cars* sont remontés
ensuite par les wagons de charbon qui descendent.

Pour les plans n°ˢ 5 et 6, que le charbon doit traverser en
remontant, la difficulté était plus grande. On l'a vaincue avec
beaucoup de bonheur de la manière suivante : on a conduit une
source au sommet du plan incliné n° 5 ; l'eau de cette source arrive dans un réservoir et sert à remplir des caisses en tôle d'une
capacité de 4 mètres cubes, portées sur des trains de wagons.
Chacune de ces caisses contient ainsi une quantité d'eau dont
le poids est de 4 tonneaux ou 4,000 kilog. Dès lors, un petit
nombre de ces caisses, placées en haut de la pente, là où elle
est le plus roide et où la pesanteur a le plus d'action, doivent,
une fois abandonnées à elles-mêmes, tendre à descendre avec
une grande énergie, et procurer une force suffisante pour remonter les wagons de charbon placés en bas. A cet effet, ces

wagons de charbon sont attachés à une corde qui s'enroule sur un tambour sur lequel est enroulée, en sens contraire, une corde fixée aux wagons chargés d'eau (1).

On vide les caisses au bas du plan, et ainsi allégées on les remonte sans peine en les fixant à quelque train de wagons de charbon remontant.

On emploie cependant aussi, pour la manœuvre du plan n°5, une machine à vapeur, parce qu'on a craint que sur une pente aussi rapide et aussi longue il ne fût trop difficile de bien guider le mouvement des wagons livrés absolument à eux-mêmes.

Au sommet et au pied de chaque plan incliné, il y a trois voies de chemins de fer, dont l'une sert de gare d'évitement.

La manœuvre de chacun de ces plans inclinés est faite en très peu de temps. Un seul homme y suffit pour chaque plan.

La dépense du mécanisme de ces plans inclinés est très modique ; ainsi, pour le plan incliné n° 2, la dépense totale s'est élevée à 20,000 fr. environ. Parmi les ouvrages que M. Robinson a exécutés sur le sol des États-Unis, il n'y en a aucun où cet habile ingénieur ait donné des preuves plus surprenantes du talent qui le distingue de faire à la fois bien et à bon marché.

Le canal Morris, entre la Délaware moyenne et la baie de New-York, est aussi très digne d'étude. Voici en quoi consiste le mécanisme du plus considérable de ses plans.

Ce plan incliné est à 2 lieues d'Easton ; il a 30^{m}50 de hauteur, et 335^{m}50 de longueur horizontale, ce qui donne une inclinaison d'un onzième. Il y passe des bateaux contenant 20 à 25 tonneaux de charbon, et pesant 6 à 7 tonneaux à vide. La durée du passage sur ce plan est d'un quart d'heure, y compris le temps nécessaire au bateau pour se remettre en marche, une fois parvenu au bief supérieur ; j'ai assisté au passage de cinq bateaux pour lesquels ce temps a suffi. Le plan incliné a deux voies de chemin de fer ; chacune d'elles est précédée, au sommet, d'un sas en bois. Ces sas servent, l'un à loger le bateau qui descend, l'autre à recevoir celui qui monte, une fois

(1) Au plan incliné n° 6 les choses se passent à peu près de la même manière. Au lieu de ces deux cordes il y a une chaîne sans fin comme aux quatre premiers plans.

qu'il est arrivé en haut, en supposant que l'ascension d'un bateau soit combinée avec la descente d'un autre, ce qui n'est pas indispensable. Chaque bateau est transporté sur un grand char à huit roues; même à défaut de bateau, les deux chars sont toujours mis en mouvement, afin qu'il y en ait constamment un en haut et un autre en bas du plan. Les bateaux s'installent aisément sur les charriots parce que les choses sont tellement disposées que la plate-forme de chaque char ne se trouve soit en haut, soit en bas, qu'à la hauteur du fond du canal.

Le moteur est une roue à augets qui, par un système d'engrenages, fait tourner une roue horizontale à gorge, en fonte, sur laquelle s'enroule une forte chaîne en fer qui va également s'enrouler dans la gorge d'un rouet placé à l'arrière des chars qui portent les bateaux; de telle sorte que lorsque l'un des chars monte, la chaîne, qui se raccourcit pour suivre le mouvement de ce char sur celle des deux voies qu'il parcourt, s'allonge d'autant sur l'autre voie.

Les portes des deux sas s'ouvrent et se ferment en très peu de temps par un mécanisme particulier très simple et très ingénieux.

La manœuvre de ce plan est si aisée, qu'un gardien y met tout en mouvement, sans le secours des bateliers, en quelques minutes.

Outre ce grand plan incliné, le canal Morris en offre vingt-deux autres, dont la hauteur varie de 10^{m}50 à 24^m.

NOTE 7 (page 149).

TRAVAUX PUBLICS D'ANGLETERRE.

I.

Tableau des principaux Canaux navigables d'Angleterre.

NOMS DES CANAUX.	LONGUEUR en LIEUES.		PRIX de la CONSTRUCTION.	DÉPENSE par lieue.
1 Aberdare.	3		188,000	296,000
2 Aberdeenshire	7	3/4	1,250,000	161,000
3 Andover	9		»	»
4 Arundel	4	1/2	»	»
5 Ashby de la Zouch et embranchemens	17		5,000,000	300,000
6 Ashton Underline ou Manchester and Oldam et embranch.	7	1/4	4,250,000	586,000
7 Barnsley et embranchements .	7	1/4	2,425,000	336,000
8 Basinkstoke.	14	3/4	4,650,000	316,000
9 Birmingham.	8	3/4	2,875,000	328,000
10 Birmingham and Fazeley . .	6	1/2	»	»
11 Brecknock.	13	1/4	3,750,000	284,000
12 Bridgewater.	16		5,500,000	340,000
13 Burrowstowness.	2	3/4	200,000	72,000
14 Caistor.	3	1/2	625,000	180,000
15 Caldon Uttoxeter	11	1/4	»	»
16 Caledonian	23	1/2	20,000,000	860,000
17 Cardif ou Glamorganshire .	10		125,000,000	1,250,000
A reporter. .	166			

NOMS DES CANAUX.	LONGUEUR en LIEUES.		PRIX de la CONSTRUCTION.	DÉPENSE par lieue.
Report.	166			
18 Chester.	7		2,000,000	280,000
19 Chesterfield.	18	1/2	4,000,000	220,000
20 Codbeck brook.	2	1/2	»	»
21 Columb (St.).	2	3/4	»	»
22 Coventry et embranchements.	15	3/4	3,000,000	190,000
23 Crinan.	3	1/2	5,750,000	165,000
24 Cromford et embranch.	9	3/4	2,000,000	215,000
25 Croydon.	3	3/4	2,000,000	520,000
26 Cyfarthfa.	1	1/4	»	»
27 Dearn and Dove et embranch.	5	3/4	2,500,000	430,000
28 Derby et embranch.	3	1/2	2,250,000	643,000
29 Donnington wood.	3	1/2	»	»
30 Dorset and Sommerset et embr.	20	1/2	5,630,000	250,000
31 Driffield.	4	1/2	»	»
32 Droitvich.	2	1/4	835,000	371,000
33 Dublin and Shanon.	24	1/2	9,500,000	383,000
34 Dudley et embranch.	5	1/2	5,728,000	1,041,000
35 Edimbourg and Glasgow.	20		»	»
36 Ellesmere.	43	3/4	12,500,000	286,000
37 Erewash.	4	3/4	»	»
38 Fazeley.	4	1/2	»	»
39 Forth and Clyde et embr. de Glasgow.	15		10,540,000	703,000
40 Foss-Dyke.	4	1/2	»	»
41 Glascow and Salcoats ou Androssan.	13		6,325,000	486,000
42 Glenkerms.	11	1/2	1,125,000	682,000
43 Gloucester et embranch.	8	1/4	5,000,000	666,000
44 Grande jonction.	37	1/4		
— embr. de Paddington	5	1/2	50,000,000	851,000
— 6 autres embranch.	16			
45 Grand Surry et embranch.	5	1/2	1,500,000	273,000
46 Grand Western et embr. de Tiverton.	16	3/4	8,275,000	494,000
47 Grand Trunc.	37	1/4	10,000,000	196,000
— ses embranch.	15			
48 Grantham et embranch.	14	3/4	3,100,000	220,000
49 Gresley.	2		»	»
50 Haslingden.	5	1/4	2,180,000	415,000
51 Hereford and Gloucester.	14	1/2	1,375,000	950,000
52 Huddersfield.	7	3/4	6,850,000	884,000
53 Hulland Leven.	2		»	»
54 Ivelches and Longport	2	3/4	200,000	727,000
55 Kennet and Avon.	23		20,250,000	803,000
56 Ketley.	0	1/2	»	»
57 Kington and Leominster	18	1/2	9,250,000	500,000
58 Lancaster et embranchements.	32	3/4	15,350,000	469,000
59 Leeds and Liverpool.	52		15,013,000	288,000
60 Leicester.	8	1/2	2,100,000	250,000
61 Leicestershire and Northamptonshire ou Union et Grande-Union.	17	1/2	7,500,000	428,000
A reporter.	761			

NOMS DES CANAUX.	LONGUEUR en LIEUES.		PRIX de la CONSTRUCTION.	DÉPENSE par lieue.
Report.	761		»	»
62 Longborough.	4		»	»
63 Manchester, Bulton-Bury et embranch. d'Haslingden.	7	1/2	2,425,000	323,000
64 Market-Weightton.	4	1/2	»	»
65 Monkland.	5		»	»
66 Montgommeryshire et embr. de Welshpool.	12	1/2	2,300,000	184,000
67 Monmouthshire	7		6,880,000	982,000
68 Neath.	5	1/2	875,000	80,000
69 Newcastle-Jonction	1	1/4	300,000	240,000
70 Newcastle-Underline.	1	1/4	250,000	200,000
71 Northwilts.	3	1/2	»	»
72 Nottingham.	6		»	»
73 Nutbrook.	2		487,500	244,000
74 Oakam.	6		2,150,000	358,000
75 Oxford.	36	1/2	8,250,000	227,000
76 Peak-Forest.	8	1/2	3,750,000	441,000
77 Polbrock.	2		450,000	225,000
78 Ramsdens.	3	1/4	»	»
79 Regent.	3	1/4	»	»
80 Ripon.	2	3/4	»	»
81 Rochedale.	12	1/2	9,775,000	782,000
82 Sankey.	5		»	»
83 Shorncliff et Rye, ou canal Royal militaire.	7	1/4	2,100,000	293,000
84 Shrewsbury.	7		1,750,000	250,000
85 Shropshire.	3		1,188,000	396,000
86 Sommerset-Coal et embr. de Radstack.	3	1/2	3,625,000	1,040,000
87 Southampton and Salisbury.	7		2,400,000	343,000
88 Stafford and Worcester.	18	1/2	2,500,000	135,000
89 Stainforth Keadby et embr. de Don.	6	1/2	1,350,000	208,000
90 Stourbridge et embranch.	3	1/4	750,000	231,000
91 Stover et embranch.	4	3/4	»	»
92 Strafford-Upon-Avon et 4 embr.	13	1/4	5,625,000	500,000
93 Stroudwater.	3	1/4	500,000	154,000
94 Swansea et embr. de Lansamlet.	8	1/4	2,250,000	273,000
95 Tavistock et embr. de Mill-Hill.	2	3/4	1,250,000	455,000
96 Thames and Medway.	3	1/2	1,500,000	430,000
97 Thames and Severn et embr. de Circenster.	12	1/2	6,375,000	510,000
98 Warwick and Birmingham.	10		4,500,000	450,000
99 Warwick and Napton.	6		3,250,000	541,000
100 Wilts and Berks et 3 embr.	23		7,000,000	300,000
101 Wisbeach.	2	1/2	500,000	200,000
102 Worcester and Birmingham.	11	1/2	4,060,000	353,000
103 Wyrley and Essington et 5 emb.	15		4,060,000	266,000
Total.	1075			

Le tableau qui précède a été emprunté à l'ouvrage de M. Huerne de Pommeuse, intitulé *des Canaux navigables* (liv. IV, page 145). On a traduit en lieues et en francs les milles et les livres sterling.

On voit que les canaux d'Angleterre, d'Irlande et d'Écosse (non compris ceux au-dessous de 5 milles ou 2 lieues) établis jusqu'en 1820, formaient un développement total de près de 1,075 lieues. Sur les 103 canaux qui figurent dans le relevé de M. Huerne de Pommeuse, il n'y en a que 77 dont les prix de construction soient indiqués. Ces 77 canaux forment un développement de 937 lieues, dont la dépense totale a été de 504,165,000 fr. ; ce qui met la lieue à 538,000 fr.

Depuis 1820, il a été creusé très peu de canaux dans le Royaume-Uni. Le développement total des canaux de la Grande-Bretagne et de l'Irlande est aujourd'hui de moins de 1,200 lieues.

II.

CHEMINS DE FER.

CHEMINS DE FER TERMINÉS.

DÉSIGNATION.	LONGUEUR EN LIEUES de 4,000 mètres.	
De Bolton, Kenyon et Leigh.	4	3/4
Canterbury à Whitstable.	2	1/2
Carlisle à Newcastle.	24	1/4
Cromford à High-Peak.	13	1/4
Leeds à Selby.	8	»
Leicester à Swannington.	6	1/2
Liverpool à Manchester.	13	»
Stockton à Darlington.	15	»
Whitby à Pickering.	6	3/4
Clarence.	15	»
Dublin à Kingston	2	1/2
Environs de Glasgow.	14	»
Birmingham à Manchester et Liverpool.	33	»
Lignes diverses	20	»
Total des chemins de fer terminés.	175	1/2

CHEMINS DE FER EN CONSTRUCTION.

DÉSIGNATION.	LONGUEUR EN LIEUES de 4,000 mètres.	
De Londres à Bristol.	45	3/4
— à Birmingham.	44	3/4
— à Greenwich.	1	1/2
— à Southampton	30	1/4
North-Union.	8	1/2
Preston à Wyre	7	3/4
Total des chemins de fer en construction.	138	1/2

Parmi les chemins de fer compris dans ce tableau, il en est quatre dont le système de construction est semblable à celui que l'Administration des Ponts-et-Chaussées recommande pour les chemins de fer français; nos ingénieurs les ont, pour parler plus exactement, pris pour modèles, en enchérissant encore toutes sur quelques unes de leurs conditions d'exécution. Ce sont ceux de Liverpool à Manchester, de Birmingham à Manchester et Liverpool, de Londres à Bristol, et de Londres à Birmingham. Le chemin de Liverpool à Manchester avait coûté, au mois de juillet dernier, une somme de 1 million 326,536 livres sterl. (33 millions 500,000 fr.). Sa longueur, y compris le nouveau tunnel qui pénètre au cœur de Liverpool, est de 13 lieues; ce qui porte le prix de la lieue à 2,577,000. Le chemin de fer de Londres à Birmingham, qui à l'origine ne devait exiger qu'une soixantaine de millions, en coûte déjà 100, et pour qu'il soit entièrement achevé, il faudra une quinzaine de millions encore; ce qui élèvera le prix de la lieue à 2,555,000 francs. Le chemin de Londres à Bristol a déjà absorbé 35 millions, et il n'est pas à moitié fait; on ne suppose pas que la dépense y puisse être de moins de 80 millions, d'où résulterait pour la lieue un prix de 1,711,000 fr. Le chemin de fer de Birmingham à Manchester et Liverpool, qui vient d'être livré à la circulation, ne sera pas complètement fini à moins de 50 millions, ce qui met la lieue à un peu plus de 1,500,000 francs. Le prix moyen de ces quatre chemins de fer irait alors à 2,040,000 fr. par lieue.

NOTE 8 (page 149).

TRAVAUX PUBLICS DES ÉTATS-UNIS.

Les Américains ont commencé la canalisation de leur territoire le 4 juillet 1817. C'est ce jour-là que fut donné le premier coup de pioche dans le canal Érié. Jusque là ils avaient exécuté quelques travaux insignifiants qui ne valent pas la peine d'être nommés et qui, d'ailleurs, avaient échoué dans la plupart des cas. Mais depuis lors ils ont creusé des canaux et ouvert des chemins de fer avec autant d'intelligence que d'activité et d'énergie. Aujourd'hui ils en possèdent autant que toute l'Europe ensemble.

Les tableaux suivants donnent l'indication de la longueur et de la dépense des divers travaux qui étaient achevés ou en cours avancé de construction à la fin de 1835 et de quelques autres en très petit nombre dont les fonds étaient faits (1).

---

(1) Les longueurs sont ici comme ailleurs exprimées en lieues de 4000ᵐ; les dépenses en francs.

25

I.—LIGNES DIRIGÉES DES DIVERS POINTS DU LITTORAL DE L'ATLANTIQUE JUSQU'A L'OUEST DES MONTS ALLÉGHANYS, C'EST-A-DIRE AUX BASSINS DU MISSISSIPI OU DU SAINT-LAURENT.

CANAUX ET CHEMINS DE FER.	LONGUEUR.		DÉPENSE TOTALE.		
	CANAUX.	CHEMINS de fer.	CANAUX.	CHEMINS de fer.	PAR LIEUE.
1re LIGNE. — *Canal Érié*	146 1/2	»	{65,000,000	»	262,600
Embranchements divers	101	»		»	»
Chemins de fer latéraux	»	»	»	»	»
d'Albany à Schénectady	»	6 1/2	»	4,000,000	615,400
de Schénectady à Utica	»	31 1/2	»	8,000,000	234,000
de Rochester à Buffalo	»	29	»	3,000,000	»
2e LIGNE. — *Canal de Pensylvanie :* Canal proprement dit.	111	»	{95,000,000	»	562,300
Embranchements du canal	131 1/4	»		»	100,000
Chemin de fer de Columbia	»	33	»	19,200,000	581,800
id. du Portage	»	14 1/4	»	8,550,000	600,000
Canal du Bald Eagle	10	»	1,000,000	»	100,000
id. de l'Union	33	»	13,870,000	»	420,500
3e LIGNE. — *Chemin de fer de Baltimore à l'Ohio* (1re part.).	»	34	»	16,000,000	470,600
4e LIGNE. — *Canal de la Chésapeake à l'Ohio* (1re part.).	74 3/4	»	33,000,000	»	442,800
id. de Georgetown à Alexandrie	3	»	2,600,000	»	866,700
5e LIGNE. — *Canal de Virginie.* Canal.	100	»	25,000,000	»	250,000
Chemin de fer	»	60	»	15,000,000	250,000
Ancien canal du *James-River*.	12	»	5,300,000	»	441,600
6e LIGNE. — *Canal Richelieu*	4 3/4	»	1,870,000	»	393,700
Chemin de fer de la *Prairie*.	»	6 1/2	»	800,000	123,100
Totaux	727 1/4	214 3/4	242,640,000	74,550,000	»

II. — COMMUNICATIONS ENTRE LA VALLÉE DU MISSISSIPI ET CELLE DU SAINT-LAURENT.

CANAUX ET CHEMINS DE FER.	LONGUEUR.		DÉPENSE TOTALE.		
	CANAUX.	CHEMINS de fer.	CANAUX.	CHEMINS de fer.	PAR LIEUE.
Canal d'Ohio..........................	122	»	22,720,000	»	186,200
Id. Miami (1re partie)................	26 1/2	»	5,227,000	»	197,200
Id. id. (2e partie)................	50 1/4	»	11,000,000	»	219,000
Id. de la Wabash au lac Érié..........	84	»	16,800,000	»	200,000
Id. Michigan.......................	37 1/2	»	37,500,000	»	1,000,000
Id. de Pittsburg à Érié..............	41 1/2	»	5,000,000	»	120,500
Id. du Beaver et du Sandy...........	36 1/4	»	7,250,000	»	200,000
Id. Mahoning......................	36	»	7,200,000	»	200,000
Chemin de fer de Dayton à Sandusky....	»	61 1/2	»	10,500,000	170,700
Canal Welland.......................	11 1/4	»	11,040,000	»	982,300
Travaux du Saint-Laurent.............	13	»	20,000,000	»	1,538,000
Canal de Louisville à Portland.........	» 3/4	»	4,053,000	»	5,400,000
Totaux..............	459	61 1/2	147,790,000	10,500,000	»

CANAUX ET CHEMINS DE FER.	LONGUEUR.		DÉPENSE TOTALE.		
	CANAUX.	CHEMINS de fer.	CANAUX.	CHEMINS de fer.	PAR LIEUE.
1ʳᵉ Ligne. — *Cabotage :*					
Canal du Raritan à la Délaware.........	17	»	12,000,000	»	705,900
Id. de la Délaware à la Chésapeake.....	5 1/2	»	14,000,000	»	2,545,500
Id. du Dismal-Swamp..............	9	»	} 3,733,000	»	324,600
Embranchement......................	2 1/2	»		»	
2ᵉ Ligne. — *Par les Métropoles :*					
Chemin de fer de Boston à Providence....	»	17	»	8,000,000	470,600
Id. de Providence à Stonington	»	21	»	8,000,000	381,000
Id. d'Amboy à Camden.......	»	24 1/4	»	12,250,000	505,200
Id. de Newcastle à Frenchtown.	»	6 1/2	»	2,130,000	327,700
Id. de Baltimore à Washington.	»	12	»	8,000,000	750,000
Id. d'Harper's-Ferry à Winchester	»	13	»	2,600,000	200,000
Id. de Frédériksburg à Richmond	»	25 3/4	»	5,900,000	164,200
Id. de Pétersburg au Roanoke..	»	24	»	3,470,000	144,600
Embranchement de Belfield.	»	6	»	840,000	140,000
Id. de Norfolk à Weldon......	»	51	»	4,000,000	129,000
Id. de Charleston à Augusta....	»	54 3/4	»	6,400,000	116,900
Id. d'Augusta à Athènes.......	»	46	»	8,250,000	179,700
Totaux..........	34 »	279 1/4	29,733,000	67,840,000	»

IV. — COMMUNICATIONS QUI RAYONNENT AUTOUR DES MÉTROPOLES.

CANAUX ET CHEMINS DE FER.	LONGUEUR.		DÉPENSE TOTALE.		
	CANAUX.	CHEMINS de fer.	CANAUX.	CHEMINS de fer.	PAR LIEUE.
Chemin de fer de Boston à Lowell..................	»	10 1/4	»	8,000,000	780,500
Id. id. à Worcester................	»	17 3/4	»	6,670,000	575,800
Canal de Middlesex......................	12	»	2,800,000	»	233,000
Chemin de fer de New-York à Paterson..............	»	6 1/4	»	1,100,000	176,000
Id. de New-York à Harlaem.............	»	2	»	2,000,000	1,000,000
Id. de Jersey-City à New-Brunswick.......	»	11 1/4	»	1,800,000	160,000
Id. de Brooklyn à Jamaica............	»	5	»	1,600,000	320,000
Id. de Philadelphie à Norristown.........	»	6 1/4	»	2,500,000	400,000
Id. de Westchester..............	»	3 1/2	»	540,000	154,300
Id. de Philadelphie à Trenton............	»	10 1/2	»	2,133,000	203,100
Id. de Baltimore à la Susquéhannah.......	»	24	»	7,100,000	295,800
Canal de la Santée....................	9	»	3,470,000	»	385,600
Canaux de la Nouvelle-Orléans................	4	»	12,000,000	»	3,000,000
Chemin de fer de la Nouvelle-Orléans à Carrolton.......	»	3 1/2	»	2,000,000	571,400
Id. de la Nouvelle-Orléans au lac Pontchartrain	»	2	»	2,300,000	1,150,000
Id. de Schénectady à Saratoga	»	8 1/2	»	1,600,000	188,200
Id. de Troy à Saratoga.................	»	9 3/4	»	1,800,000	184,600
Totaux...........	25	120 1/2	18,270,000	41,143,000	»

CANAUX ET CHEMINS DE FER.	LONGUEUR.		DÉPENSE TOTALE.		
	CANAUX.	CHEMINS de fer.	CANAUX.	CHEMINS de fer.	PAR LIEUE.
Chemin de fer de Chesterfield	»	5 1/4	»	1.050,000	200,000
Canal du Schuylkill.	43	»	16,000,000	»	372,100
Id. du Lehigh.	17 1/2	»	8,300,000	»	474,300
Id. latéral à la Délaware (Mémoire).	»	»	»	»	»
Id. Morris.	48 1/2	»	11,000,000	»	226,800
Chemin de fer de Carbondale à Honesdale.	»	6 1/2	»	1.600,000	246,200
Canal de l'Hudson à la Délaware.	43	»	12,600,000	»	293,300
Chemin de fer de Postville à Sunbury.	»	17 3/4	»	6,000,000	338,000
Id. de Philadelphie à Reading.	»	22 3/4	»	8,000,000	351,600
Divers ouvrages voisins des Mines.	»	66	»	6,000,000	90,900
Totaux.	109	161 1/4	47,900,000	22,650,000	»

CANAUX ET CHEMINS DE FER.	LONGUEUR.		DÉPENSE TOTALE.		
	CANAUX.	CHEMINS de fer.	CANAUX.	CHEMINS de fer.	PAR LIEUE.
Ouvrages divers :					
Canaux de la Nouvelle-Angleterre, savoir :					
Canal de Cumberland et Portland (Maine); canaux de Farmington, de Blakstone, d'Hampshire et Hampden et de Hadley..........	67	»	10,400,000	»	155,000
Canalisation du Conestogo (Pensylvanie)............	7 1/4	»	1,000,000	»	95,700
Id. du Codorus id...............	4 1/4	»	7,000,000	»	130,800
Canal des Muscle-Shoals (Alabama)............	14	»	7,000,000	»	500,000
Id. de Savannah à l'Ogechée................	6 1/2	»	850,000	»	130,800
Amélioration de l'Hudson..................	11 3/4	»	5,000,000	»	425,500
Chemin de fer de Quincy (Massachusetts)............	»	1 1/4	»	180,000	144,000
Id. d'Ithaca à Owégo (New-York).........	»	11 3/4	»	2,700,000	230,800
Id. de Lexington à Louisville.............	»	36	»	6,000,000	166,700
Id. de Tuscumbia à Décatur (Alabama)....	»	18	»	3,000,000	200,000
Id. de Rochester.................	»	1 1/4	»	160,000	128,000
Id. de Buffalo à Blackrock...............	»	1 1/4	»	50,000	40,000
Totaux..........	110 3/4	69 1/2	24,250,000	12,690,000	»

RÉSUMÉ DES SIX TABLEAUX PRÉCÉDENTS.

TABLEAUX.	LONGUEUR DES OUVRAGES.		DÉPENSES.	
	Canaux.	Chemins de fer.	Canaux.	Chemins de fer.
I	727 1/4	214 3/4	242,640,000	74,550,000
II	459	61 1/2	147,790,000	10,500,000
III	34	279 1/4	29,733,000	67,840,000
IV	25	120 1/2	18,270,000	41,143,000
V	109	161 1/4	47,900,000	22,650,000
VI	110 3/4	69 1/2	24,250,000	12,690,000
Totaux.	1465	906 3/4	510,583,000	229,373,000
Total général.	2,371 3/4		739,956,000	

Ce qui donne pour dépense moyenne d'une lieue :

de canal. . . . 348,500 fr.
de chemin de fer. . 253,000
Et pour moyenne générale des canaux et des chemins de fer. . 312,000

En raison d'un certain nombre d'ouvrages très peu importants, l'on devrait porter les totaux ci-dessus à 2,400 lieues et
à 750 millions de francs.

En tenant compte des principaux ouvrages à l'exécution
desquels il a été pourvu dans les derniers mois de 1835, ou
dans le courant de 1836, savoir : la continuation du chemin
de fer de Baltimore à l'Ohio, et du canal de la Chésapeake à
l'Ohio, le canal de Virginie, le chemin de fer de New-York au
lac Érié, le canal Michigan, les travaux publics de l'État d'Indiana, le chemin de fer d'Elmyra à Williamsport et le canal
Génesée, qui reliera les travaux publics de New-York à ceux de

la Pensylvanie, *l'Eastern* et *le Western Railroads* près de Boston, le reste du chemin de fer de Buffalo à Rochester, le chemin de fer de Philadelphie à Baltimore, par Wilmington, ceux de New-Haven à Hartford, de West-Stockbridge à Hudson, de Lancaster à Harrisburg, de Richmond à Pétersburg, et celui de l'Alabama à la Chattahoochie, il faudrait aux totaux précédents ajouter environ neuf cents lieues et 300 millions; ce qui donnerait pour totaux définitifs trois mille trois cents lieues et un milliard cinquante millions. Je ne parle pas des deux grands chemins de fer de la Nouvelle-Orléans à Nashville et de Charleston à Cincinnati, qui cependant vont être exécutés, qui sont même commencés, et qui, avec quelques embranchements, auront ensemble plus de cinq cents lieues.

NOTE 9 (page 205).

DES CHEMINS DE FER DU GOUVERNEMENT BELGE.

La jeune royauté de Belgique, aussitôt installée, sentit que, pour s'assurer l'avenir, il était indispensable qu'elle marquât de son sceau le territoire belge par de grandes entreprises en harmonie avec l'esprit du siècle. Le gouvernement belge, en même temps qu'il rattachait à lui toutes les anciennes influences, qu'il ralliait à sa cause les antiques éléments d'ordre, et qu'il consolidait la paix intérieure, condition première du bien-être de l'immense majorité, se lança donc avec résolution, mais aussi avec sagesse et sang-froid, dans les innovations que recommandait une politique non moins conservatrice que progressive. Les chemins de fer étaient déjà en honneur; il crut que par les chemins de fer il pouvait conquérir une solide popularité; que par eux, à défaut de la sanction des siècles, il serait possible de donner à la couronne un prestige qu'elle ne pouvait attendre du culte des beaux-arts, puisque le chiffre modeste de la liste civile s'y opposait; que par eux aussi il parviendrait à créer à la Belgique un irrécusable titre d'admission parmi les États européens, en dépit des répugnances plus ou moins ouvertes de certains cabinets du Nord. Les Chambres belges furent donc saisies d'un projet général de chemins de fer; et le 1er mai 1834 fut promulguée une loi conçue en ces termes :

NOTES.

« Il sera établi un système de chemins de fer ayant pour point central Malines (1), et se dirigeant, à l'est, vers la frontière de Prusse, par Louvain, Liége et Verviers; au nord, sur Anvers; à l'ouest, sur Ostende, par Termonde, Gand et Bruges; et au midi, sur Bruxelles et vers les frontières de France par le Hainaut.

Art. 2. L'exécution sera faite à la charge du trésor public et par les soins du gouvernement. »

Plus tard, aux lignes ainsi décrétées, on se détermina à en ajouter d'autres dirigées vers Namur et le Limbourg, et à prolonger la ligne de Gand jusqu'à la frontière de France du côté de Lille.

Tout avait été si bien disposé d'avance, que le 1er juin on se mit à l'œuvre; et moins d'un an après, le 5 mai 1835, le chemin de fer était inauguré de Bruxelles à Malines. On livra de même à la circulation la deuxième section, de Malines à Anvers, le 7 mai 1836; la troisième, de Malines à Termonde, le 1er janvier 1837; la quatrième, de Malines à Louvain, le 11 septembre 1837, et dans le même mois; les deux autres s'étendant, l'une de Louvain à Tirlemont, l'autre de Termonde à Gand.

Il y avait, au 1er janvier 1838, huit sections en activité, et voici quelle en est la longueur :

De Malines à Bruxelles. . . . . . . 21 kilomèt.
    — à Anvers. 24
    — à Termonde. 27
    — à Louvain. 24
De Termonde à Gand. 28
De Louvain à Tirlemont. 19
De Tirlemont à Waremme (route de Liége). 25
De Waremme à Ans . . (. . . .). 20

                              Total. . . 188

ou 47 lieues de poste de 4,000 mètres.

(1) Des circonstances topographiques n'ont pas permis de placer à Bruxelles le centre des chemins de fer.

Au 1er juin 1838, on aura achevé trois autres sections, celles

De Gand à Bruges. . .	42 kilom.
De Bruges à Ostende. .	24
D'Ans à la Meuse. . .	7

ce qui donne un nouveau parcours de. . 73 kilomèt.

Ainsi, au 1er juin 1838, le développement des portions achevées sera de 261 kilomètres, ou de 65 lieues 1/4 de poste.

L'administration belge compte cependant sur d'autres éventualités; elle espère que l'année 1838 ne se terminera pas sans que la loi du 1er mai 1834, en ce qui concerne la ligne du Hainaut, et la loi du 26 mai 1837, en ce qui concerne les lignes de Gand à Lille et Tournai, de Namur et du Limbourg, n'aient reçu une exécution partielle. Au nombre des sections dont elle promet l'ouverture avant le 1er janvier 1839, il faut ranger les sections de Gand vers Courtrai, et de Bruxelles vers Tubise (route de Mons).

Ainsi, à la fin de 1838, la Belgique sera en possession des trois quarts de son réseau de chemins de fer, car le réseau tout entier doit avoir cent quarante lieues environ de parcours. Les chemins de fer du gouvernement belge, dans leur entier développement, toucheront par deux points, près de Lille et de Valenciennes, à la frontière française; par deux points, Ostende et Anvers, à la mer du Nord et à l'Escaut, et par un point, près de Verviers, à la frontière de Prusse. Ils relieront toutes les villes principales. Sur neuf provinces dont se compose le royaume de Belgique, il y en aura huit qui seront traversées par le réseau, celles d'Anvers, de Brabant, du Hainaut, de Liége, de Namur, du Limbourg et des deux Flandres. La seule province qui soit provisoirement exclue de cette riche dotation est celle du Luxembourg; et ce n'est pas à la négligence du gouvernement belge qu'elle doit s'en prendre, mais bien à l'entêtement du roi de Hollande. Malgré cette exclusion, la loi du 1er mai 1834, avec les additions qu'elle a reçues, constitue, relativement aux dimensions de la Belgique, le plus vaste système de communication intérieure et extérieure conçu dans aucun pays. C'est ce que tout le monde admettra, si l'on se rappelle que la Belgique n'est en superficie que le dix-septième de la France ; de sorte que l'étendue moyenne de ses provinces n'est que de très peu supérieure à la moitié d'un département. Aussi peut-on affirmer que toutes les espérances politiques du gouvernement belge se sont déjà réalisées et au-delà ; grâce à cette démonstration de puissance (nous insistons sur le mot, car la force qui enfante des œuvres fécondes est de la puissance tout aussi bien que celle qui couvre de cadavres les champs de bataille), grâce à cet acte décisif, le gouvernement belge s'est complétement affermi au dedans, et il a gagné l'admiration, sinon l'amitié, de ses plus hautains ennemis du dehors.

Les frais de constructions, matériel compris, ont été bornés ; et en effet, au 1er octobre 1837, ils s'élevaient :

1° Pour les sections livrées à la circulation, à   14,138,656 fr.
2° Pour celles en cours d'exécution, à . .   5,484,555
3° Pour les sections prêtes pour l'adjudication, à   183,933
4° Pour les projets, à   84,172
5° Pour matériel et frais extraordinaires, à .   4,051,567

Total. . . .   23,942,883 fr.

De sorte que les trente-cinq lieues trois quarts en activité reviennent à 17 millions 500,000 fr., matériel compris ; ce qui porte le prix de la lieue (de 4,000 mèt.) à 500,000 fr. Il est vrai que les chemins de fer belges ne sont encore presque partout qu'à une voie.

En comptant les sections qui devaient être livrées au commerce pendant les premiers mois de 1838, les frais de premier établissement seront alors de 26 millions et demi. Pour le système entier, ils sont évalués à environ 70 millions. Avec deux voies partout, ce serait davantage.

On sait la révolution que produisit le chemin de fer dans la circulation entre Bruxelles et Anvers. Au lieu d'environ 75,000 voyageurs par an, on en eut 541,129 en huit mois. L'exploi-

tation de la ligne de Bruxelles à Malines produisit, la première
année, un revenu de 8 p. 100; celle de Bruxelles à Anvers
rendit ensuite 16 1|2. Le chemin de fer de Liverpool a donné,
selon les années, de 9 à 9 4|5 ; mais c'est que les dividendes de
la compagnie sont limités par la loi à 10 p. 100. Le chemin
de fer de Bruxelles à Anvers mit donc les chemins de fer en
vogue parmi les capitalistes ; les résultats du dernier exercice et les prévisions de l'année 1838 sont cependant de nature
à refroidir cette ardeur.

Du 1er janvier au 30 septembre 1837, les recettes des chemins
de fer belges se sont élevées à la somme de 926,734 fr.; les
dépenses d'entretien et d'exploitation à 623,963 francs, et le
nombre total des voyageurs, pour le même intervalle, à
963,426. En ne comptant que les lignes qui étaient terminées
au 1er septembre, les recettes jusqu'au 30 septembre se rédui-
raient à très peu près à 885,000 fr., les dépenses à 600,000 fr.,
et le nombre des voyageurs à 925,000. Le bénéfice net est donc
pour neuf mois de 285,000 francs; il sera pour l'année, de
377,000 fr., en admettant, ce qui n'est pas certain, que pendant le dernier trimestre le mouvement soit égal à la moyenne
de celui des trois premiers. Or, les sections en activité, au
1er septembre, ont coûté, sans leur matériel, 5 millions
816,000 fr., et avec leur matériel 7 millions et demi au moins.
A ce compte, le revenu du chemin de fer, en 1837, serait de
5 p. 100.

NOTE 10 (page 191).

DES FLEUVES A AMÉLIORER DANS LEUR LIT.

Voici quel serait le développement des portions du cours des fleuves à améliorer dans leur lit dès à présent.

Seine, de Troyes à Rouen. . . . . 112 lieues 1|2
Loire, depuis Nevers jusqu'à son embouchure. 134   1|2
Garonne, de Moissac à Langon. 39
Rhône, depuis son entrée en France jusqu'à
Arles. 116

                   Total. . . . 402 lieues.

Pour assurer à ces fleuves un tirant d'eau minimum de 1^m, sauf la Seine, à qui 2^m seraient nécessaires à l'extrême étiage jusqu'au-dessus de Charenton, et sauf la Loire qui pourrait avoir un peu moins de profondeur au-dessus d'Orléans, et même un peu au-dessous, mais à qui il faudrait 2^m au-dessous de l'embouchure de la Vienne, une dépense moyenne de 200,000 fr. par lieue suffirait. On a vu (1) que l'amélioration de l'Oise, de l'Isle et du Tarn, à qui on a donné plus d'un mètre de profondeur, avait coûté seulement 159,400 fr. par lieue.

Il faut ne pas perdre de vue que nous ne parlons ici que

(1) Page 360, tableau IV.

d'allocations extraordinaires, et que déjà chacun de ces fleuves, ainsi que quelques rivières, figurent au budget ordinaire des ponts-et-chaussées pour plusieurs centaines de mille francs, spécialement affectés à des travaux d'amélioration de leur régime, et que la Seine a obtenu 5,170,000 fr. par la loi de 1837. A raison de 200,000 fr. par lieue, le perfectionnement des 402 lieues ci-dessus coûterait 80,400,000 fr. Il resterait dès lors une vingtaine de millions à répartir entre diverses rivières navigables qui ont été omises dans la loi des rivières de 1837, et qu'on pourrait rendre praticables pendant presque toute l'année, à la remonte et à la descente, pour des bateaux à vapeur d'un médiocre tirant d'eau, et autres embarcations d'un tonnage peu considérable, en leur consacrant une centaine de mille francs par lieue. Parmi les rivières ainsi oubliées, on peut signaler la Sarthe, la Mayenne, l'Isère, la Creuse.

Les fleuves et rivières qui ont déjà une allocation annuelle au budget sont : la Loire, la Garonne, le Rhône. La loi du 30 juin 1835 avait alloué des fonds à l'Adour, la Baïse, l'Escaut, l'Isle, la Midouze et la Moselle. Les lois de 1837 embrassent l'Aa, l'Aisne, la Charente, la Dordogne, le Lot, la Marne, la Meuse, une partie de la Seine, le Tarn, la Vilaine, l'Yonne.

NOTE 11 (page 233).

DE LA NAVIGATION DE LA SEINE ENTRE ROUEN ET LE HAVRE.

La distance de Rouen au Havre par eau est de 35 lieues.

Deux bateaux font le service entre ces deux villes, depuis le 1er mars jusqu'au 30 octobre ; ce sont *la Normandie* et *la Seine*. Le premier de ces bateaux est de la force de 120 chevaux. Son tirant d'eau est de 5 pieds à 5 p. 10 po. Pendant trois ou quatre jours de mortes-eaux il ne franchit pas la passe de Quillebœuf.

La Seine est de la force de 80 chevaux. Son tirant d'eau est de 4 p. 6 po. à 4 p. 8 po. Ce bateau franchit toujours la passe de Quillebœuf ; mais en traînant parfois sa quille sur les bancs.

La durée des traversées de *la Normandie* est comprise entre 5h 30′ et 7h 15′ à la remonte ; ce qui donne une vitesse de 5 lieues à 6 lieues 1/2 à l'heure.

A la descente, la durée des traversées du même bateau est comprise entre 7h et 7h 30′ ; ce qui donne une vitesse de 5 lieues à 4 lieues 3|4.

Le prix des places a été invariablement, depuis le commencement de l'entreprise jusqu'à présent, de :

10 fr. pour les premières, soit par lieue . 0 fr. 28 c.

6 fr. pour les secondes,   —   . . . 0   17

La Normandie consomme 100 à 110 hectolit. de charbon par traversée.

La durée des traversées de *la Seine* est comprise entre 6ʰ et 8ʰ 15ᶦ à la remonte; ce qui donne une vitesse de 4 lieues 1|3 à 6 lieues à l'heure.

A la descente, la durée du trajet est de 7ʰ 30ᶦ à 8ʰ 30ᶦ; ce qui donne une vitesse de 4 lieues 3|4 à 4 lieues à l'heure.

La Seine consomme de 80 à 90 hectolitres de charbon par traversée.

Les prix de ce bateau sont les mêmes que ceux de *la Normandie.*

Il y a d'autres bateaux à vapeur moins forts qui font le service entre Rouen et quelques petites villes de la basse Seine.

NOTE 12 (page 235) (1).

DE LA NAVIGATION A VAPEUR SUR LE RHONE.

Le trajet peut s'effectuer actuellement :

De Lyon à Avignon en.	. 10 heures.	
D'Avignon à Arles .	. 1	1|2
D'Arles à Marseille.	. 5	1|2
D'Arles à Avignon.	. 5	»
D'Avignon à Lyon .	. 40	»

Les distances à parcourir sont :

De Lyon à Avignon .	. 60 lieues.
D'Avignon à Arles.	. 11
D'Arles à Marseille.	. 20

La durée du trajet à la remonte est calculée en supposant un chargement de 40 tonnes environ, pour les bateaux actuels dont la force est de 50 chevaux.

Il vient d'être mis en activité un nouveau bateau, *l'Aigle*, qui remonte, dans le même délai, 60 tonneaux, et dont la force est de 60 chevaux. On en construit un second qui sera achevé au mois d'avril et qui sera de la force de 100 chevaux. Il doit remonter 90 tonneaux, dans 45 heures, d'Arles à Lyon. Il ne calera avec ses puissantes machines et son chargement que 24 à 25 pouces. La vitesse de ces bateaux est d'environ 4 lieues à 4 lieues et demie à l'heure en eau morte.

---

(1) Cette note m'a été communiquée en janvier 1838 par une personne qui a été en position de connaître en détail le service des bateaux à vapeur du Rhône.

Le tirant d'eau des bateaux actuels, avec des machines de la force de 50 à 60 chevaux, ne dépasse pas 22 à 24 pouces à vide ; avec 40 tonneaux, ils calent 30 à 32 pouces. Le dernier construit offre une amélioration réelle. Avec ses machines de 60 chevaux, 5,000 kilog. de houille à bord et 60 tonneaux de marchandise, il ne cale que 24 pouces Ce bateau et ceux que l'on fait sur le même modèle n'éprouveront probablement aucune interruption par suite des basses eaux.

Les prix des places pour les voyageurs étaient, en 1830, époque de la création de la première compagnie, de Lyon à Avignon, à Beaucaire ou à Arles :

Premières,	30 fr.	Secondes, 20 fr.	Troisièmes, 12 fr.
Soit par lieue : 42 c.		28 c.	17 c.

Ils ont été réduits à

Premières,	20 fr.	Secondes, 15 fr.	Troisièmes, 8 fr.
Soit par lieue : 28 c.		21 c.	11 c.

La compagnie remonte de Marseille à Lyon 12 à 15,000 tonneaux par année. Le prix moyen a été, en 1837, de 51 fr. par tonneau, soit 14 c. par tonneau et par kilomèt. De Lyon à Avignon, Beaucaire et Arles, le prix moyen pour le transport des marchandises a été de 30 fr. L'on paie 7 à 8 fr. par tonneau d'Arles à Marseille.

On estime que l'entreprise a gagné en moyenne pendant les trois dernières années, 350,000 fr. par an, d'où il faut déduire l'intérêt du capital, et la dépréciation du matériel dont la valeur est de 1,600,000 fr. Les améliorations apportées par la première compagnie à son matériel, la présence de compagnies rivales qui se créent et   mmenceront leur service dans peu de mois, forcer   aucun doute, à réduire les prix des places comme i   :

De Lyon à Avignon, à Beaucaire ou à Arles :

Premières, 15 fr.	Secondes, 10 fr.	Troisième, 5 fr.
Soit par lieue, jusqu'à Arles . . . 21 c.	14 c.	7 c.

Il y aura avant deux ans 20 à 25 bateaux en activité remontant 50 à 60,000 tonneaux de Marseille à Lyon, au prix de 35 à 40 fr., soit 9 1|2 à 11 c. par tonneau et par kilom., et descendant 25 à 30,000 tonneaux de Lyon à Avignon, Beaucaire ou Arles, au prix de 15 à 20 fr., soit 5 à 7 c. par tonneau et par kilom. jusqu'à Arles.

Dans quatre ans, le nombre des bateaux sera probablement doublé et suffisant pour effectuer la totalité des transports entre Marseille et Lyon. On estime qu'à ces prix réduits, les bénéfices des entreprises couvriraient convenablement l'intérêt des capitaux employés.

On s'occupe activement de la construction de bateaux spécialement affectés au service des voyageurs; il est probable qu'ils pourront remonter en 24 à 28 heures (délai qu'emploient les diligences) d'Avignon à Lyon. Dans ce cas, ils trouveront un bénéfice à transporter des passagers à 10 fr., tant à la montée qu'à la descente.

Ainsi il paraît certain qu'à une époque peu éloignée les transports par la vapeur ne coûteront pas au-delà de 35 fr. par tonneau de Marseille à Lyon, et de 15 à 20 fr. de Lyon à Avignon, à Beaucaire et à Arles.

Soit par tonneau et par kilomètre :

A la descente, de Lyon à Avignon, Beaucaire
  et Arles, jusqu'à cette dernière ville . . . 5 1|2 à 7 c.
A la remonte de Marseille à Lyon . . . . . 9 1|2
10 f. pour les passagers de 1re classe entre Lyon
  et Avignon, et *vice versâ*, soit par lieue . . 16 c.

Voilà ce que fera l'industrie particulière seule et sans secours, grevée des charges énormes qu'on lui impose; c'est peut-être le cas de faire remarquer ici combien la navigation intérieure, qui seule peut amener les bas prix de transport et dont on commence à sentir l'indispensable nécessité, est peu favorisée.

La première compagnie a payé pour droit d'entrée sur les machines employées à son service du Rhône, environ 250,000 fr.

Elle a payé en 1836, pour droits de navigation
et de dixième du prix des places environ. . .   70,000 fr.
En 1837, malgré la réduction sur le droit de
navigation, elle a eu à payer encore 57,000

En présence de probabilités pareilles à celles qu'offre la navigation à vapeur, serait-il sage d'enfouir, dès à présent, des
sommes énormes dans de nouvelles voies qui ne pourront jamais présenter l'économie de celles existantes?

Qu'on améliore le lit du fleuve, qu'on modifie les droits sur
la navigation, ou plutôt qu'on applique scrupuleusement le
produit des droits de navigation à l'amélioration du Rhône,
et l'on aura entre Lyon et Marseille le plus beau et le plus
économique de tous les moyens de transport.

On a toujours pensé qu'il faudrait des sommes énormes pour
rendre le Rhône régulièrement navigable, et l'on a reculé devant les travaux à entreprendre. L'opinion des ingénieurs qui
se sont occupés de cette question était vraie lorsqu'il s'agissait
de bateaux qu'il aurait fallu haler avec des chevaux; mais elle
serait erronée maintenant qu'il est bien reconnu que la vapeur doit entièrement remplacer, sur le Rhône, l'ancien mode
de transport, et je pense qu'une étude destinée à évaluer les
travaux qui seraient nécessaires pour faciliter la navigation par
la vapeur démontrerait que la dépense en serait limitée.

Jusqu'ici la navigation à la vapeur ne s'était pas essayée au-
dessus de Lyon.

On redoutait la rapidité du courant sur quelques points; on
supposait que les sinuosités du fleuve ne permettraient pas de
naviguer avec des bateaux de grande dimension, et l'on ne
pensait pas que le produit des voyageurs et des marchandises
pût subvenir aux frais de l'entreprise.

Cependant un des bateaux de la Saône, *l'Abeille*, a risqué
un voyage. Le 17 octobre 1837, il est parti de Lyon, est arrivé
sans difficulté à Seyssel, et est descendu dans le lac du Bour-
get. Les eaux du Rhône étaient très basses; le vent du nord
soufflait avec violence : l'expérience a donc eu lieu dans des
circonstances défavorables. Elle a prouvé péremptoirement
qu'un bateau à vapeur pouvait se rendre de Lyon à Aix en

18 heures, et revenir d'Aix à Lyon en 8 heures ; que le trajet de Lyon à Seyssel exigerait 21 heures, et celui de Seyssel à Lyon 8 heures.

Ainsi la durée du voyage à la remonte ne serait pas plus grande que par les voitures publiques.

Une compagnie va établir trois bateaux à vapeur pour la navigation du Rhône en amont de Lyon. Ce service paraît devoir procurer une notable économie de temps aux voyageurs de la Suisse et de l'Italie. On assure que l'on pourra venir ainsi de Chambéry à Lyon en 9 h. 1|2 , tandis que le trajet par terre est de 18 heures ; et de Genève à Lyon en 12 heures au lieu de 22.

NOTE 13 (page 233).

—

DE LA NAVIGATION À VAPEUR SUR LA LOIRE.

Nous avons à Nantes trois services organisés de bateaux à vapeur : 1° ceux qui font le service du bas de la Loire jusqu'à Paimbœuf et Saint-Nazaire ; 2° ceux qui vont à Angers ; 3° ceux qui remontent jusqu'à Orléans.

La compagnie des bateaux à vapeur de Nantes à Paimbœuf et à Saint-Nazaire réalise d'assez beaux bénéfices, parce qu'elle est sans concurrence.

La seule compagnie qui fasse le service entre Nantes et Angers se soutient et fait d'assez bonnes affaires. Deux compagnies qui établiraient des prix plus modérés ne gagneraient rien ; à des prix au rabais, elles se ruineraient.

Les compagnies de Nantes à Orléans font de médiocres pour ne pas dire de mauvaises affaires, parce que les chômages, qui sont ruineux, ont lieu, pour la plupart, à l'époque des basses eaux ; c'est-à-dire dans la belle saison et lorsque les voyageurs se présenteraient en plus grand nombre. Les glaces en Loire viennent encore interrompre la navigation, non à l'époque où les passagers abonderaient le plus, mais à celle où les eaux permettraient une navigation plus régulière. L'usure du matériel est excessive ; et si l'on n'avait soin de mettre au moins 12 p. 100 de la mise de fonds en réserve chaque année, pour l'amortissement du capital, ou, ce qui revient au même, le renouvellement du matériel, les actionnaires qui se croiraient propriétaires d'une bonne valeur, auraient, au bout de huit ou dix ans, perdu tout leur capital.

Les compagnies bénéficient ou perdent en raison du tirant d'eau qu'elles peuvent prendre; avec beaucoup d'eau, on a place pour beaucoup de voyageurs, ou, à défaut de voyageurs, pour des marchandises; alors aussi on peut avoir des bateaux solidement construits dont la durée moyenne est de quinze années. Avec un faible tirant d'eau, il faut construire légèrement, donner une grande longueur aux bateaux, ce qui fait qu'ils se fatiguent et se brisent au milieu; d'où il résulte qu'ils plongent davantage avec la même charge et qu'il faut restreindre le nombre de passagers. Il est difficile aussi d'avoir, avec une faible calaison, une marche supérieure, et pourtant la supériorité de la marche est un des principaux éléments de succès pour une entreprise de bateaux à vapeur. Aujourd'hui la plupart des bateaux pour la navigation de la Loire se font en tôle; cette amélioration a été introduite à Nantes par un mécanicien écossais, M. Thompson, dont les efforts méritent un hommage public. M. Gache, mécanicien, a perfectionné les bateaux d'un faible tirant, puisqu'il est remonté, l'été dernier, jusqu'à Nevers; mais ce n'est qu'après une certaine série de voyages qu'on saura si la construction de ses bateaux et de ses machines ne laisse rien à désirer sous le rapport de la solidité; en attendant, ses essais sont dignes d'encouragements. Il résulte d'un rapport fait tout récemment à la Société Académique de Nantes par M. Lorieux, ingénieur au corps royal des mines, au nom d'une commission nommée à cet effet, que M. Jollet jeune a fait des bateaux en bois, fins et légers, qui, garnis de deux machines à haute pression, d'une combinaison particulière inventée par lui, ne calent pas plus de 15 à 18 pouces d'eau, et font en Loire 3 lieues 1/2 à la remonte, 6 lieues 2/3 à la descente, résultat supérieur à tout ce qu'on a fait jusqu'ici sur ce fleuve, et d'autant plus merveilleux que les machines de ces bateaux consomment très peu de charbon. En tenant compte du temps perdu aux escales, la vitesse moyenne de ces bateaux est de 2 lieues 1/2 à la remonte, et de près de 5 lieues à la descente.

Passons maintenant en revue les divers services.

I. *Bateaux les Riverains*, *de Nantes à Paimbœuf et à Saint-Nazaire.*

Le *Riverain* n° 1 a un tirant d'eau de 30 à 32 pouces, une longueur de pont de 108 pieds; il peut prendre 600 passagers, aux prix de 3 f., et 1 f. 85 c. pour Saint-Nazaire (1); soit par lieue 23 c. et 14 c.

Riverain n° 2. Tirant d'eau 30 à 32 po.; longueur du pont, 97 pieds; il peut prendre 450 passagers, aux prix de 2 fr. et 1 fr. 25 c. pour Paimbœuf. Soit par lieue 20 c. et 12 c.

Il y a 10 lieues de Nantes à Paimbœuf, et 13 de Nantes à Saint-Nazaire.

La compagnie des *Riverains* du bas de la Loire donne 10 p. 100 de dividende annuel, non compris 4 ou 5 p. 100 mis en réserve pour l'amortissement du capital. La durée moyenne des bateaux est de quinze années lorsqu'on les entretient avec soin. Les *Riverains* vont et reviennent entre Nantes et Paimbœuf deux fois par jour; c'est-à-dire que chaque bateau fait chaque jour son double voyage, allée et retour, mais une partie de l'année seulement. Dans la mauvaise saison, il n'y a qu'un trajet par jour. Les voyages de Saint-Nazaire se font douze fois par mois en été; et huit fois par mois en hiver. C'est pendant les fortes marées seulement que ces bateaux vont à Saint-Nazaire; en eau morte, ils ne vont que jusqu'à Paimbœuf. Le nombre moyen des voyageurs par bateau est de 200 en hiver, et de 400 en été, pour les deux trajets réunis.

Les *Riverains* de Paimbœuf et de Saint-Nazaire ont une vitesse variable, mais qui en général se tient entre 2 lieues 1/2 et 3 lieues à l'heure.

(1) Les deux prix sont relatifs aux deux chambres. Le nombre des passagers comprend tout ce qui trouve place, soit dans les chambres, soit sur le pont. Les chambres seules ne contiennent pas plus de quarante à soixante personnes sur tous les bateaux de la Loire.

II. *Riverains du haut de la Loire , entre Nantes et Angers.*

Le *Riverain* n° 1 a un tirant d'eau de 24 pouces ; il peut recevoir 350 passagers.

Le *Riverain* n° 2 diffère du n° 1 en ce qu'il n'a qu'un tirant
d'eau de 22 pouces.

Le *Riverain l'Union* tire 30 po. et a place pour 300 personnes.

Le quatrième, *la Loire*, ne tire que 15 po., et reçoit 180
voyageurs.

Les prix des deux chambres sont de 6 fr. et de 4 fr. Soit par
lieue 28 c. 1¡2 et 19 c.

La distance de Nantes à Angers est de 22 lieues.

La durée du trajet est, en remontant, de 8 à 9 heures, y
compris le temps perdu aux escales, ce qui donne une vitesse
de 2 lieues 1¡2 à 3 lieues à l'heure.

A la descente, le trajet ne dure que 5 ou 6 heures, ce qui
représente une vitesse de 4 lieues 1¡2 à 3 lieues 2¡3 à l'heure.

Au prix ci-dessus, quand la compagnie des *Riverains* du haut
de la Loire est seule, elle fait quelques bénéfices. Récemment
cette compagnie a désintéressé une concurrence qui voulait
s'établir avec les bateaux rapides de M. Jollet jeune. Cette nouvelle compagnie prenait le titre de *Compagnie des Éclairs*.

Le bateau *la Loire*, ne calant que 15 pouces, fait le service
pendant la saison d'été, toutes les fois que les eaux sont très
basses. Ce bateau est secondé alors par le *Vulcain* n° 2.

La compagnie des *Vulcains* faisait le service de Nantes à Orléans en concurrence avec les *Hirondelles*. Ces deux compagnies
avaient fini par s'entendre pour les prix et pour les jours de
départ. Ainsi les *Hirondelles* partaient trois fois par semaine, et
les *Vulcains* deux fois. Les affaires des deux compagnies allaient
médiocrement. Les *Vulcains* sont en vente ; les *Hirondelles* sont en
bois. Ainsi que je l'ai déjà fait remarquer, l'usure de ces bateaux
naviguant dans un fleuve sans profondeur est fort considérable ;
au bout de dix ans environ, tout le matériel est à refaire. Si
donc l'on n'a mis de côté une réserve de 8 à 10 p. 100, tout
se trouve alors perdu.

Depuis les premiers jours de 1838, la compagnie des *Vulcains* est en liquidation, par suite du décès du gérant. Les bateaux vont être mis en vente.

III. *Hirondelles de Loire, entre Nantes et Orléans.*

Les *Hirondelles*, au nombre de quatre ou de cinq, tirant 14 à 15 pouces, pouvant recevoir par bateau 150 passagers, font payer, savoir :

En remont. de Nantes à St-Mathurin.	7 fr.	15 c.	4 fr.	75 c.
à Saumur . .	8	55	5	70
à Tours. . .	12	»	8	»
à Blois . . .	15	50	10	25
à Orléans . .	18	»	12	»
En descend. d'Orléans à Blois . . .	6	»	4	»
à Tours. . .	10	»	7	»
à Saumur . .	16	10	11	20
à Pont-de-Cé .	20	»	14	»
à Nantes. . .	26	»	18	»

La distance entre Orléans et Nantes étant de 78 lieues, on voit par là que le transport par lieue, entre ces deux villes, revient à :

En remontant. .	Premières,	23 c.	Secondes,	15 c.
En descendant. .	—	33	—	23

Il est accordé à chaque voyageur 25 kilogr. de bagage ; l'excédant est taxé à raison de 4 c. par kilog. et par 20 lieues.

Il résulte de ces prix que les places sont plus chères à la descente qu'à la remonte. En effet, on paie 18 fr. et 12 fr. pour aller de Nantes à Orléans, et de cette dernière ville à Nantes les places sont de 26 fr. et 18 fr. C'est qu'à la remonte les bateaux mettent 4 jours à faire le trajet et qu'ils n'en mettent que deux à la descente (il est vrai qu'ils passent toutes les nuits dans des villes). Malgré le bon marché, le temps que mettent ces bateaux à remonter la Loire éloigne les voyageurs, qui préfèrent alors les voitures. Les escales intermédiaires sont presque les seules qui fournissent des voyageurs à la remonte; car il est bien rare qu'on veuille s'enfermer quatre jours de suite dans un bateau pour faire 80 lieues, sans compter l'ennui de passer les nuits à l'auberge. A la descente, les bateaux ont l'avantage sur les diligences. Néanmoins l'irrégularité de service, qui est la conséquence du mauvais état du fleuve, empêche de réunir un nombre uniforme de passagers. Un voyageur qui vient de loin aime mieux retenir sa place jusqu'à destination dans une voiture, que d'attendre un bateau qui fera peut-être défaut. Si un étiage constant de 18 à 20 pouces seulement permettait d'établir un service régulier et quotidien, les bateaux du haut de la Loire feraient beaucoup plus de bénéfices qu'aujourd'hui. Nous verrons plus tard ce que feront les *Inexplosibles* de M. Gache, qui ne doivent caler que 10 pouces d'eau avec 70 ou 80 passagers à bord.

A la descente, les *Hirondelles* marchent 9 à 10 heures le premier jour, 12 à 13 h. le second. A la remonte, elle vont 11 h. le premier et le second jour, 9 h. le troisième et le quatrième.

(*Extrait d'une note envoyée de Nantes à l'auteur.*)

NOTE 14 (page 234).

DE LA NAVIGATION A VAPEUR SUR LA GARONNE ET LA GIRONDE.

Le premier bateau à vapeur construit à Bordeaux date de 1818. Il n'y eut dans le principe de service organisé qu'entre Bordeaux et Langon. Plus tard, en 1826, la ligne d'exploitation s'étendit jusqu'à Marmande, et depuis 1836 elle remonte jusqu'à Agen.

De Bordeaux à Langon (13 lieues 1|2), à l'origine et jusqu'en 1826, les prix étaient :

Premières. 4 fr. » c.	Soit par lieue. .	29 c.	1|2
Secondes. . 2 50	—	18	1|2

Ils sont maintenant comme il suit :

Premières. 3 fr. » c.	Soit par lieue. .	22 c.	2|5
Secondes. . 1 75	—	13	

La durée du trajet, à la descente, est de 3 h. 1|2 au moins, ce qui donne une vitesse maximum de 4 lieues par heure. A la remonte, la durée du trajet varie entre 4 h. 1|2 et 7 h., soit 2 lieues et 3 lieues 1|2 à l'heure.

Les prix, pour monter de Bordeaux à la Réole, à Marmande, ont été depuis 1826,

De Bordeaux à la Réole (18 lieues) :

> Premières. 5 fr. » c. Soit par lieue. .   27 c. 7|10
> Secondes. . 2   50   —   13   9|10

De Bordeaux à Marmande (22 lieues) :

> Premières. 6   » c. Soit par lieue. . 28 c.
> Secondes. . 3   50   —   16   2|10

Enfin voici les prix pour remonter jusqu'à Tonneins et Agen, depuis 1836,

De Bordeaux à Tonneins (30 lieues) :

> Premières. 7 fr. » c. Soit par lieue. .   23 c. 3|10
> Secondes.. 4   50   —   15

De Bordeaux à Agen (41 lieues) :

> Premières 10 fr. » e. Soit par lieue. .   24   4|20
> Secondes.. 7   »   —   17

Ou descend d'Agen à Bordeaux en 12 heures ; ce qui donne une vitesse de 3 lieues 4|10 à l'heure. A la remonte, la vitesse est moitié moindre, soit 1 lieue 7|10 à l'heure.

Les prix ont beaucoup varié à cause des concurrences qui se sont établies à diverses époques ; cependant celui de 2 fr. aux premières et 1 fr. aux secondes. de Bordeaux à Langon, s'est presque toujours maintenu jusqu'à ce que les compagnies se soient entendues et que la plus riche ait acheté le matériel de la plus faible. Ces prix équivalaient par lieue :

> Aux premières à . . 15 c. 1|10
> Aux secondes à . .   7   7|10

Une seule compagnie s'est ruinée sur la ligne du haut de rivière, c'est celle qui portait le nom de nom de *Compagnie des deux Rives*. Elle avait été formée par des souscriptions obtenues des propriétaires riverains, et on pense qu'elle a péri par suite d'une mauvaise administration.

En 1834 et 1835, il y eut une lutte des plus vives entre la compagnie générale et la compagnie anonyme qui exploitent d'un commun accord aujourd'hui. La compagnie générale était soutenue par une compagnie d'assurance contre la concurrence, qui lui donnait une prime de 7 1|2 p. 0|0. Elle abaissa ses prix à 50 c. les premières, et 25 c. les secondes, pour tout le trajet de Bordeaux à Marmande, et fut obligée d'entrer en arrangement après d'énormes pertes.

Le nombre des voyageurs du haut de la rivière monte à plus de 500,000 chaque année.

La ligne du bas de la rivière n'a eu de concurrence que pendant 6 mois en 1836. Elle fait le service de Bordeaux à Pauillac et à Royan. Voici quels étaient les prix avant la concurrence :

De Bordeaux à Pauillac (12 lieues) :

Premières. 4 fr. » c. Soit par lieue. . 33 c.
Secondes.. 2 » — 16 1|2

De Bordeaux à Royan (30 lieues) :

Premières 10 » c. Soit par lieue. . 33 c. 3|10
Secondes.. 5 » — 16 6|10

Depuis la concurrence, les prix ont été réduits aux taux suivants :

De Bordeaux à Pauillac :

Premières. 3 fr. 50 c. Soit par lieue. . 29 c.
Secondes.. 1 75 — 14 1|2

De Bordeaux à Royan :

Premières. 8 fr. » c. Soit par lieue. . 26 c. 6|10
Secondes.. 4 50 — 15

La durée moyenne du trajet de Bordeaux à Royan est de 6 heures ; ce qui donne une vitesse de 5 lieues à l'heure. La traversée se fait quelquefois en 5 heures ; ce qui porte la vitesse à 6 lieues.

De Bordeaux à Blaye (10 lieues) ; les prix des places sont :

Premières. 2 fr. 50 c. Soit par lieue. . 25 c.
Secondes.. »   »   —   15

La vitesse moyenne est de 2 lieues 1|2 à l'heure ; elle s'élève quelquefois, avec les meilleurs bateaux, à 5 lieues.

La force des bateaux employés varie de 14 à 40 chevaux. Le combustible est le bois de pin, dont les prix se sont élevés de 12 fr. le cent à 18 et 20 fr.

NOTE 15 (page 241).

___

DES BATEAUX A VAPEUR MARITIMES ACTUELS DE L'ANGLETERRE.

Voici quelques renseignements sur plusieurs services de bateaux à vapeur maritimes, tels qu'ils existent actuellement à Liverpool, qui m'ont été communiqués par une personne qui habite depuis long-temps cette ville.

	DISTANCE en lieues.	DURÉE des trajets.	PRIX DES PLACES (1) total.	par lieue.
			fr. c.	c.
De Liverpool à Dublin . .	55	12 à 15	12 » 3 75	18 7
— à Belfast. . .	66	14 à 16	26 50 8 75	40 9 1/2
— à Waterford.	93	18 à 22	25 25 9 40	27 10
— à Cork	117	28 à 30	34 65 15 60	29 1/2 13 1/2
— à Newry . . .	60	16 à 18	18 75 4 35	31 1/2 7 1/2
— à Glasgow. .	108	18 à 22	34 00 12 50	29 11 1/2
— à Dumfries .	53	11 »	18 75 8 75	36 12
— à Carlisle . .	57	10 »	18 75 8 75	34 11 1/2
— à Swansea. .	112	30 »	34 00 15 60	27 13 1/2

(1) Le premier chiffre indique le prix des premières places ; le second celui des deuxièmes.

27

NOTE 16 (page 279).

OPINION DE QUELQUES INGÉNIEURS DISTINGUÉS DES PONTS-
ET-CHAUSSÉES SUR LE DOUBLEMENT DE LA VOIE ET SUR
LE MAXIMUM A ASSIGNER AUX PENTES.

Il ne paraît pas que tous nos ingénieurs soient unanimes sur
la nécessité d'une double voie et sur la fixation d'un très faible
maximum pour les pentes. On en jugera par les passages suivants que j'emprunte, l'un à M. Vallée, ingénieur en chef, qui
a été chargé des études du chemin de fer du Nord, et qui, à
ce sujet, s'est livré à un travail fort étendu; l'autre à M. Minard, ingénieur en chef, aujourd'hui chargé du cours des chemins de fer à l'École des ponts-et-chaussées.

DU DOUBLEMENT DE LA VOIE.

« On se figure généralement que sur un chemin de fer à deux
voies, l'une étant consacrée aux convois qui vont dans un sens,
et l'autre à ceux qui vont dans un sens contraire, jamais un
convoi ne gêne le passage d'un autre convoi. C'est une erreur.

« Il y a sur un chemin de fer trois sortes de convois : 1° ceux
des voyageurs allant à grande vitesse (35,000 mèt. au moins à
l'heure); 2° ceux qui s'arrêtent devant de nombreux bureaux où
les voyageurs peuvent monter et descendre : ce sont les convois
à petite vitesse ; 3° ceux qui conduisent les marchandises, les-

quels, pour l'économie des dépenses de locomotion, ne parcourent guère que 20,000 mètres à l'heure. Il résulte de là que, pour un chemin comme celui de Paris à Lille, supposé fait, tous les convois de voyageurs partant à midi, par exemple, avec la grande vitesse, ont à dépasser tous les convois de marchandises et tous les convois à petite vitesse qui sont partis avant midi. Il faut donc que les points où ces convois se dépassent soient pourvus de gares d'évitement, c'est-à-dire de doubles voies, d'une petite longueur que chaque convoi parcourt isolément.

» Or, il est évident qu'au moyen de ces gares tout le service peut être fait avec une seule voie.

» Nous croyons qu'avec une seule voie et de telles gares on satisfera largement, et pour bien des années, aux besoins de la circulation. Il faut remarquer, d'ailleurs, qu'il ne s'agit pas d'imiter l'Angleterre, qui fabrique le fer beaucoup plus facilement que nous.

» La Belgique a opéré comme nous le proposons, et son exemple est bien digne d'être imité ; il consiste à éviter en débutant ce grandiose très recherché qui est presque toujours funeste. »

(*Exposé général des études des chemins de fer de Paris en Belgique et en Angleterre, et d'Angleterre en Belgique, par M. Vallée.* **Page 172.**)

DU MAXIMUM DES PENTES.

« Enfin, on peut franchir un plan incliné sans trop de lenteur, s'il est possible d'arriver avec une grande vitesse. En profitant de l'impulsion acquise, les trains peuvent s'élever jusqu'à une certaine hauteur, sans que le mouvement soit retardé au-dessous de la vitesse moyenne qu'on s'est proposée. Dans ce but, il est avantageux de faire précéder la montée d'une descente, ainsi que cela a lieu au chemin de Liverpool pour le plan de Rainhill.

» D'après M. Booth, une locomotive tirant un train léger, et arrivant au pied de ce plan avec une vitesse de 8ᵐ par seconde, atteint le sommet avec une vitesse de 1ᵐ 60.

» Le plan de Sutton est monté par les diligences avec une vitesse décroissante, qui se réduit au milieu du plan aux 4/10 de celle qui a lieu au pied; ainsi, en diminuant de moitié la longueur de ces plans, en supposant une vitesse initiale de 10ᵐ par seconde, la vitesse au sommet serait de 4 mètres.

» Il paraît donc possible de former un chemin de fer de grande vitesse de parties horizontales, ou d'une pente d'un millième, réunies par des plans inclinés de 1/92 (11 millièmes), de 1,200 mètres de longueur, et 13ᵐ de hauteur; ils devraient être éloignés les uns des autres de 2,000ᵐ au moins, afin que les locomotives, après avoir employé leur grande vitesse à monter un plan, pussent acquérir celle qui servirait à franchir le plan suivant. Ce système permet de tracer un *railway* de 15ᵐ de pente sur 3,200ᵐ, c'est-à-dire 1/213 (4 millièmes 7/10), et dont les diligences ascendantes feraient près de sept lieues à l'heure.

» Les stations d'un tel chemin ne pourraient être placées qu'au sommet des plans inclinés; les pieds de ceux-ci devraient toujours être contigus à des lignes droites. »

(*Leçons sur les chemins de fer, par M. Minard.* P. 76.)

NOTE 17 (page 305.)

TABLEAUX INDIQUANT LA DURÉE DU VOYAGE SUR PLUSIEURS GRANDES LIGNES PAR LE SYSTÈME MIXTE PROPOSÉ DE CHEMIN DE FER ET DE BATEAUX A VAPEUR.

PREMIÈRE SÉRIE.

Nº 1. VOYAGE ENTRE LE HAVRE ET MARSEILLE.	DISTANCES en LIEUES de 4000 mètres.		DURÉE DU TRAJET en heures et minutes.	
	Partielles.	Depuis le point de départ.	Trajets partiels.	Depuis le point de départ.
Du Havre à Marseille.				
Du Havre à Paris, en chemin de fer . . .	54	54	5 24	5 24
De Paris à Troyes, par la Seine.	53	107	13 15	18 39
De Troyes à Saint-Symphorien, en ch. de f.	43	150	4 18	22 57
De Saint-Symphorien à Lyon, par la Saône.	52	202	8 40	31 37
De Lyon à Beaucaire, par le Rhône. . . .	52 1/2	254 1/2	8 45	40 22
De Beaucaire à Marseille, en chemin de fer.	25	279 1/2	2 30	42 52
Retour de Marseille au Hávre.				
De Marseille à Beaucaire, en chem. de fer.	25	25	2 30	2 30
De Beaucaire à Lyon, par le Rhône. . . .	52 1/2	77 1/2	17 30	20 »
De Lyon à Saint-Symphorien, par la Saône.	52	129 1/2	13 »	33 »
De Saint-Symphorien à Troyes, en ch. de f.	43	172 1/2	4 18	37 18
De Troyes à Paris, par la Seine	53	225 1/2	8 50	46 8
De Paris au Havre, en chemin de fer . . .	54	279 1/2	5 24	51 32

Dans les tableaux de la première série, la vitesse sur les chemins de fer est supposée de 10 lieues à l'heure : sur les rivières, elle est comptée sur le pied de 6 lieues à la descente et de 4 lieues à la remonte. Pour le Rhône, on n'admet à la remonte qu'une vitesse de 3 lieues. Pour la Loire et la Vienne, on a supposé une vitesse moyenne de 4 lieues à la descente et à la remonte ; mais, à partir de l'embouchure de la Vienne, on a admis, pour la descente de la Loire, 6 lieues à l'heure.

N° 2. VOYAGE ENTRE LILLE ET BAYONNE.	DISTANCES en LIEUES de 4000 mètres.		DURÉE DU TRAJET en heures et minutes.	
	Partielles.	Depuis le point de départ.	Trajets partiels.	Depuis le point de départ.
De Lille à Bayonne.				
De Lille à Paris, en chemin de fer	61	61	6 6	6 6
De Paris à Orléans, en chemin de fer. . .	29	90	2 54	9 »
D'Orléans à Tours, par la Loire.	29 3/4	119 3/4	7 30	16 30
De Tours à Châtellerault, par la Loire, la Vienne, et un canal de jonction entre ces deux rivières.	24	143 3/4	6 »	22 30
De Châtellerault à Bordeaux, en ch. de fer.	66	209 3/4	6 36	29 6
De Bordeaux à Bayonne, en chemin de fer.	50	259 3/4	5 »	34 6
Retour de Bayonne à Lille.				
De Bayonne à Bordeaux, en chemin de fer.	50	50	5 »	5 »
De Bordeaux à Châtellerault, en ch. de fer.	66	116	6 36	11 36
De Châtellerault à Tours, par la Vienne, la Loire, et un canal de jonction entre la Loire et la Vienne.	24	140	6 »	17 36
De Tours à Orléans, par la Loire	29 3/4	169 3/4	7 30	25 6
D'Orléans à Paris, en chemin de fer. . . .	29	198 3/4	2 54	28 »
De Paris à Lille, en chemin de fer. . . .	61	259 3/4	6 6	34 6
N° 3. VOYAGE ENTRE LILLE ET NANTES.				
De Lille à Nantes.				
De Lille à Paris, en chemin de fer. . . .	61	61	6 6	6 6
De Paris à Orléans, en chemin de fer. . .	29	90	2 54	9 »
D'Orléans à l'embouchure de la Vienne, par un canal latéral à la Loire	42 3/4	132 3/4	10 42	19 42
De l'embouchure de la Vienne à Nantes, par la Loire	35	167 3/4	5 50	25 32
Retour de Nantes à Lille.				
De Nantes à l'embouchure de la Vienne, par la Loire	35	35	8 45	8 45
De l'embouchure de la Vienne à Orléans, par un canal latéral à la Loire	42 3/4	77 3/4	10 42	19 27
D'Orléans à Paris, en chemin de fer. . . .	29	106 3/4	2 54	22 21
De Paris à Lille, en chemin de fer. . . .	61	167 3/4	6 6	28 27

N° 4. VOYAGE ENTRE STRASBOURG ET BAYONNE.	DISTANCES en LIEUES de 4000 mètres.		DURÉE DU TRAJET en heures et minutes.	
	Partielles.	Depuis le point de départ.	Trajets partiels.	Depuis le point de départ.
De Strasbourg à Bayonne.				
De Strasbourg à Vitry, en diligence. . . .	68	68	34 »	34 »
De Vitry à Paris, par la Marne.	71	139	11 50	45 50
De Paris à Orléans, en chemin de fer. . .	29	168	2 54	48 44
D'Orléans à Châtellerault, par la Loire, la Vienne, et un canal de jonction. . . .	53 3/4	221 3/4	13 27	62 11
De Châtellerault à Bordeaux, en ch. de fer.	66	287 3/4	6 36	68 47
De Bordeaux à Bayonne, en ch. de fer. .	50	337 3/4	5 »	73 47
Retour de Bayonne à Strasbourg.				
De Bayonne à Bordeaux, en ch. de fer. .	50	50	5 »	5 »
De Bordeaux à Châtellerault, en ch. de fer.	66	116	6 36	11 36
De Châtellerault à Orléans, par la Vienne, la Loire, et un canal de jonction. . . .	53 3/4	169 3/4	13 27	25 3
D'Orléans à Paris, en chemin de fer . . .	29	198 3/4	2 54	27 57
De Paris à Vitry, par la Marne.	71	269 3/4	17 45	45 42
De Vitry à Strasbourg, en diligence. . . .	68	337 3/4	34 »	79 42
N° 5. VOYAGE ENTRE STRASBOURG ET NANTES.				
De Strasbourg à Nantes.				
De Strasbourg à Vitry, en diligence. . . .	68	68	34 »	34 »
De Vitry à Paris, par la Marne	71	139	11 50	45 50
De Paris à Orléans, en chemin de fer. . .	29	168	2 54	48 44
D'Orléans à l'embouchure de la Vienne, par un canal latéral à la Loire.	42 3/4	210 3/4	10 42	59 26
De l'embouchure de la Vienne à Nantes, par la Loire.	35	245 3/4	5 50	65 16
Retour de Nantes à Strasbourg.				
De Nantes à l'embouchure de la Vienne, par la Loire.	35	35	8 45	8 45
De l'embouchure de la Vienne à Orléans, par un canal latéral à la Loire.	42 3/4	77 3/4	10 42	19 27
D'Orléans à Paris, en chemin de fer . . .	29	106 3/4	2 54	22 21
De Paris à Vitry, par la Marne.	71	177 3/4	17 45	40 6
De Vitry à Strasbourg, en chemin de fer.	68	245 3/4	34 »	74 6

DEUXIÈME SÉRIE (1).

N° 6. VOYAGE ENTRE LE HAVRE ET MARSEILLE.	DISTANCES en LIEUES de 4000 mètres.		DUREE DU TRAJET en heures et minutes.	
	Partielles.	Depuis le point de départ.	Trajets partiels.	Depuis le point de départ.
Du Havre à Marseille.				
Du Havre à Paris.	54	54	6 45	6 45
De Paris à Marseille.	225 1/2	279 1/2	43 »	49 45
Pour les changemens de chemin de fer en rivière, et réciproquement.	»	»	1 15	51 »
Pour les repas et autres temps d'arrêt, à raison de 2 heures par 24 heures. . . .	»	»	4 30	55 30
Retour de Marseille au Havre.				
De Marseille à Paris.	225 1/2	225 1/2	53 45	53 45
De Paris au Havre.	54	279 1/2	6 45	60 30
Pour les changemens de chemin de fer en rivière, et réciproquement.	»	»	1 15	61 45
Pour les repas et autres temps d'arrêt, à raison de 2 heures par 24 heures. . . .	»	»	6 »	67 45
N° 7. VOYAGE ENTRE LILLE ET BAYONNE.				
De Lille à Bayonne.				
Le Lille à Paris	61	61	7 38	7 38
De Paris à Bayonne.	198 3/4	259 3/4	30 22	38 »
Pour les changemens de rivière ou de canal en chemin de fer, et réciproquement.	»	»	» 45	38 45
Pour les repas et autres temps d'arrêt, à raison de 2 heures par 24 heures. . . .	»	»	3 »	41 45
Retour de Bayonne à Lille.				
De Bayonne à Paris.	198 3/4	198 3/4	33 7	33 7
De Paris à Lille.	61	259 3/4	7 38	40 45
Pour les changemens de rivière ou de canal en chemin de fer, et réciproquement.	»	»	» 45	41 30
Pour les repas et autres temps d'arrêt, à raison de 2 heures par 24 heures. . . .	»	»	3 30	45 »

(1) Dans les tableaux de la deuxième série, la vitesse est supposée, sur les chemins de fer, de 8 lieues à l'heure; sur les rivières, de 5 à la descente et de 3 et demie à la remonte, excepté

N° 8. VOYAGE ENTRE LILLE ET NANTES.	DISTANCES en LIEUES de 4000 mètres.		DURÉE DU TRAJET en heures et minutes.	
	Partielles.	Depuis le point de départ.	Trajets partiels.	Depuis le point de départ.
De Lille à Nantes.				
De Lille à Paris	61	61	7 38	7 38
De Paris à Nantes	106 3/4	167 3/4	19 18	26 56
Pour les changemens de rivière en chemin de fer, et réciproquement.	»	»	» 30	27 24
Pour les repas et autres temps d'arrêt. . .	»	»	2 6	29 30
Retour de Nantes à Lille.				
De Nantes à Paris	106 3/4	106 3/4	22 30	22 30
De Paris à Lille.	61	167 3/4	7 38	30 8
Pour les changemens de rivière en chemin de fer, et réciproquement.	»	»	» 30	30 38
Pour les repas et autres temps d'arrêt. . .	»	»	2 52	33 30
N° 9. VOYAGE ENTRE STRASBOURG ET BAYONNE.				
De Strasbourg à Bayonne.				
De Strasbourg à Paris.	139	139	51 »	51 »
De Paris à Bayonne.	198 3/4	337 3/4	30 22	81 22
Pour les changemens de moyens de trans- port.	»	»	1 »	82 22
Pour les repas et autres temps d'arrêt. . .	»	»	6 38	89 »
Retour de Bayonne à Strasbourg.				
De Bayonne à Paris	198 3/4	198 3/4	33 7	33 7
De Paris à Strasbourg.	139	337 3/4	60 40	93 47
Pour les changemens de moyens de trans- port.	»	»	1 »	94 47
Pour les repas et autres temps d'arrêt. . .	»	»	7 13	102 »

sur le Rhône, où l'on n'a compté que sur 3 lieues à la remonte en maintenant l'hypothèse de 6 lieues à la descente. Pour la Loire, l'on n'a compté que sur 3 lieues et demie dans les deux sens au-dessus de l'embouchure de la Vienne, parce que le long de cette partie du cours du fleuve il faudrait probablement se servir fréquemment sinon toujours du canal latéral.

N° 10. VOYAGE ENTRE STRASBOURG ET NANTES.	DISTANCES en LIEUES de 4000 mètres.		DURÉE DU TRAJET en heures et minutes	
	Partielles.	Depuis le point de départ.	Trajets partiels.	Depuis le point de départ.
De Strasbourg à Nantes.				
De Strasbourg à Paris.	139	139	51 »	51 »
De Paris à Nantes.	106 3/4	245 3/4	19 18	70 18
Pour les changemens de moyens de transport	»	»	» 45	71 3
Pour les repas et autres temps d'arrêt. .	»	»	6 12	77 15
Retour de Nantes à Strasbourg.				
De Nantes à Paris	106 3/4	106 3/4	22 30	22 30
De Paris à Strasbourg.	139	245 3/4	60 40	83 10
Pour les changemens de moyens de transport	»	»	» 45	83 55
Pour les repas et autres temps d'arrêt. . .	»	»	7 5	91 »

FIN DES NOTES.

TABLE DES MATIÈRES

CONTENUES DANS CE VOLUME.

———

OBSERVATIONS PRÉLIMINAIRES.

DES INTÉRÊTS MATÉRIELS EN GÉNÉRAL, ET DES TRAVAUX PUBLICS
EN PARTICULIER.

CHAPITRE PREMIER.

CONSIDÉRATIONS POLITIQUES.

État politique actuel de la France. — Question posée entre la bourgeoisie et la démocratie. — Étroite liaison des intérêts matériels et de la liberté pour les classes laborieuses. — Importance des intérêts matériels sous le rapport de la politique générale. — De leur insuffisance du même point de vue. — Une dynastie nouvelle suppose une nouvelle œuvre sociale. — Nécessité, pour la royauté de Juillet, de porter la plus grande attention aux questions d'intérêt matériel. — Il dépend d'elle de réhabiliter le principe monarchique. — Situation critique. — Attitude des classes ouvrières, et positions conquises par elles. . . . . Page 1

CHAPITRE II.

DES TROIS ORDRES PRINCIPAUX D'AMÉLIORATIONS MATÉRIELLES, VOIES DE
COMMUNICATIONS, INSTITUTIONS DE CRÉDIT ET ÉDUCATION SPÉCIALE.

L'Angleterre leur doit sa supériorité industrielle. — Des services que rendent les institutions de crédit. — Imperfection de notre système d'éducation. —

État arriéré de la France sous le rapport des banques, de l'apprentissage et de l'enseignement industriel. — Avantages respectifs de l'éducation classique et de l'éducation professionnelle. — Dangers auxquels s'exposerait la bourgeoisie si elle ne se hâtait de constituer pour elle-même l'enseignement industriel. — Tout est prêt en France pour un vaste développement des voies de communication. 11

CHAPITRE III.

D'UN PLAN GÉNÉRAL DE TRAVAUX PUBLICS.

Sommes requises pour l'achèvement de nos travaux publics. — Le plan récemment présenté par l'administration exigerait trop d'argent et trop de temps. — L'objet qu'on se propose dans cet écrit est la recherche d'un plan qui nécessiterait une somme beaucoup moindre et un intervalle de temps beaucoup moins long. — Termes pris pour point de départ : un milliard environ à dépenser par l'État, et dix années à peu près pour la durée des travaux 21

PREMIÈRE PARTIE.

DES ROUTES ROYALES ET DÉPARTEMENTALES, DES CHEMINS VICINAUX ET COMMUNAUX.

Nécessité d'achever, avant tout, les routes de terre. — Progrès des routes royales depuis le commencement du siècle. — Extension des routes départementales. — Activité déployée pour les communications vicinales. — L'achèvement des routes royales exige environ deux cents millions, celui des routes départementales cent cinquante millions, celui des chemins vicinaux et communaux une somme plus considérable encore 29

DEUXIÈME PARTIE.

TRAVAUX DE NAVIGATION, CANAUX ET RIVIÈRES.

CHAPITRE PREMIER.

CONSTITUTION HYDROGRAPHIQUE DU TERRITOIRE, DES LIGNES NAVIGABLES A ÉTABLIR POUR COMPLÉTER LE RÉSEAU DE LA NAVIGATION INTÉRIEURE.

I. — *Coup d'œil d'ensemble.*

Dispositions naturelles très favorables.—Avantages particuliers que la France, en raison de son climat, peut retirer d'un bon système de navigation intérieure. — Comparaison du climat de la France avec celui des États-Unis. — Principaux bassins hydrographiques que comprend le sol français. — Bassins du Rhône, du Rhin, de la Gironde, de la Loire, de la Seine, de l'Escaut et de la Meuse. — Considérations topographiques, économiques et politiques, d'après lesquelles il convient de tracer un plan de canalisation. — Trois ordres de travaux nécessaires pour perfectionner la navigation intérieure du pays. 1° Canaux à point de partage liant les bassins entre eux; 2° travaux créant ou améliorant la navigation le long des fleuves, soit dans leur lit, soit sur leurs bords; 3° lignes navigables pour desservir les principaux centres de production et de consommation, notamment les mines de houille et les districts de forges. — Nécessité de rattacher à Paris les diverses portions du territoire. 39

II. — *Première série de travaux. Liaison des bassins entre eux.*

Travaux actuellement accomplis. — Lacunes dans les communications du Rhône. — Il n'est pas lié avec le Rhin inférieur; il ne l'est pas avec le bas Escaut et la Meuse.—Canaux de Gray à Saint-Dizier, de l'Aisne à la Marne, par Reims, et de l'Aisne à l'Oise pour combler ces lacunes. — Liaison indispensable entre le Rhône et la Gironde, par le centre de leurs bassins. — Liaisons actuelles de la Seine avec la Loire, l'Escaut et la Somme. — Liaisons à établir entre la Seine et le Rhin, selon le projet de M. Brisson, et entre la Seine et la basse Loire.—Liaisons actuelles de la Loire.—Liaisons à créer entre la Garonne et les autres fleuves; lignes de Bordeaux à Paris, à Lyon et à Strasbourg. — Tableau des principales artères qui s'étendraient alors d'une extrémité à l'autre de la France. 52

II. — *Deuxième série de travaux. Travaux à exécuter dans les divers bassins, soit latéralement aux rivières, soit dans leur lit.*

Mauvais état de nos rivières.—Dans la situation présente des choses, le commerce ne se sert pas de nos grandes lignes. — Observations sur la Loire et sur la Seine; ponts suspendus sur la Saône; ponts antiques sur le Rhône et la Seine. — Lacunes d'un autre genre; étang de Thau; traversée en mer de Bouc à Marseille.— Efforts en faveur des rivières sous l'ancien régime. — Lois des rivières et des ports de 1837, qualifiées de lois de la *démocratie* des ports et des rivières. — Ligne de Brest ou Saint-Malo à Bâle et à Strasbourg prise pour exemple de l'avantage que nous aurions à compléter nos grandes lignes par l'amélioration des rivières, effectuée soit latéralement, soit dans leur lit. 62

IV. — *Troisième série de travaux. Communications nécessaires aux mines de charbon, à l'industrie du fer et aux grands centres de fabrication et de consommation.*

Cinq lignes à établir pour cet objet : 1° amélioration de l'Allier; 2. perfectionnements en Loire au-dessus de Roanne ; 3° chemin de fer de l'Ariège ; 4° canal pour distribuer dans l'Ouest les charbons de Commentry, déjà proposé plus haut pour un autre objet ; 5° canal de Gray à St-Dizier, déjà proposé pareillement. — État actuel de l'industrie du fer au charbon de bois; observations particulières sur l'importance des forges voisines de la Saône et de la Marne.—Autres motifs en faveur du canal de Gray à St-Dizier. 75

V. — *Conclusion relative aux grandes et aux petites lignes.*

Nécessité d'achever avant tout les grandes lignes. 86

CHAPITRE II.

D'UN PLAN GÉNÉRAL DE TRAVAUX DE NAVIGATION SOUS LE RAPPORT D'UNE RÉPARTITION ÉGALE ENTRE LES DIVERSES PARTIES DU TERRITOIRE.

I. — *Lignes navigables établies dans la France de l'Est et dans la France de l'Ouest.*

Partage de la France en deux grandes divisions, Est et Ouest. — Travaux de navigation exécutés dans la France de l'Est. — La France de l'Ouest a été déshéritée. — La Normandie comparée à la Flandre. — Abandon où ont été laissées les Provinces au midi de la Loire. — Le bassin de la Garonne est demeuré isolé du reste de la France. — Absence de grandes lignes dans l'Ouest. — Fâcheuse condition des ports qui parsèment le littoral de l'Ouest. — Comparaison de nos ports, qui ne sont pas rattachés à l'intérieur, avec les ports d'Angleterre et des États-Unis. — L'Ouest n'a même pas obtenu la compensation des routes royales; état des routes entre la France et l'Espagne; projets de routes au travers des Pyrénées, accueillis par Napoléon, et négligés depuis 1814. — L'Ouest doit réclamer, avec unanimité, une réparation, et on peut la lui accorder tout en dotant l'Est de travaux importants. — Amélioration du Rhône; jonction de la Saône à la Marne, de la Marne à l'Aisne et de l'Aisne à l'Oise; jonction du Rhin au Danube; perfectionnement de l'Allier et de la Loire supérieure; canal de Provence et autres canaux d'irrigation; docks de Marseille et du Havre; assainissement du port de Marseille; ports secondaires de la Méditerranée; révision des tarifs des canaux de 1821 et 1822 et des canaux de Briare et de Loing 91

II. — *Conditions auxquelles doit satisfaire un système de travaux de navigation dans la France de l'Ouest.*

Il faut dans l'Ouest une grande artère du nord au sud, sans solution de continuité. — Service des villes les plus peuplées et les plus industrieuses. — Nécessité d'une communication avec Paris. — Liaison avec les canaux et les rivières canalisées qui actuellement existent dans l'Ouest; canaux de Bretagne, canalisation du Lot. — Embranchements dirigés vers les ports, vers les principales villes, vers les mines de houille et autres grands foyers de production. — Jonction avec les lignes de l'Est. — D'une certaine condition imposée par une saine économie publique. — Métropoles industrielles à créer dans l'intérieur; Toulouse, Angers et Limoges, pris pour exemple. 105

III. — *Projet de canalisation pour la France de l'Ouest.*

Résumé des conditions à remplir. — Artère principale de Paris à la Manche, au golfe de Gascogne et à la Méditerranée par le Loir et l'Orne du côté du nord, la Vienne, la Charente, la Garonne, l'Adour et le canal du Midi du côté du sud. — Embranchements: 1° de Chartres à Caen et à Cherbourg par l'Orne; 2° Amélioration du Loir; 3° Canal latéral à la Loire, de Briare au confluent de la Vienne; 4° Canal qui remonterait le Clain et irait rejoindre la Sèvre; 5° Canal continuant vers l'ouest le canal du Berry; 6° Canal aboutissant à la Dordogne par l'Isle; 7° Canal des Pyrénées; 8° Chemin de fer

le long de l'Ariége : 9° Canal de Perpignan; 10° Jonction du Rhône avec l'un des principaux affluents de la Garonne; 11° Jonction de la Garonne avec l'Allier par le Lot; 12° Jonction des départements montagneux du Centre avec la Méditerranée. — Chemins de fer et canaux à plans inclinés.
Examen de ce réseau de navigation. — § Ier. *Distribution du réseau entre les diverses Provinces*. Sur les quarante-trois départements de l'Ouest, il y en aurait quarante qui seraient traversés par la grande artère ou par les ramifications. Communication nouvelle de Paris avec la Méditerranée. Service rendu à l'agriculture. — § II. *Service des villes les plus populeuses et les plus industrieuses*. Sur quarante-trois chefs-lieux il y en aurait vingt-neuf qui se trouveraient situés sur des lignes navigables. — § III. *Service des Ports*. — § IV. *Communication avec Paris*. — § V. *Jonction avec les canaux et rivières de l'Ouest*. — § VI. *Service de divers centres de production*. Mines de charbon; mines de Commentry, de Firmy, de Carmeaux; charbons anglais et espagnols. — Service des forges. — § VII. *Disposition des points de jonction des embranchements avec la ligne principale; création de métropoles industrielles.* Toulouse, Limoges, Angers. — § VIII. *Liaison entre le réseau de navigation de l'Ouest et les lignes de l'Est*; le nombre des jonctions serait de sept au moins. Avantages que les travaux de l'Ouest produiraient pour l'Est. — Canal de ceinture continu tout autour de la France. — L'Ouest tirerait un grand profit de la proximité des ports. — Bénéfice que l'Est aurait à attendre de la jonction du Rhin au Danube. 116

IV. — *Développement et dépense des travaux de navigation proposés.*

Développement du réseau de l'Ouest. — Développement des lignes proposées pour l'Est. — Ligne commune à l'Ouest et à l'Est. — Estimation de la dépense. — Bases de l'estimation empruntées aux travaux exécutés en vertu des lois de 1821 et 1822. — Prix des canaux d'Angleterre et d'Amérique. — La dépense totale des ouvrages de navigation s'élèverait à cinq cent trente-sept millions 144

CHAPITRE III.

TRAVAUX A ÉTABLIR EN DEHORS DU SOL FRANÇAIS. JONCTION DU RHIN ET DU RHÔNE AVEC LE DANUBE.

Disposition des fleuves français autour des sources du Danube. — Sous quel rapport le Danube est le premier fleuve du monde. — Avantage d'une liaison de nos fleuves avec le Danube, autant pour l'Ouest de la France que pour l'Est. — Elle serait d'une réalisation peu difficile. — Elle se réduirait strictement à lier le Rhin au Danube. — Caractère politique de cette entreprise. — Importance présente du Danube. — Rapports nouveaux qui semblent à la veille de s'ouvrir entre l'Occident et l'Orient.—Le Danube est le grand chemin intérieur entre l'Occident et l'Orient.—Progrès des pays qui entourent la mer Noire. — Tous les peuples d'Europe ont à gagner à ce que le Danube soit amélioré et à ce qu'il soit lié aux fleuves français; intérêt de la France, de l'Angleterre, de l'Autriche et de la Russie. — Divers plans de jonction proposés entre le Danube et le Rhin. — Projets de César, de Charlemagne, de Napoléon, du roi de Wurtemberg, du roi de Bavière. — Tracé de M. Brisson. — Développement et dépense présumée des canaux à construire. — Nouvelle liaison du Rhin au Rhône par l'Aar. — Il y a urgence à ce que l'on se mette promptement à l'œuvre. — Il s'agit de défendre le Havre contre Anvers et Rotterdam, Marseille contre Trieste. — De la convenance qu'il y aurait à aider, s'il était nécessaire, l'entreprise par un subside; des subsides militaires et des subsides industriels.—Bénéfice qu'en retirerait la France sous les rapports politique et militaire. — D'un système d'association allemande de douanes qui serait plus équitable et plus favorable à la France. — De nouvelles relations commerciales entre la France et l'Allemagne du Nord et celle du Midi 153

CHAPITRE IV.

DES TRAVAUX EN LIT DE RIVIÈRES ET DES CANAUX LATÉRAUX.

Opinion de Brindley contraire aux rivières. — Retour des idées en faveur des lignes naturelles de navigation. — Examen des objections contre les rivières. — L'art de perfectionner les rivières est-il tout à créer? — De l'inconvénient des crues. — Les barrages augmentent-ils le danger de l'inondation? — Barrages mobiles de M. Poirée. — Économie relative des travaux en lit des rivières.—On jouit des travaux en lit de rivière au fur et à mesure qu'ils se font, ce qui n'a pas lieu avec les canaux. — Les rivières améliorées par des barrages fournissent à l'industrie une force motrice indéfinie calculs au sujet de la Garonne; comparaison des chutes d'eau avec les machines à vapeur. — Il ne faut pas conclure de ce qui précède, en faveur de l'amélioration de la Garonne et de la Loire dans leur lit; nécessité d'une solution prompte pour ces deux fleuves; canal latéral de Briare à l'embouchure de la Vienne et de Toulouse à Castets. — Avantage des rivières améliorées pour le transport des voyageurs.—De divers inconvénients des canaux latéraux. — Dans le cas où l'on se déciderait en faveur de canaux latéraux, il conviendrait d'améliorer cependant les rivières jusqu'à un certain point pour le transport des voyageurs et pour le commerce descendant. — De la nécessité de remédier au déboisement des montagnes sous le point de vue de l'amélioration du régime des rivières. 171

TROISIÈME PARTIE.

CHEMINS DE FER.

CHAPITRE PREMIER.

DES AVANTAGES GÉNÉRAUX DES CHEMINS DE FER. DES QUESTIONS QUE SOULÈVE L'EXÉCUTION D'UN VASTE RÉSEAU.

De l'influence que les chemins de fer peuvent exercer sur la balance politique du monde. — Ils favoriseront la formation de vastes États. — Ils mettraient un pays quatre fois et demi aussi étendu que l'Europe occidentale tout entière, au même niveau que la France pour les relations des hommes et les rapports du centre avec la circonférence. — L'opinion publique et le vœu populaire les réclament. — Des motifs semblables et dissemblables qui font établir des chemins en Angleterre et aux États-Unis; ils économisent le temps; c'est en Angleterre un objet de luxe, le terme extrême des moyens de communication. Aux États-Unis, c'est un instrument de défrichement, et un lien entre les divers États membres de la confédération. — Système de construction dispendieux en Angleterre, économique aux États-Unis. — Sujets d'examen que signale la comparaison des chemins de fer anglais avec ceux d'Amérique. — Prix moyen des chemins de fer en Angleterre, aux États-Unis, en Belgique. — De diverses questions à étudier et notamment de l'application de l'armée aux travaux publics et de l'organisation des ouvriers. — De la commission des chemins de fer nommée avant l'ouverture de la session; comment et pourquoi elle a précipité ses opérations. . 197

CHAPITRE II.

DES CHEMINS DE FER COMPARÉS AUX LIGNES NAVIGABLES POUR LE SERVICE DES MARCHANDISES ET POUR CELUI DES VOYAGEURS.

I. — *Des avantages respectifs des chemins de fer et des lignes navigables desservies autrement que par la vapeur, pour le transport des choses et pour celui des hommes.*

Du chemin de fer de Saint-Étienne pris pour exemple des frais de transport des marchandises. Son tarif de 10 centimes par tonneau et par kilogramme lui permet seulement de joindre les deux bouts. — Comment cet exemple est concluant. — Pour les marchandises encombrantes, les chemins de fer seraient trois fois plus dispendieux que les canaux. — L'avantage est encore plus grand pour les rivières en bon état. — De la lenteur du transport sur les canaux français. — Célérité obtenue sur les canaux d'Amérique et d'Angleterre pour les marchandises; vingt lieues par jour par voie accélérée, dix à douze lieues par voie ordinaire. — Service accéléré du canal du Midi. — Bateaux-rapides des canaux anglais pour les voyageurs; quatre lieues à l'heure tout compris. — Prix modique du transport accéléré par canaux. — Prix du service accéléré du canal du Midi; la Compagnie a un mauvais système de tarifs. — Prix du transport des voyageurs sur les canaux. — Nombre de voyageurs sur les canaux anglais. — Comparaison du prix des places sur les bateaux-rapides des canaux et sur les chemins de fer. 211

II. — *Des chemins de fer comparés aux bateaux à vapeur pour le transport des marchandises et pour celui des hommes.*

Du transport des Marchandises. Prix sur la Seine, sur le Rhône, sur la Loire. — En quoi la comparaison n'est pas concluante chez nous. — Prix sur l'Hudson, sur l'Ohio et sur le Mississipi. — Supériorité remarquable des bateaux à vapeur sur les chemins de fer et même sur tous les autres moyens de transport, dans l'Amérique du Nord. 224

Du transport des Voyageurs. Bateaux des États de l'Est de l'Union américaine; vitesse de six lieues à l'heure. — Bateaux anglais; vitesse de quatre à cinq lieues et demie et même de six lieues. — Vitesse des bateaux français sur la Seine, le Rhône, la Saône, la Loire, la Garonne. — Absence de danger sur les bateaux à vapeur les plus rapides. — Causes exceptionnelles d'où résultent les nombreux accidents éprouvés par les bateaux à vapeur sur le Mississipi. — Agrément du voyage par bateau à vapeur. — C'est le système de viabilité qui coûterait le moins à établir.—Prix des places sur les bateaux à vapeur. — Prix sur l'Hudson aux États-Unis; cinq centimes par lieue. — Prix sur les autres lignes des États du littoral; moitié moindre que sur les chemins de fer, avec une vitesse peu différente. — Prix sur les bateaux à vapeur de l'Ohio et du Mississipi. — Prix des places sur les bateaux anglais.—Prix des places sur les bateaux français de la Seine, de la Loire, de la Garonne, du Rhône et de la Saône. — Supériorité des bateaux à vapeur sur les chemins de fer, quant à l'économie. — En quoi l'exemple des chemins de fer d'Angleterre et d'Amérique n'est pas suffisamment concluant. — Exemple des chemins de fer belges; observations sur cet

exemple. — Chemins de fer de Saint-Étienne, de Saint-Germain. —Tarifs
actuellement prescrits par l'administration. . . . . : 224

III. — *Conséquence à tirer pour le présent du parallèle entre les chemins de
fer et les voies navigables.*

Comparaison des prix probables des places par les divers moyens de transport.
— Objection contre les lignes navigables appliquées au transport des hommes ; allongement du trajet. — Cette objection est rarement fondée contre
les rivières ; elle l'est davantage contre les canaux. — Temps perdu pour le
passage des écluses. — Les lignes navigables pouvant remplacer jusqu'à un
certain point les chemins de fer pour le transport des hommes, et les chemins de fer ne pouvant tenir lieu des lignes navigables pour le commerce,
il convient de nous occuper principalement d'achever notre système de navigation. — Il ne suffit pas de savoir commencer ; il faut savoir finir. —
Importance de la navigation pour l'amélioration du sort des classes souf-
frantes 250

CHAPITRE III.

DE CERTAINS CHEMINS DE FER RÉCLAMÉS IMMÉDIATEMENT OU DANS UN BREF
DÉLAI PAR LA POLITIQUE GÉNÉRALE ET PAR LES PRINCIPES DE HAUTE
ADMINISTRATION INTÉRIEURE.

Chemin de fer de Londres et de Bruxelles. —Constitution de l'unité de l'Europe
occidentale : éducation industrielle de la France. — Clôture de la question
Belge ; prépondérance française sur la Meuse et le Rhin.—Chemin de fer de
Paris au Havre ; Paris port de mer. — Chemin de fer d'Orléans ; meilleure
centralisation de la France. — Chemin de la Méditerranée. — Chemin de
la Péninsule espagnole. — Chemin de Paris à Strasbourg.—Nécessité d'une
combinaison qui permette l'ajournement de quelques unes de ces lignes en
totalité ou en partie, et qui nous en procure cependant jusqu'à un certain
point les avantages. 261

CHAPITRE IV.

DU RÉSEAU DES CHEMINS DE FER TEL QU'IL Y A LIEU A L'ENTREPRENDRE
DÈS A PRÉSENT.

I. — *Du réseau général des chemins de fer tel qu'il devra être définitivement
établi un jour.*

Lignes dont doit se composer le réseau. Cinq lignes parisiennes: 1º ligne de la
Méditerranée; 2º ligne du Nord; 3º ligne de la Péninsule espagnole; 4º ligne de l'Allemagne; 5º ligne de Paris à la mer. — Deux lignes non parisiennes, celles de la Méditerranée à la mer du Nord et de la Méditerranée
au golfe de Gascogne. — Éventualité d'une ligne de Paris à Brest dans le
cas où la navigation à vapeur s'établirait d'un côté à l'autre de l'Atlantique.
— Développement du réseau, mille vingt-quatre lieues. 269

II. — *De la dépense du réseau et des moyens de diminuer cette dépense sans
diminuer le développement du réseau.*

D'après l'exemple des chemins de fer anglais, les chemins de fer, exécutés
dans le système proposé par nos ingénieurs, ne coûteraient pas moins de
1,500,000 fr. par lieue en moyenne. — Énormité des frais qu'aurait à supporter le Trésor si on exécutait le réseau entier d'après ce système. — Examen des causes de la dépense des chemins de fer: 1º maximum des pentes;
2º minimum des rayons de courbure; 3º double voie. Les règles prescrites
par nos ingénieurs doivent être modifiées. — La dépense moyenne pourrait
être réduite à 800,000 fr. par lieue. — Observation sur certain raisonnement relatif aux capitaux, qui est fréquemment mis en avant. . . 273

III. — *Des moyens de diminuer la dépense en diminuant la longueur du
réseau, tout en améliorant dans une forte proportion les conditions de
la viabilité.*

Nécessité de créer de rapides moyens de déplacement pour les hommes. —
Avec le régime représentatif, il est indispensable de les créer simultanément
sur beaucoup de points; objection de la dépense. — La question est insoluble avec les chemins de fer seuls: elle est aisée à résoudre, si l'on combine
les chemins de fer avec les lignes navigables. — Disposition de nos fleuves;

multiplication des bateaux à vapeur. — Les bateaux à vapeur peuvent suppléer provisoirement les chemins de fer. — Application de cette idée à plusieurs grandes lignes. — Ligne de Paris à la Méditerranée. — Ligne du Nord. — Ligne de Paris à la Péninsule. — Ligne de Paris à Strasbourg; observation sur le système adopté pour la navigation de la Marne. — Ligne de Paris à la mer. — Lignes de la Méditerranée à la mer du Nord et au golfe de Gascogne. — Le réseau serait ainsi réduit de mille vingt-quatre lieues à six cent dix-huit lieues. — Nouvelle réduction à cinq cent cinquante-neuf lieues. — Réduction définitive à trois cent soixante-neuf lieues. — La dépense spéciale de ces lignes de choix serait de trois cent trente-huit millions. 283

IV. — *De l'économie de temps et d'argent qui résulterait du système de viabilité obtenu par la combinaison du réseau réduit des chemins de fer avec les bateaux à vapeur.*

Durée du voyage d'une extrémité à l'autre de la France, dans les principales directions au moyen de ce système, 1° en supposant une très grande vitesse et pas de perte de temps, 2° en supposant une vitesse plus modérée et divers moments d'arrêt. — Du temps nécessaire alors, comparé à celui qu'exige aujourd'hui le voyage en diligence. — Comparaison des frais de voyage. — Comparaison de ce mode de voyage avec celui que le pays possède aujourd'hui, sous les rapports combinés de la célérité et du prix des places. 304

V. — *De quelques avantages matériels, administratifs et politiques de ce réseau provisoire combiné avec les bateaux à vapeur.*

La vitesse de déplacement ainsi obtenue serait suffisante, eu égard aux dimensions de notre territoire. — Différence sous ce rapport entre la France et les États-Unis. — Différence entre la France et l'Angleterre sous le rapport de la richesse et sous celui de l'avancement des autres voies de communication. — L'exécution du réseau réduit grèverait très peu le Trésor; elle n'exigerait qu'un septième, pendant dix ans, du budget des travaux publics. — De l'économie de temps qui en résulterait; de la valeur du temps en France. — Avantages administratifs; perfectionnement de la centralisation. — Paris port de mer. — Avantages politiques; les limites réelles de la France se trouveraient reculées; et cependant la paix de l'Europe se trouverait affermie. 315

CONCLUSION.

DÉPENSE D'UN PLAN GÉNÉRAL DE TRAVAUX PUBLICS A RÉALISER EN DOUZE ANS.

Routes. — Lignes navigables. — Chemins de fer. — Ports. — Travaux d'irrigation. — La dépense totale, à la charge du Trésor, serait de 1,170 millions. — Ce que serait la dépense si l'on adoptait les plans de l'administration. — Doit-on s'effrayer du chiffre de 1,200 millions en douze ans? — Politique du passé; politique de l'avenir. — Comment les dynasties peuvent se fonder aujourd'hui. — Du principe monarchique en France. — A quelle condition la monarchie peut s'assurer l'avenir. — Des droits politiques du plus grand nombre. — Liste civile du peuple. — Intérêts du fisc. — Facilité avec laquelle on trouve des milliards pour la guerre ou pour satisfaire des passions de parti. — Il faut que désormais les ressources prodiguées à des querelles de peuple à peuple ou de faction à faction soient appliquées à enrichir le pays, à affranchir les classes pauvres, et à garantir les classes aisées des plus grands dangers. — Comparaison de la dépense proposée pour le royaume de France, avec celle qu'a supportée une des républiques de la Confédération américaine. 321

———

NOTES.

1. De la distribution des routes royales, départementales et vicinales, dans les divers départements. 337
2. Tableau, par ordre de bassins, des fleuves et rivières navigables de la France, indiquant les départements traversés et l'étendue totale de la navigation. 343
3. Développement et dépense de la navigation artificielle et des chemins de fer de la France; tableaux statistiques. 350
4. Du meilleur mode de division de la France, en deux parties, sous le rapport des travaux publics. 362
5. Population, superficie et voies diverses de communication de la France de l'Est et de la France de l'Ouest 363
6. Des plans inclinés sur les chemins de fer et les canaux . . . 373

7. Travaux publics d'Angleterre; tableaux statistiques. 379

8. Travaux publics des États-Unis; tableaux statistiques 384

9. Des chemins de fer du gouvernement belge 393

10. Des fleuves à améliorer dans leur lit. 398

11. De la navigation à vapeur sur la Seine, entre Rouen et le Havre. 400

12. De la navigation à vapeur sur le Rhône 402

13. De la navigation à vapeur sur la Loire 407

14. De la navigation à vapeur sur la Garonne et la Gironde. . . . 413

15. Des bateaux à vapeur maritimes actuels de l'Angleterre. . . . 417

16. Opinion de quelques ingénieurs distingués des Ponts-et-Chaussées, sur le doublement de la voie et sur le maximum à assigner aux pentes. 418

17. Tableaux indiquant la durée du voyage sur plusieurs grandes lignes par le système mixte proposé de chemins de fer et de bateaux à vapeur. . 421

FIN DE LA TABLE.

ERRATA.

Page 73, ligne 16; *au lieu de* ligne de Marseille, à la mer du Nord, *lisez :* ligne de Marseille à la mer du Nord.

Page 77, ligne 11; *au lieu de* canal de Paris, à Bordeaux par l'ouest, *lisez :* canal de Paris à Bordeaux, par l'ouest.

Page 105, ligne 4; *au lieu de* canal de Bretagne, *lisez :* canaux de Bretagne.

Page 189, avant-dernière ligne; *au lieu de* obtenir 2 pour minimum, *lisez :* obtenir deux mètres pour minimum.

Page 248; remplacer le premier paragraphe par ce qui suit :

En France, sur le chemin de fer de Saint-Étienne à Lyon, pour un trajet de 14 lieues et demie, on paie, selon les diverses places, 7 fr., 6 fr., 5 fr. et 4 fr.; ce qui correspond à 48 cent., 38 cent., 34 cent. et 27 cent. par lieue. Le plus grand nombre des voyageurs prend les places à 4 fr. En été, il y a des places particulières à 3 fr., ce qui représente 21 cent.; mais elles sont si incommodes que les Stéphanois, malgré l'esprit d'économie dont ils sont possédés, les recherchent fort peu.

Page 374, au bas de la page; au lieu de *Broad-Moutain*, lisez : *Broad-Mountain.*

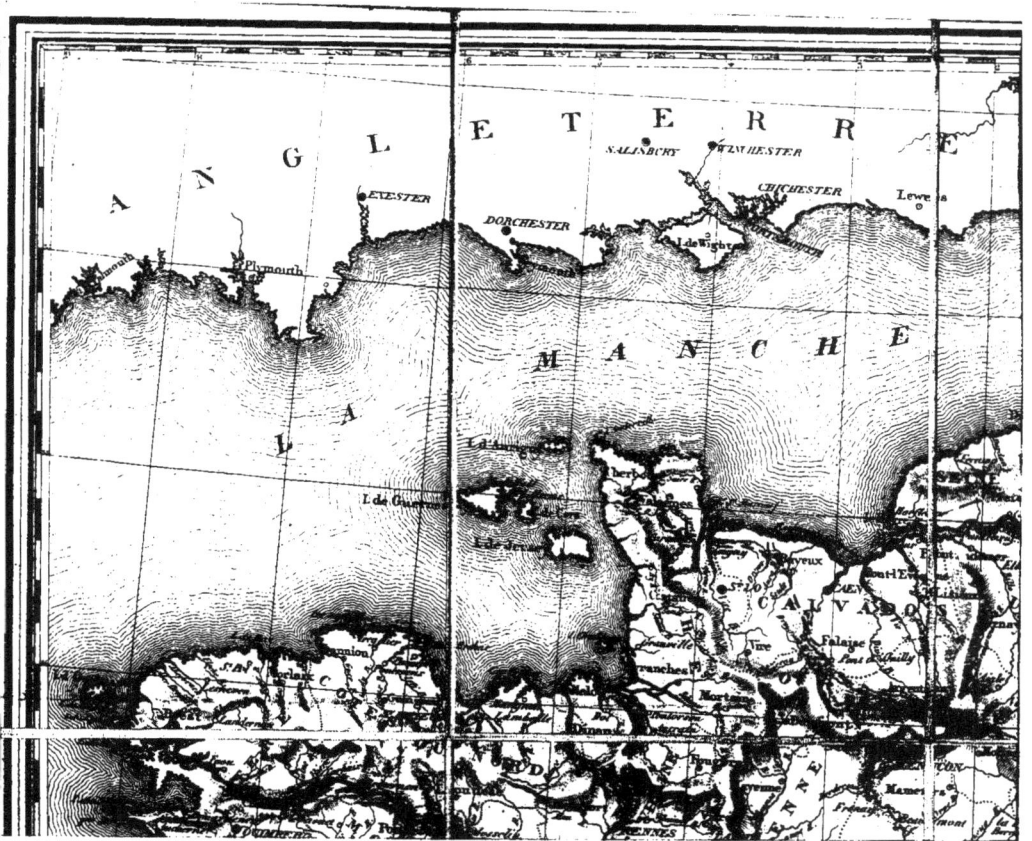

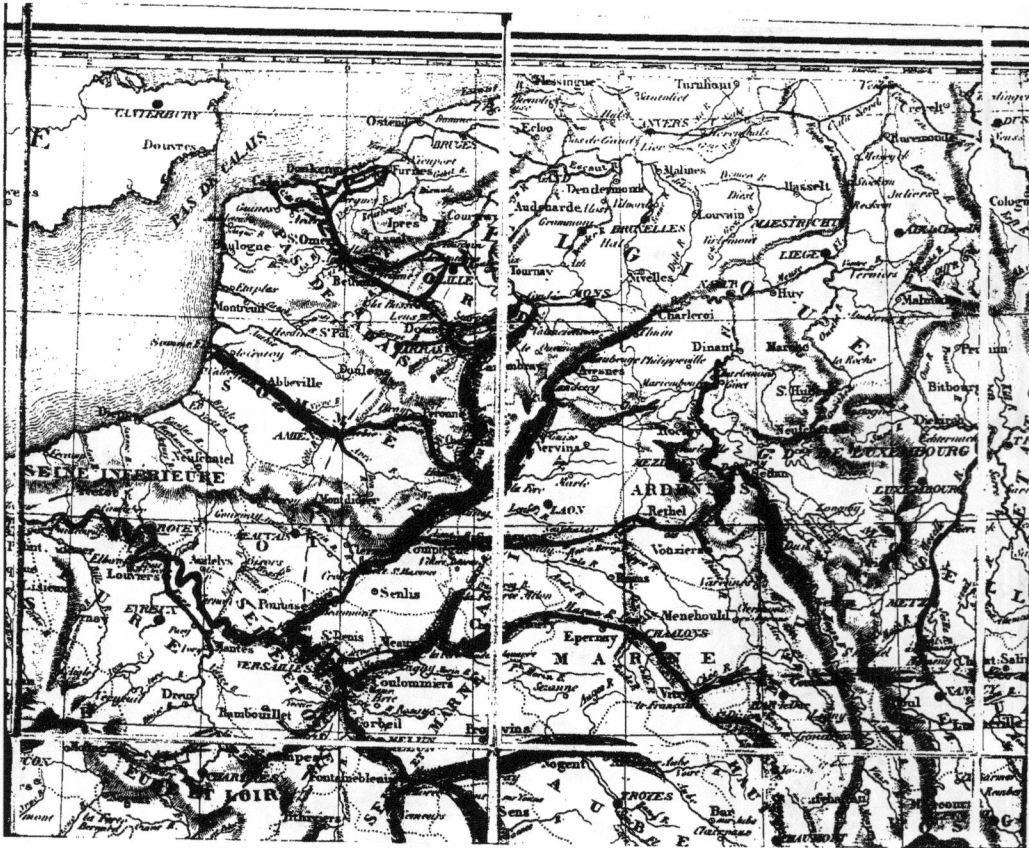

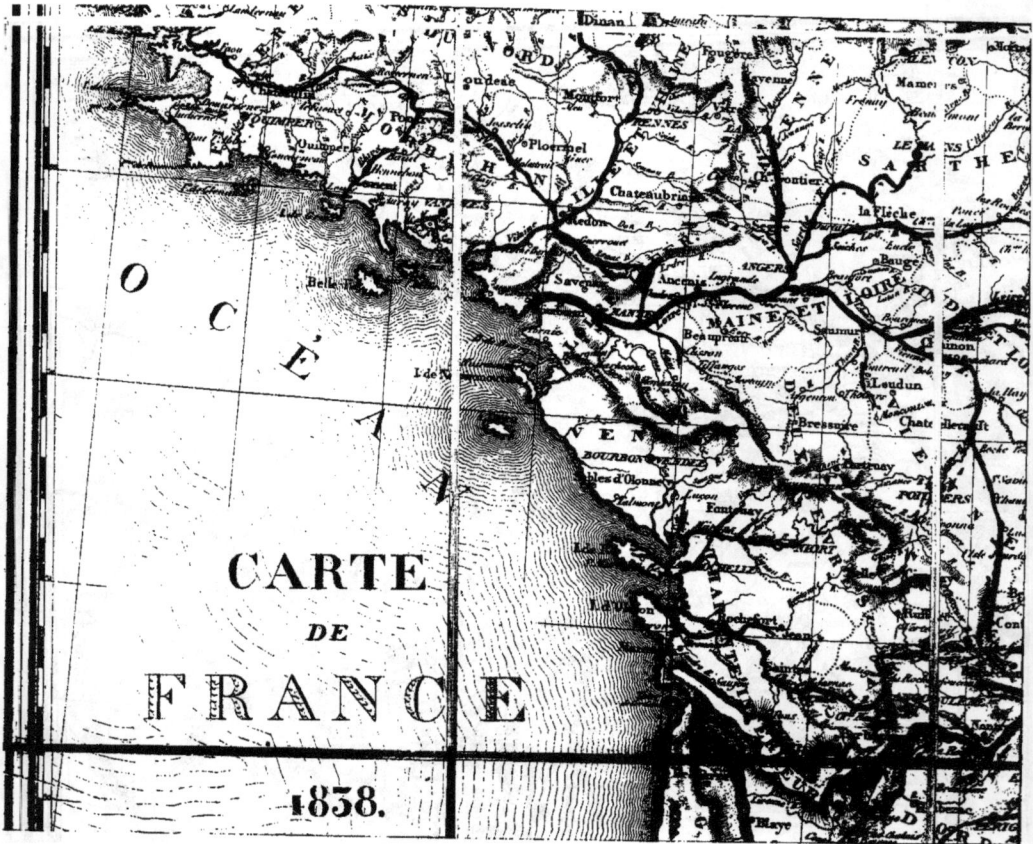

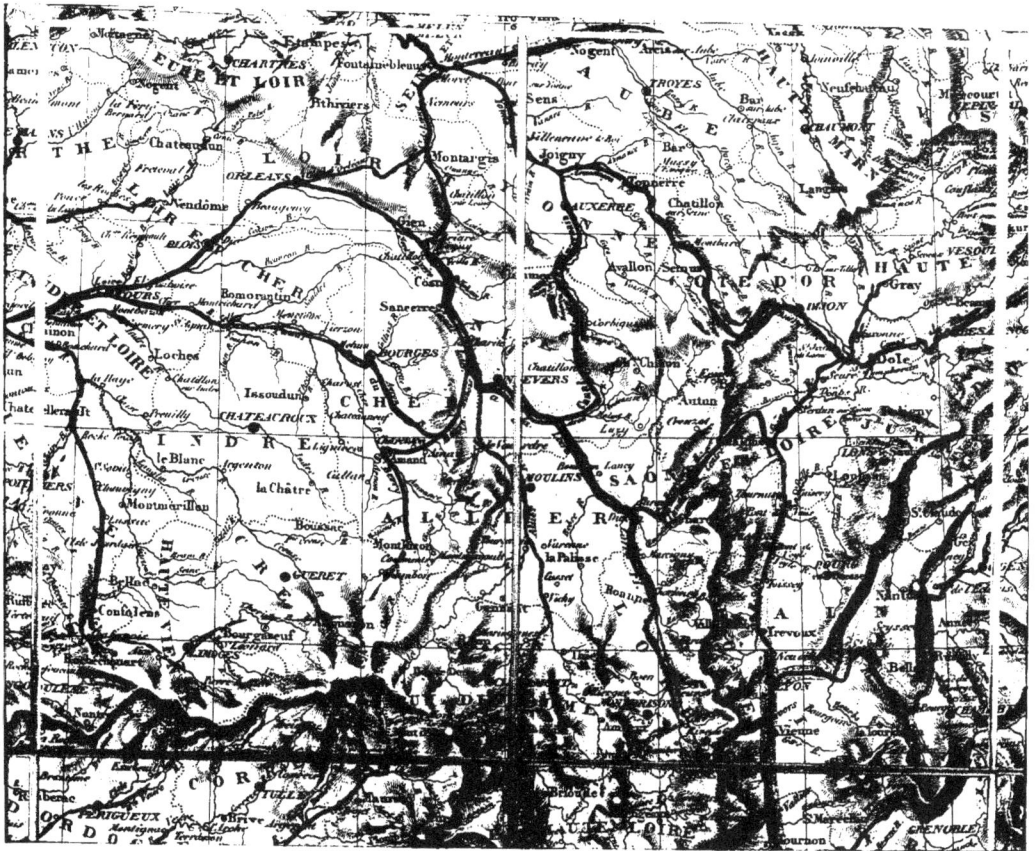

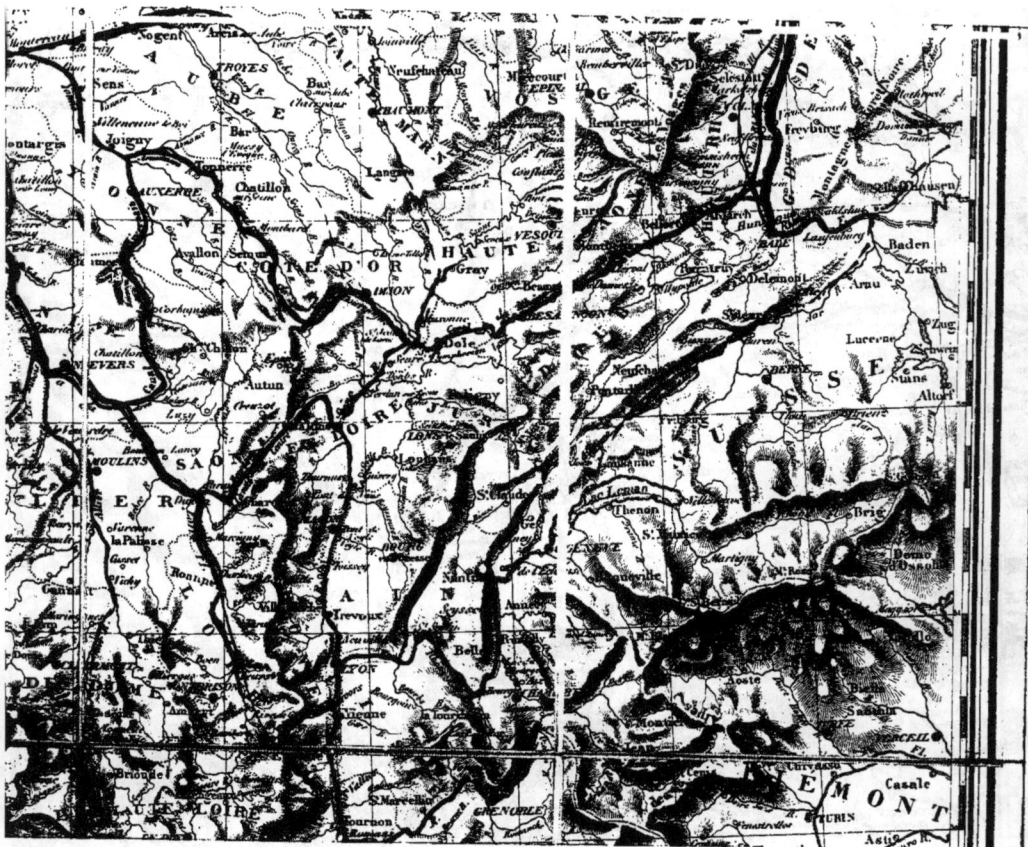

1858.

Chemins de Fer exécutés ou en Construction
Chemins de Fer Proposés
Rivières navigables perfectionnées ou à perfectionner
Canaux exécutés ou en Construction
Canaux Proposés
Réseau navigable de l'Ouest
Réseau navigable de l'Est

Echelle de 20 Myriamètres.

Gravé par N. Gratia.

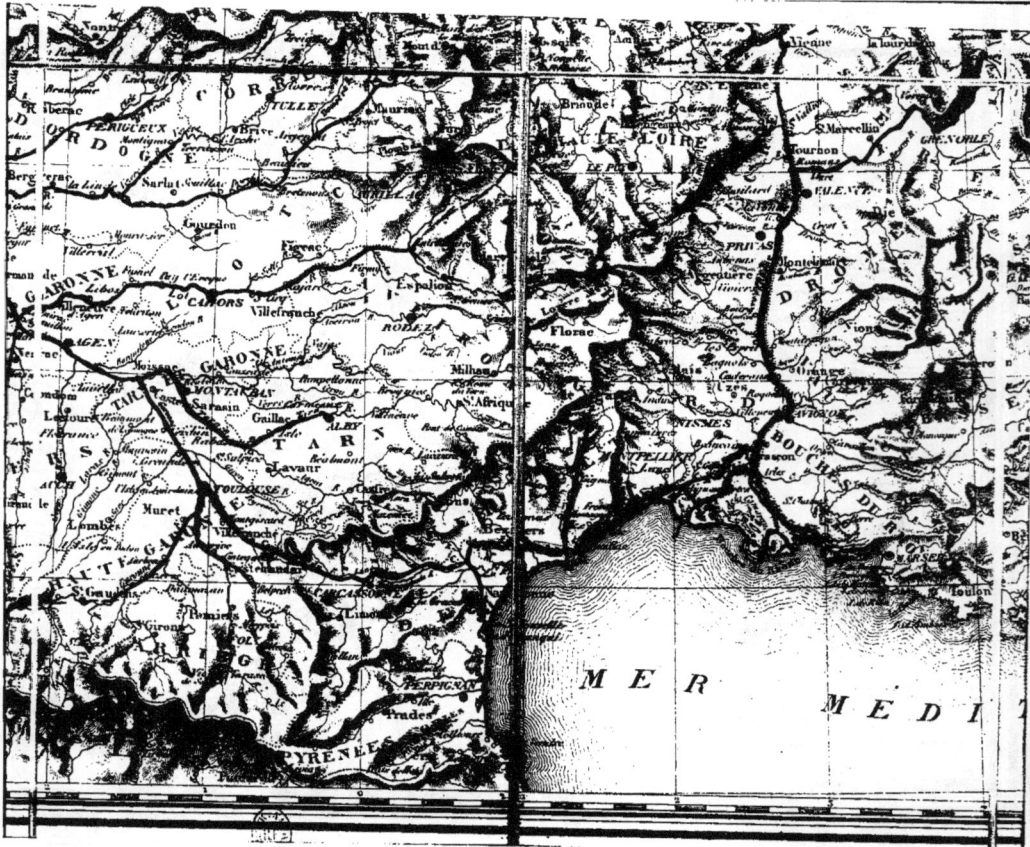

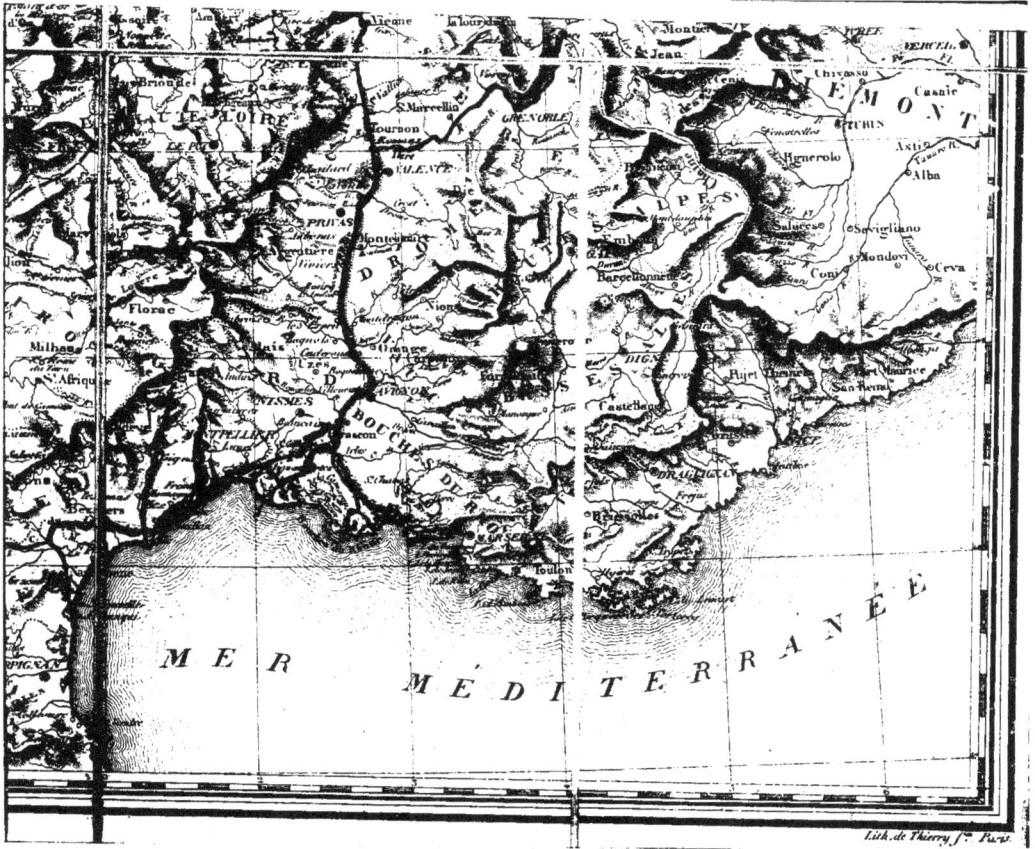

MER MÉDITERRANÉE

Lith. de Thierry fr. Paris.

www.ingramcontent.com/pod-product-compliance
Lightning Source LLC
Chambersburg PA
CBHW060526220326
41599CB00022B/3435